橡胶水泥土性能的试验研究

王凤池 著

科学出版社
北 京

内 容 简 介

本书从橡胶水泥土的基本理论出发，对橡胶水泥土的性能应用进行分析探讨，具体内容包括：橡胶水泥土的强度特性；橡胶水泥土模量与泊松比；橡胶水泥土抗侵蚀渗透性能；橡胶水泥土的抗冻性能；橡胶水泥土的电阻率；橡胶水泥土的动力特性；橡胶水泥土塑性损伤分析；橡胶水泥土桩复合地基试验。

本书可供从事废弃橡胶水泥土的研究与开发、生产与应用的科研人员和工程技术人员参考，也可供高等院校土木工程专业教师、研究生和高年级本科生阅读参考。

图书在版编目（CIP）数据

橡胶水泥土性能的试验研究 / 王凤池著. —北京：科学出版社，2019.4
ISBN 978-7-03-060990-8

Ⅰ. ①橡… Ⅱ. ①王… Ⅲ. ①橡胶-水泥土-性能试验-试验研究
Ⅳ. ①TV443

中国版本图书馆 CIP 数据核字（2019）第 067088 号

责任编辑：杨慎欣 张培静 / 责任校对：张小霞
责任印制：师艳茹 / 封面设计：无极书装

科学出版社 出版
北京东黄城根北街 16 号
邮政编码：100717
http://www.sciencep.com
河北鹏润印刷有限公司 印刷
科学出版社发行 各地新华书店经销
*
2019 年 4 月第 一 版 开本：720×1000 1/16
2019 年 4 月第一次印刷 印张：12 1/2
字数：252 000

定价：128.00 元

（如有印装质量问题，我社负责调换）

前　　言

近年来，随着汽车工业的发展，越来越多的废弃橡胶轮胎形成的“黑色污染”正在威胁着人类的生存环境。废弃橡胶轮胎是一种弹性的固体高分子聚合物，在自然条件下不溶于水，难溶于有机溶剂，而且不易腐烂，其数量在废旧高分子材料中居第二位，仅次于废旧塑料。废弃橡胶轮胎的合理处置关系到全球的生态环境及资源利用的可持续发展。国内外对废弃橡胶轮胎的处理方法大致可分为热能利用、回收利用、原形改造利用和掩埋堆放等几种方式。简单的处理，如堆积或燃烧，可能产生二次污染。

废弃橡胶轮胎用于建筑材料是回收利用这种固体废弃物的有效方法之一。橡胶混凝土（crumb rubber concrete）就是将橡胶粉掺入混凝土中形成的一种具有良好性能的绿色混凝土材料。借鉴橡胶混凝土和地基处理中的水泥土，作者提出橡胶水泥土（rubberized cement-soil）的概念。所谓橡胶水泥土是将土、橡胶粉、水泥等加水强制搅拌，在一系列物化反应后形成的新型水泥土复合体。橡胶水泥土的应用开辟了将废弃橡胶轮胎用于土木建筑的一个新思路。

大量的室内和现场试验表明，水泥土的抗压强度、抗剪强度、变形模量等指标均优于天然软土地基。水泥土的变形随其强度的变化而介于脆性与弹塑性之间。水泥土抵抗氯盐、硫酸盐侵蚀能力较差，会出现结晶性侵蚀，从而导致开裂、崩解。橡胶水泥土有助于扩大水泥土桩复合地基在地震区建筑、道路、桥梁等的应用范围，提高在沿海、寒冷地区软土的处理效果，可广泛应用于建筑地基、道路工程、换土垫层、挡土墙后填土和桥台填土等方面。

本书从橡胶水泥土的基本理论出发，与工程实践相结合，对橡胶水泥土在使用过程中可能遇到的问题进行分析探讨。通过试验测定橡胶水泥土的强度特性、抗冻融性能和抗渗性等，得到水泥掺量、橡胶粉掺量、橡胶粉粒径等因素对橡胶水泥土性能的影响规律，并阐述橡胶水泥土的内在机理，目的在于优化橡胶粉掺量，奠定橡胶水泥土及橡胶水泥土桩复合地基的研究基础。全书共 9 章：第 1 章是绪论，介绍水泥土的研究应用现状、废弃橡胶轮胎在土木工程中应用现状及橡胶水泥土研究的意义；第 2 章介绍橡胶水泥土的强度特性；第 3 章介绍橡胶水泥土模量与泊松比；第 4 章介绍橡胶水泥土抗侵蚀渗透性能；第 5 章介绍橡胶水泥土的抗冻性能；第 6 章介绍橡胶水泥土的电阻率；第 7 章介绍橡胶水泥土的动力特性；第 8 章介绍橡胶水泥土塑性损伤分析；第 9 章介绍复合地基的基本理论、橡胶水泥土桩复合地基的竖向荷载试验和水平荷载试验。水泥土改性是一个十分复杂的问题，至今仍是学术界研究的热点问题，作者期望本书的出版能对其研究提供一些借鉴。

本书是作者与合作者多年的研究工作总结。感谢聂晓梅、康天蓓、燕晓、刘涛、刘磊、叶霄鹏、刘统广、史富民、徐云龙、刘凤起、王庆龙、董明、高寰、宫鹤、兰海洋、张超凡、赵晗宇、冯旭宁、刘甜甜、温宜臻、平晓玮、董旭、孙琪、郭立龙、田裴裴、仲昭盛、段钧培、孙玮玺、童友东等博士、硕士研究生对本书的贡献。感谢沈阳建筑大学周静海教授、贾连光教授对本书的关心、支持与帮助。本书的研究工作得到了国家自然科学基金面上项目（项目编号：50778115、51578348）、辽宁省“百千万人才工程”项目（项目编号：201557）的资助，在此表示感谢。

由于作者学术水平有限，书中疏漏之处在所难免，恳请读者不吝赐教、指正。

王凤池
2018 年 8 月

目　　录

1 绪　论

废旧橡胶制品是一种弹性的固体高分子聚合物，在自然条件下不溶于水，难溶于有机溶剂，而且不易腐烂。将废弃橡胶轮胎用于建筑材料是处理和利用这种固体废弃物的一种较好方法。所谓的橡胶混凝土就是将橡胶粉以一定的比例代替部分骨料或水泥掺入到混凝土中形成的。橡胶水泥土的概念是从橡胶混凝土发展而来的，是将土、橡胶粉、水泥等加水强制搅拌，在一系列物化反应后形成的新型水泥土复合体。橡胶粉的加入，不仅改变了水泥土的物理力学性质，也改变了水泥土桩复合地基的施工方法，提高了水泥土桩复合地基的环境适应性。

1.1 水泥土的研究应用现状

水泥土是利用水泥材料作为胶凝材料强制搅拌，利用水泥和土体之间所产生的一系列物理、化学反应，使地基土硬结成具有整体性、水稳定性和一定强度的加固体。大量的室内和现场试验表明[1,2]，拌入水泥后形成的加固土呈坚硬状态，其抗压强度、抗剪强度、变形模量等指标均优于天然软土地基。水泥土的变形随其强度的变化而介于脆性与弹塑性之间。水泥土强度随水泥掺量、水泥等级和龄期的增加而提高。土样的类别、产地不同，按同样处理得到的水泥土强度有很大差别，渗透系数随水泥掺量的增加、强度的提高而降低。

林琼[3]通过室内模型试验研究了水泥搅拌桩复合地基的承载力。当水泥掺量小于等于 10%时，复合地基承载力与桩长无关，呈现柔性桩的特性；当水泥掺量大于等于 20%时，复合地基的承载力随桩长的增加而增加，其特性类似于刚性桩。刘一林[4]对水泥土-土复合试件进行了固结不排水试验，研究了水泥掺量、置换率的影响，建立了适合于水泥土桩复合地基的应力-应变模型。陈竹昌等[5]对水泥搅拌桩的沉降及组成、桩侧摩阻力的发挥程度进行了分析，指出了水泥搅拌桩复合地基承载力及沉降不仅与桩周土和桩端土的性能有关，而且受桩身压缩变形的影响很大。段继伟等[6]通过现场足尺试验研究了水泥搅拌桩的荷载传递规律，并利用同心圆桩法导出了临界桩长计算公式。超过临界深度以后，桩体的变形、轴力、侧摩阻力发挥较小。2012 年我国出台的行业标准对中国近些年水泥土桩复合地基的应用发展进行了总结，特别指出了水泥土桩复合地基应谨慎用于处理含氯盐、硫酸盐的软土和寒冷地区。

目前对于水泥土桩复合地基的研究主要集中在其动力性能上。Chiang 等通过共振柱试验测定了水泥加固的砂土和粉质黏土的动剪切模量；在双对数坐标上，不同水泥掺量的加固砂和粉质黏土的动剪切模量随围压的增加线性增加，随剪应变幅值的增加而降低[7]。Shibuya 等通过循环加载试验和单调加载试验对某现场未扰动水泥土试件进行了研究，发现剪切模量在较大应变水平时明显降低，循环加载试验测定的剪切模量受应变幅值的影响程度较单调加载试验测定的剪切模量受应变幅值的影响程度大[8]。Fahoum 等通过试验，考虑应变幅和围压的影响，指出在研究利用石灰处理软土时，随着应变的增加，动剪模量减小而阻尼比增大[9]。陈善民等[10]通过动三轴和共振柱试验对水泥土动力特性进行了研究，试验分析表明水泥土桩减小了土体对地震的放大作用。蔡袁强等[11]通过动三轴试验研究了水泥土复合土样的动模量和阻尼比的变化规律，着重研究了置换率和围压的影响。将水泥土桩复合地基视作一个整体，提出了一种简单实用的估算复合土样动模量和阻尼比的方法，并给出了由试验确定的归一化公式。侯玉明通过现场荷载试验及有限差分软件的数值计算分析，对竖向荷载下高喷搅拌水泥土插芯组合桩复合地基的承载及变形性状进行了研究。现场荷载试验表明，高喷搅拌水泥土插芯组合桩对减小复合地基沉降，提高其承载力具有显著影响，地基承载力提高幅度为天然地基的 1.55～2.71 倍，并指出应尽量将组合桩的芯桩末端或水泥土桩末端设在性质较好的地层[12]。Sobhan 等研究了水泥土和水泥-粉煤灰复合土的疲劳耐久性，发现两者的累积变形和疲劳寿命呈现非线性关系，疲劳损伤服从 Miner 准则[13]。

可见，水泥土桩复合地基的理论和工程实践研究已经有相当的成果，但还有不少问题值得进一步研究，进而提高水泥土的承载性能和环境适应性。

1.2　废弃橡胶轮胎在土木工程中的应用现状

1.2.1　废弃橡胶轮胎的生产及利用现状

橡胶轮胎是一种在工业及生活中常见的橡胶生产制品。轮胎结构示意图如图 1.1 所示。

（1）胎面：胎面是由胎冠、胎肩和胎侧三部分共同组成，由比较耐磨的橡胶制成，作用是保护帘布层，减少外部荷载对帘布层的冲击。

（2）帘布层：帘布层是轮胎的骨架，其主要作用是在保持外胎形状与尺寸的同时承担一定的荷载。帘布层通常是将棉线、人造丝线、尼龙线和钢丝等按一定的分布规律铺设在外胎里，并用橡胶进行黏合而成。帘布层不仅提高了轮胎质量，减少了橡胶的使用，而且还延长了轮胎的使用寿命。

（3）缓冲层：缓冲层是设置在胎面和帘布层之间的帘线橡胶制品，能缓和外部路面荷载对汽车的冲击，防止胎面与帘布层在紧急制动时脱离。

（4）胎圈：胎圈的作用是使轮胎固定在轮辋上。

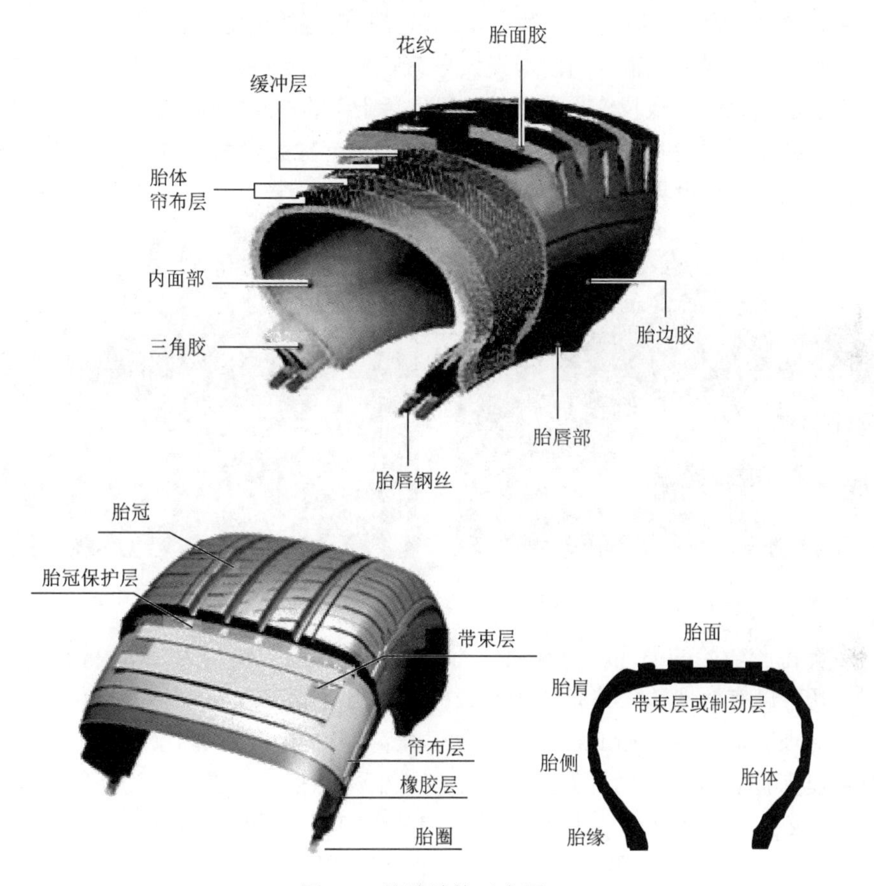

图 1.1　轮胎结构示意图

轮胎的使用寿命一般在 2～3 年或行驶 6 万～10 万 km。当花纹深度在 1.6mm（最低磨耗）时应及时更换轮胎。

随着汽车工业的发展，废弃橡胶轮胎数量已经在废旧高分子材料中居第二位，仅次于废旧塑料。作为一种弹性的固体高分子聚合物，废弃橡胶轮胎在自然条件下不溶于水，难溶于有机溶剂。废弃橡胶轮胎长期露天堆放（图 1.2）不仅占用土地，而且极易滋生蚊虫、传染疾病，还容易引发火灾。轮胎不完全燃烧会放出碳氢化合物和有毒气体，其火焰很难扑灭（图 1.3），更为严重的是对空气、水、土壤等人类生存环境的污染，因此，美国、欧洲等国家和地区已经禁止了废弃橡胶轮胎一切形式的堆放和填埋。如果将废弃橡胶轮胎焚烧和炼油，会造成严重的环境二次污染；简单处理再装车上路，存在安全隐患；原始加工生产再生胶及制造炭黑，既有污染且利用率低下。在2013年，中国的废弃橡胶轮胎已达到1080万吨，并且其正在以8%～10%的年增长率不断增加。截至2014年年底，有1200万吨的废旧轮胎在中国产生。截至2016年年底，中国机动车已达到2.9亿万辆，每年的废弃橡胶轮胎数量也在持续增多。废弃橡胶轮胎的数量正在以异常迅猛的速度增长，但是现阶段对于废弃橡胶轮胎的绿色无害利用率却仅仅只有60%。这意味着，人们赖以生存的自然环境正在遭受以废弃橡胶轮胎为首的“黑色污染”的不断侵蚀，这与中国所提倡的绿色可持续发展理论相悖。如何有效回收利用废弃橡胶轮胎，避免“黑色污染”，是人类面临的一个世界性难题。

图1.2　废弃橡胶轮胎堆积如山

图1.3　废弃橡胶轮胎引发火灾

废弃橡胶轮胎的循环、再利用已引起世界各国的关注。废弃橡胶轮胎的回收利用，既可以有效地消除其对环境造成的“黑色污染”，又可以将其转化为新的资源，是一项变废为宝、利国利民的绿色工程。1970年以后，随着科技的发展及人们对环境保护和资源再利用的意识加强，人们开始把废弃橡胶作为新的黑色黄金（new black gold），将其作为燃料、胶粉和再生胶等加以利用，其中，将其粉碎后制成橡胶粉，是废弃橡胶综合利用的一个重要途径。

橡胶粉的概念有其特定含义，橡胶粉并不是粉末橡胶。粉末橡胶是指粉末状的生胶，是未交联具有热塑性的材料，而橡胶粉是由已经硫化的废弃橡胶制品经打磨或进一步活化改性制得的粉末状物质，是一种具有弹性的特殊粉体材料，它具有粉体材料的基本特征。胶粉按废弃橡胶的来源可分为胎面胶粉和杂品胶粉；按胶粉粒度可分为碎胶块、胶粒、粗胶粉、细胶粉、精细胶粉、超细胶粉；按胶粉的处理方法可分为一般胶粉、活化胶粉和改性胶粉；按制备工艺又可分为常温粉碎胶粉、低温粉碎胶粉和冷冻粉碎胶粉。不同的粉碎方法对胶粉的粒径、形状等有不同影响，表1.1是常规的胶粉分类及应用情况[14]。

橡胶粉作为一种特殊的柔性材料，具有低刚度和高回弹特性，在很大程度上改善了混合料的弹性变形特性和表面的状态，加入水泥基胶凝材料中能够使得橡胶颗粒水泥基材料的整体弹性能力增强。

表 1.1 胶粉分类及应用

分类	粒径/mm	粒度/μm	主要用途	
			橡胶工业	非橡胶工业
碎胶块	10～30	—	—	铺路、机场
胶粒	2～5	1700～4750	—	地板砖、运动场跑道
粗胶粉	0.5～1.4	550～1400	再生胶	地毡、地砖
细胶粉	0.3～0.5	270～550	活化胶粉、精细再生胶	—
精细胶粉	0.075～0.3	75～270	橡胶制品	防水卷材、改性沥青
超细胶粉	0.075 以下	75 以下	军工制品	涂料、塑料改性、高档建材

1.2.2 废弃橡胶轮胎在土木工程中应用的研究进展

将废弃橡胶轮胎应用于土木工程，是环保利废的有效途径之一。

1. *废弃橡胶轮胎橡胶颗粒的应用与研究现状*

从 20 世纪 90 年代开始，将废弃橡胶轮胎橡胶粉掺入到混凝土中形成的橡胶混凝土在土木工程等相关领域得到应用。最初应用始于美国，文献[15]中提到 Shuaib Ahmad 将废弃橡胶轮胎磨碎制得橡胶粉，然后与混凝土混合，用于建造防洪堤坝，取得了显著效果。Hernández-Olivares 等[16]、Güneyisi 等[17]及孙家瑛等[18]国内外学者的试验结果均表明橡胶混凝土的抗压强度低于普通混凝土。Khatib 等通过试验得出了橡胶集料不同掺量的混凝土强度变化规律，建立了橡胶集料掺量与混凝土强度之间的量化数学模型[19]。为了提高橡胶混凝土的抗压强度等性能，可以采用橡胶颗粒表面预处理的方法。Segre 等发现，利用 NaOH 溶液浸泡 20 分钟后的橡胶粉制成的橡胶混凝土，抗折强度和断裂性能等力学性能都有所提高，韧性增加，孔隙率降低[20]。文献[21]中提到 B. Z. Savas 将 2～6mm 橡胶颗粒按照不同比例掺入混凝土中，结果表明，掺入 10%和 15%的橡胶混凝土的耐久性系数在 300 个冻融循环后比普通混凝土提高 60%。陈波等[22]对 5 种配合比的混凝土进行了抗冻试验，用相对动弹性模量和质量损失反映混凝土内部与表面受到损伤的程度，结果表明掺橡胶粉比掺橡胶颗粒对改善抗冻性能的效果要好，掺入 140μm 橡胶粉的抗冻性好于引气剂，混凝土的抗渗标号均可达到 P12。Paine 等[23]的研究也证明了橡胶混凝土的抗冻性好于普通混凝土。可见，在混凝土中分布稳定均匀的橡胶粉可以作为固体引气剂，提高了混凝土抗冻性。欧兴进等[24]对 5 组不同橡胶掺量的混凝土进行抗氯离子渗透性研究，结果表明，橡胶集料混凝土具有很低的氯离子渗透性。王开惠等[25]也得到了相同的结论。陈振富等[26]的研究表明，橡胶粉提高混凝土的阻尼比效果明显，与基准混凝土相比，橡胶粉掺量在 0.5%~2.5%时，混凝土阻尼系数可提高 50%~60%；当橡胶粉掺量超过 2.5%后，混凝土阻尼系数随橡胶粉掺量增大而快速增大，提高了 1.3~2.3 倍。Flores-Medina 等[27]研究了不同橡胶粉掺量的混凝土韧性，表明橡胶粉的掺入提高了韧性，但由于抗压强度的降低，橡胶粉掺量 10%的橡胶混凝土韧性低于掺量 5%的橡胶混凝土。Hernández-Olivares 等利用扫描电子显微镜（scanning electron microscope，SEM）技术研究了橡胶混凝土界面相容性和动力性能，研究表明，橡胶混凝土具有低频动力性能，能够吸收弹性能量[16]。Thomas 等认为橡胶集料的掺入提高了混凝土的抗冲击性能，其原因在于橡胶粉提高了混凝土吸收能量的能力[28]。

除橡胶混凝土外，从 20 世纪 90 年代开始，橡胶沥青混凝土的研发和利用也取得了巨大成功，其良好的抗滑、抗疲劳和抗裂性能，延长了道路使用寿命。香港科技大学研究发现，以废弃橡胶轮胎胶粉、水泥及胶化液体制成的建筑泥土“盈基土”，能代替建筑道路、桥墩及填海的泥土，承载力比普通泥土高 4~6 倍。韩国发明的将胶粉、沙子、水泥混合制成铁路轨枕，具有抗冲击和耐腐蚀等优点，并能减少火车行驶时的噪声和震动。

橡胶颗粒混合土是将橡胶粉与颗粒土拌和形成的混合物，可作为轻型填土，其弹性模量、泊松比、剪切模量等力学参数均有相关研究，研究表明，橡胶颗粒混合土具有良好的吸收地震能的能力[29,30]。Christ 等验证了橡胶粉-砂土混合物具有良好的抗冻性能[31]。

2. 废弃橡胶轮胎的整形应用与研究现状

目前，整形的废弃橡胶轮胎在边坡、筑路等方面也有研究与应用。

造成公路路面断裂、下陷的原因之一就是路基坡面不够牢固，利用废弃橡胶轮胎，将其整齐地排列在路基坡面上，轮胎之间的空隙利用水泥浇筑填充好，使废弃橡胶轮胎之间牢固地结成一体，这样做既节省了水泥用量，又加强了道路坡面的坚固程度。白俄罗斯道路科研所利用胎缘圈加固路基边坡，可以不使用水泥[15]。这种方法只需用夹钉固定，并在圈中充填碎石，强度和稳定性因此得到保证。A. Stuart 等通过对用磨耗不是特别显著的轮胎所筑道路近 20 年的观察发现：①轮胎无有害物质漏出；②轮胎的推估寿命至少 200 年[32]。

胎缘圈也适用于要求日交通流量在 1000 辆范围内的低流量的柔性路面结构中，在基层起到补强作用[33]。柔性路面中基层下路基土的抗剪强度较低，实践证明网状材料在基层有着很好的加固作用。而胎缘圈就是一种网状材料，其由金属丝、帘线和橡胶构成，作为基层中补强层时，有着很好的刚性结构，可以使荷载重新分配，降低土中的应力。胎缘圈用于路面基层补强层的施工工艺也非常简单。首先，依照相关施工标准规范在路基上铺筑道路基层，也就是砂垫层；其次，在别处用铰链法将胎缘圈相互连接成带状运输到建筑现场，将其铺在砂垫层上，宽度和行车道宽度一致；最后，用轮胎压路机或重型光轮压路机碾压 2～3 遍，将胎缘圈网格压入土层，再铺设颗粒基层和面层。也可以将各样的胎缘圈运到现场，再相互连接成网格后进行碾压作业。试验证明，胎缘圈在荷载作用下可产生变形，但卸载后恢复原状。胎缘圈作为基层补强层降低了下层土中的剪切能力，从而减少了路面结构的厚度。

废弃橡胶轮胎可用于土质边坡的加固工程[34,35]。这种加固方法能够大大缩短施工工期，降低施工成本，防止边坡坡面遭受雨水冲蚀破坏。1973 年，此方法应用于美国加利福尼亚州的一个土质路堤边坡的加固工程，而后一直得到广泛应用。1994 年，美国圣巴巴拉的一项加固道路边坡维修工程采用了新的废弃橡胶轮胎利用方法来加固道路边坡，具体做法是：①将轮胎沿轮胎外胎面纵向切割成两半，然后将半胎面排列整齐，用绳子将轮胎相互捆绑在一起，并用钢条固定形成链锁结构；②在链锁结构层上铺一层 0.46～0.76m 厚的土壤并压实到 90%的相对密度形成轮胎土壤层；③轮胎土壤层按台阶式重叠铺筑达到规定的标高；④将整个的轮胎铺筑在边坡表面，筑起一座纯轮胎墙，以免暴雨季节遭受水流的冲蚀。这种轮胎锚固墙施工工期较短，且施工成本低于常规挡土墙。此外，也可以把废弃橡胶轮胎整齐地排列于路基边坡表面，用水泥将轮胎之间空隙填充浇筑，这样能够使得废弃橡胶轮胎牢牢地黏结成为一个整体。该工法在节约了水泥用量的同时，又增强了边坡表面的强度。

美国一项历时 18 个月的研究表明，捆绑在一起的废弃橡胶轮胎在大规模的土木工程建筑中有着极其重要的作用。在美国，把轮胎压平并用金属丝连接到一起的方法最初是用来储存废弃橡胶轮胎的，后来把捆绑压平的轮胎用于建筑物的地基。他们对 24 个大规模建筑中应用捆绑轮胎的地基密度、变形和对环境污染的可能性、实用性进行了调查，并对其中的 7 个数据进行了详细的分析[36]。研究指出，目前橡胶循环使用系统中的这些轮胎有着重要的作用，特别是在软地基道路的建设中，捆绑轮胎具有自重轻、承重大的优点。

预应力轮胎-土复合体在日本的桥墩中也有应用[32]。施加预应力的轮胎-土复合体循环加载后的应力-应变关系曲线的斜率较大，复合体基本呈刚性状态，消除了轮胎内部残余空隙，减小轮胎在工程应用中的压缩变形。鉴于这些特性，使得轮胎能够应用于桥墩工程。轮胎用于预加载桥墩主要作用有：①具有抗震性能，轮胎桩在地震荷载作用下能够大大吸收能量并保持竖向承载力。②减小桥墩的不均匀沉降，防止桥头跳车。由于预应力的存在，当上部作用不均匀荷载时，预加载轮胎复合体能够进行自适应调节变形，对过大变形进行补偿。③可以作为防撞护栏，有关试验研究发现，当汽车以时速 100km 从桥墩正面、侧面冲撞时，事故死亡率大大降低。

除此之外，整条废弃橡胶轮胎还可以用在机场礁脉和浮水飘。机场礁脉被设计用来阻挡水侵蚀，保护沿海岸线路，提供水上生活宿营地，轮胎礁脉是将轮胎集中捆扎起来，加强轮胎承重，把它们固定在海岸边。位于美国佛罗里达州的广为人知的最大废弃橡胶轮胎礁脉是由接近 1200 万条废弃橡胶轮胎组成的，其他有礁脉的地区包括加利福尼亚、马里兰、新泽西、纽约、弗吉尼亚和华盛顿。

1.3　橡胶水泥土研究的意义

1. 有助于复合地基在地震区建筑、道路桥梁等地基处理上的推广应用

目前，在我国地震设防区常采用复合地基进行地基处理，进而采用浅基础取代桩基。复合地基上的建筑多数未经受过地震的考验。在道路桥梁地基处理上，由于车辆荷载的复杂性，路基失效、桥头跳车现象时有发生。本书通过试验研究橡胶水泥土桩复合地基动力应力-应变关系，进而研究复合地基和上部结构在地震作用下的反应。并确定复合地基动力性能的两个重要参数——动弹性模量和动阻尼。通过合理的确定方法，将复合地基的工程设计与上部结构的隔震减震设计结合，能够减少地基处理和结构减震的工程造价，拓宽复合地基的应用面。

2. 提高复合地基在沿海软土、寒冷地区的处理效果

由于橡胶粉的掺入，提高了水泥土抵抗氯盐和硫酸盐等的侵蚀，因此橡胶水泥土桩复合地基可以广泛应用于处理含有该类离子的海相软土。同时，由于橡胶水泥的抗冻融能力，将有效提高寒冷地区地基处理效果。

3. 对提高废弃橡胶利用率具有重要意义

数据显示，我国产生的废弃橡胶轮胎数量以每年 8%～10%的速度增长，不仅对环境造成了巨大的威胁，而且是一种严重的资源浪费。废弃橡胶轮胎的处理问题，是 21 世纪我国面临的主要环保问题之一。目前常用的废弃橡胶轮胎处理方法如作为燃料或制造炭黑等，利用率偏低。橡胶水泥土桩复合地基将地基处理与废弃橡胶处理有机地结合在一起，能够提高废弃橡胶在土木工程领域的应用范围，起到经济利益与环保双赢的效果。

4. 橡胶水泥土可作为有特殊要求的填土

将橡胶粉掺入水泥土中，能够改善水泥土的缺点，有助于扩大水泥土桩复合地基在地震区建筑、道路桥梁等的使用范围，提高在沿海软土、寒冷地区的处理效果，预期可以广泛应用于道路工程、换土垫层、挡土墙后填土、桥台填土等方面。

参考文献

[1] 龚晓南．复合地基理论及工程应用[M]．北京：中国建筑工业出版社，2002.

[2] Bahar R, Benazzoug M, Kenai S. Performance of compacted cement-stabilised soil[J]. Cement and Concrete Composites, 2004, 26(7):811-820.

[3] 林琮．水泥系搅拌桩复合地基试验研究[D]．杭州：浙江大学，1989.

[4] 刘一林．水泥搅拌桩复合地基变形特性研究[D]．杭州：浙江大学，1991.

[5] 陈竹昌，王建华．采用弹性理论分析搅拌桩性能的探讨[J]．同济大学学报（自然科学版），1993（1）：17-25.

[6] 段继伟，龚晓南，曾国熙．水泥搅拌桩的荷载传递规律[J]．岩土工程学报，1994，16（4）：1-8.

[7] Chiang Y C, Chae Y S. Dynamic properties of cement-treated soils[J]. Highway Research Record, 1972, 379: 39-51.

[8] Shibuya S, Tatsuoka F, Teachavorasinskun S, et al. Elastic deformation properties of geomaterials[J]. Soils and Foundations, 1992, 32(3):26-46.

[9] Fahoum K, Aggour M S, Amini F. Dynamic properties of cohesive soils treated with lime[J]. Journal of Geotechnical Engineering, 1996, 122(5):382-389.

[10] 陈善民，王立忠．水泥土动力特性室内试验及复合地基抗震特性分析[J]．浙江大学学报（工学版），2000，34（4）：398-403.

[11] 蔡袁强，梁旭，李坤．水泥土-土复合试样的动力特性[J]．水利学报，2003，34（10）：19-25.

[12] 侯玉明．高喷搅拌水泥土插芯组合桩复合地基工作性状研究[D]．济南：山东建筑大学，2017.

[13] Sobhan K, Das B M. Durability of soil-cements against fatigue fracture[J]. Journal of Materials in Civil Engineering, 2007, 19(1):26-32.

[14] 褚佳岩．废旧橡胶粉的回收利用研究[D]．厦门：厦门大学，2007.

[15] 曾玉珍，廖正环．废旧轮胎在国外道路工程中的应用[J]．中外公路，2000，20（1）：39-41.

[16] Hernández-Olivares F, Barluenga G, Bollati M, et al. Static and dynamic behaviour of recycled tyre rubber-filled concrete[J]. Cement & Concrete Research, 2002, 32(10):1587-1596.

[17] Güneyisi E, Gesoğlu M, Özturan T. Properties of rubberized concretes containing silica fume[J]. Cement and Concrete Research, 2004, 34(12):2309-2317.

[18] 孙家瑛，高先芳，朱武达．橡胶混凝土研制及物理力学性能研究[J]．混凝土，2001（10）：30-32.

[19] Khatib Z K, Bayomy F M. Rubberized portland cement concrete[J]. Journal of Materials in Civil Engineering, 1999, 11(3):206-213.

[20] Segre N, Joekes I. Use of tire rubber particles as addition to cement paste[J]. Cement and Concrete Research, 2000, 30(9):1421-1425.

[21] 周在泉，刘本志．废旧高分子改性混凝土的研究进展[J]．中国建材科技，2008，17（6）：12-15.

[22] 陈波，张亚梅，陈胜霞，等．橡胶混凝土性能的初步研究[J]．混凝土，2004（12）：37-39.

[23] Paine K A, Dhir R K, Moroney R, et al. Use of crumb rubber to achieve freeze thaw resisting concrete[C]. International Conference on Concrete for Extreme Conditions, 2002.

[24] 欧兴进，朱涵．橡胶集料混凝土氯离子渗透性试验研究[J]．混凝土，2006（3）：46-49.

[25] 王开惠，朱涵，祝发珠．氯盐侵蚀环境下橡胶集料混凝土的力学性能研究[J]．交通科学与工程，2006，22（4）：38-42.

[26] 陈振富，柯国军，胡绍全，等．橡胶混凝土小变形阻尼研究[J]．噪声与振动控制，2004，24（3）：32-34.

[27] Flores-Medina D, Medina N F, Hernández-Olivares F. Static mechanical properties of waste rests of recycled rubber and high quality recycled rubber from crumbed tyres used as aggregate in dry consistency concretes[J]. Materials and Structures, 2014, 47(7):1185-1193.

[28] Thomas B S, Gupta R C, Kalla P, et al. Strength, abrasion and permeation characteristics of cement concrete containing discarded rubber fine aggregates[J]. Construction and Building Materials, 2014, 59(21):204-212.

[29] Dutta R, Rao G. Regression models for predicting the behaviour of sand mixed with tire chips[J]. International

Journal of Geotechnical Engineering, 2009, 3(1):51-63.

[30] Kumar R, Naik T R, Moriconi G. Greener concrete using post-consumer products[J]. ACI International Workshop on Durability and Sustainability of Concrete Structures, 2014, 88(4):16-28.

[31] Christ M, Park J B. Determination of elastic constants of frozen rubber-sand mixes by ultrasonic testing[J]. Journal of Cold Regions Engineering, 2011, 25(4):196-207.

[32] 张凤祥．产业弃物在土建工程中的再利用[M]．北京：人民交通出版社，2006.

[33] 曹卫东，王超，韩恒春．废旧轮胎在道路工程中的应用综述[J]．交通标准化，2005（6）：78-82.

[34] Sayão A, Gerscovich D, Medeiros L, et al. Scrap tire-an attractive material for gravity retaining walls and soil reinforcement[J]. Journal of Solid Waste Technology and Management, 2009, 35(3):135-155.

[35] Turer A, Gölalmış M. Scrap tire ring as a low-cost post-tensioning material for masonry strengthening[J]. Materials and Structures, 2008, 41(8):1345-1361.

[36] Larocque C J, Zornberg J G, Williammee R. Direct shear testing of tire bales for soil reinforcement applications[C]. Geo-Frontiers Congress, 2008:1-5.

2　橡胶水泥土的强度特性

水泥土作为一种复合材料，在力学性能方面有其先天的缺陷和不足。水泥土虽然被界定为弹塑性材料，但表现出较强的脆性性质，其变形能力不强。但如果在外力作用下不能产生较大变形，就不会产生上述效果。研究发现，将适量橡胶粉或橡胶碎片掺入混凝土中可以提高塑性，减少脆性，可以缓解混凝土的高强化和高脆性化的矛盾[1-5]。因此，将废弃橡胶轮胎橡胶粉掺入水泥土中，进而改变水泥土的强度和变形特征，可以弥补水泥土的缺陷和不足。

为了研究橡胶水泥土抗压强度的演变规律，本章首先详细讲述水泥土的加固硬化机理，然后通过室内试验探讨各种配合比的橡胶水泥土在轴向受压破坏过程中的变形情况，最后通过得到的各种配合比和各种龄期条件下橡胶水泥土的无侧限抗压强度，研究水泥掺量、橡胶粉掺量、橡胶粉粒径及养护龄期对无侧限抗压强度的影响。

2.1　橡胶水泥土的硬化机理

水泥土的硬化机理与混凝土不同，混凝土的硬化主要是水泥在填充料中进行水解和水化作用，所以凝结速度较快。在水泥加固土中，水泥掺量较少（仅占被加固土重的 7%～20%），水泥的水解和水化反应完全是在具有一定活性的介质——土的围绕下进行，这就导致反应速度较慢[6]。因此，水泥土硬化速度缓慢且作用复杂，水泥土强度增长的速度也比混凝土缓慢。

橡胶水泥土是在水泥土中强制拌入橡胶粉形成的。橡胶粉是高分子材料，它不溶于水，且不会与土、水泥和水产生化学反应，因此，水泥土的硬化机理与橡胶粉无关，但橡胶粉的掺入会影响水泥土的硬化进程。

在橡胶水泥土中，水泥掺量较少，水泥的水解和水化反应是围绕着具有一定活性的介质——土进行的，在橡胶粉周围形成蜂窝状水泥石骨架，导致硬化反应速度较慢，且作用复杂。

2.1.1　水泥的水解和水化反应

普通硅酸盐水泥主要由氧化钙、二氧化硅、三氧化二铝、三氧化二铁及三氧化硫等组成，这些不同的氧化物分别组成了不同的水泥矿物：硅酸三钙、硅酸二钙、铝酸三钙、铁铝酸四钙、硫酸钙等。将水泥拌入软土后，水泥颗粒表面的矿物很快与软土中的水发生水解和水化反应，生成氢氧化钙、水化硅酸钙、水化铝酸钙及水化铁酸钙等化合物。反应过程如下：

$$2(3CaO\cdot SiO_2)+6H_2O \longrightarrow 3CaO\cdot 2SiO_2\cdot 3H_2O+3Ca(OH)_2 \quad (2.1)$$

$$2(2CaO\cdot SiO_2)+4H_2O \longrightarrow 3CaO\cdot 2SiO_2\cdot 3H_2O+Ca(OH)_2 \quad (2.2)$$

$$3CaO\cdot Al_2O_3+6H_2O \longrightarrow 3CaO\cdot Al_2O_3\cdot 6H_2O \quad (2.3)$$

$$4CaO\cdot Al_2O_3\cdot Fe_2O_3+2Ca(OH)_2+10H_2O \longrightarrow 3CaO\cdot Al_2O_3\cdot 6H_2O+3CaO\cdot Fe_2O_3\cdot 6H_2O \quad (2.4)$$

$$3CaSO_4+3CaO\cdot Al_2O_3+32H_2O \longrightarrow 3CaO\cdot Al_2O_3\cdot 3CaSO_4\cdot 32H_2O \quad (2.5)$$

其中，硅酸三钙（$3CaO\cdot SiO_2$）在水泥中含量（书中所有含量均指质量分数）最高（约占全部质量的50%），是决定强度的主要因素。硅酸二钙（$2CaO\cdot SiO_2$）在水泥中含量也较高（约占全部质量的 25%），它主要产生后期强度。铝酸三钙（$3CaO\cdot Al_2O_3$）约占水泥质量的 10%，水化速度最快，促进早凝。而铁铝酸四钙（$4CaO\cdot Al_2O_3\cdot Fe_2O_3$）也占水泥质量的 10%，且能够促进早期强度的发展。硫酸钙（$CaSO_4$）在水泥中含量最少（仅占 3%），但它与铝酸三钙一起与水发生反应，生成一种被称为“水泥杆菌”的化合物。

在上述一系列的反应过程中所生成的氢氧化钙、水化硅酸钙能迅速溶于水，使水泥颗粒表面重新暴露出来，再与水发生反应，这样周围的水溶液就逐渐达到饱和，当溶液达到饱和后，水分子虽然继续深入颗粒内部，但新生成物已不能再溶解，只能以细分散状态的胶体析出，悬浮于溶液中，形成胶体[7]。

根据电子显微镜的观察，水泥杆菌最初以针状结晶的形式在比较短的时间里析出，其生成量随着水泥掺量的多少和龄期的长短而异。由 X 射线衍射分析可知，这种反应迅速，反应结果把大量的自由水以结晶水的形式固定下来，这对于高含水量的软黏土的强度增长有特殊意义，使土中自由水的减少量约为水泥杆菌生成质量的 46%[8]。

2.1.2 黏土颗粒与水泥水化物的作用

当水泥的各种水化物生成后，有的自身继续硬化，形成水泥石骨架；有的与其周围具有一定活性的黏土颗粒发生反应。

1. 离子交换和团粒化作用

软土作为一个多相散布系，当它与水结合时就表现出一般的胶体特征，例如，土中含量最多的二氧化硅遇水后，形成硅酸胶体微粒，其表面带有钠离子或钾离子，它们能和水泥水化生成的钙离子进行当量吸附交换，使较小的土颗粒形成较大的土团粒，从而使土体强度提高。

水泥水化生成的凝胶粒子的表面积比原水泥颗粒大 1000 倍，因而产生很大的表面能，有强烈的吸附活性，能使较大的土团粒进一步结合起来，形成水泥土的团粒结构，并封闭各土团之间的空隙，形成坚固的联结。从宏观上来看，也就是使水泥土的强度大大提高[9]。

2. *凝硬反应*

随着水泥水化反应的深入，溶液中析出大量的钙离子，当其数量超过上述离子交换的需要量后，则在碱性环境中，能使组成黏土矿物的二氧化硅及三氧化二铝的一部分或大部分与钙离子进行化学反应。随着反应的深入，逐渐生成不溶于水的稳定的结晶化合物：

$$SiO_2(Al_2O_3)+Ca(OH)_2+nH_2O \longrightarrow CaO\cdot SiO_2\cdot(n+1)H_2O+(CaO\cdot Al_2O_3\cdot(n+1)H_2O) \tag{2.6}$$

这些新生成的化合物在水中和空气中逐渐硬化，增大了水泥土的强度，而且其结构比较致密，水分不易侵入，使水泥土具有足够的水稳定性。

从扫描电子显微镜的观察可见，天然软土的各种原生矿物颗粒间无任何有机的联系，孔隙很多。拌入水泥 7d 时，土颗粒周围充满了水泥凝胶体，并有少量水泥水化物结晶的萌芽。一个月后，水泥土中生成大量纤维状结晶，并不断延伸充填到颗粒间的孔隙中，形成网状构造。到五个月时，纤维状结晶辐射向外伸展，产生分叉，并相互联结形成空间网状结构，水泥的形状和土颗粒的形状已不能分辨出来。

2.1.3 碳酸化作用

水泥水化物中游离的氢氧化钙能吸收水中和空气中的二氧化碳，发生碳酸化反应，生成不溶于水的碳酸钙：

$$Ca(OH)_2+CO_2 \longrightarrow CaCO_3\downarrow+H_2O \tag{2.7}$$

这种反应也能使水泥土强度增加，但增加的速度缓慢，增长幅度小，而其他水化物继续与 CO_2 反应，使 $CaCO_3$ 成分增加：

$$3CaO\cdot 2SiO_2\cdot 3H_2O+CO_2 \longrightarrow CaCO_3\downarrow+2(CaO\cdot SiO_2\cdot H_2O)+H_2O \tag{2.8}$$

$$(CaO\cdot SiO_2\cdot H_2O)+CO_2 \longrightarrow CaCO_3\downarrow+SiO_2+H_2O \tag{2.9}$$

反应生成的 $CaCO_3$ 能使地基土的分散度降低，而强度及防渗性能增强。碳酸化作用有时由于土中 CO_2 的含量很少，且反应缓慢，在实际工程中可不予考虑。

除了水泥和土以外，橡胶水泥土的另一组材料是橡胶粉。橡胶粉是高分子材料，它不溶于水，且不会与土、水泥和水产生化学反应，因此，水泥土的硬化机理与橡胶粉无关。

2.2　橡胶水泥土强度试验

2.2.1　试验材料及设备

试验土样取自沈阳市浑南区某施工工地，该土层分布深度为0.7～4.3m，可塑粉质黏土，其试验土样物理性能指标如表2.1所示，橡胶粉主要指标如表2.2所示。橡胶粉（图2.1和图2.2）采用沈阳市宏玉盛橡胶材料厂生产的优质橡胶粉。水泥采用辽宁凤城生产的工源牌P.O32.5级普通硅酸盐水泥。烘干设备采用GZX-9146型数显鼓风干燥箱，其他设备还有湿标准养护箱、DH3816型静态电阻应变仪、电子秤等。

表2.1　试验土样物理性能指标

含水量 ω/%	比重 G_s	天然重度 γ/（kN/m^3）	天然密度 ρ/（g/cm^3）	孔隙比 e	饱和度 S_r/%	液限 ω_L/%	塑限 ω_p/%	塑性指数 I_p/%	液性指数 I_L
24.9	2.72	18.91	1.93	0.76	89	35	21	14	0.28

表2.2　橡胶粉主要指标

项目	挥发性/%	筛分通过率/%	粒径/μm	水分/%
样品值	0.5	99	550 250	0.3
标准规定	≤1	≥98	—	≤1

图2.1　550μm橡胶粉

图2.2　250μm橡胶粉

2.2.2　试验过程

由于水泥土块强度试验目前工程上尚未推广使用，所以现有规范[10]给出的水泥土块试件制作方法，市场上无制样仪器设备。因此，试验选用尺寸为70.7mm×70.7mm×70.7mm的砂浆试模，参照土工试验及砂浆试验等相关规程进行。试验考虑水泥掺量、橡胶粉掺量、橡胶粉粒径和养护龄期四个主要因素。水

泥掺量 W_c 取 7%、15%、20%和 25%四种，橡胶粉掺量 W_r 取 0、5%、10%、15%和 20%五种。水泥掺量 W_c 表示掺入水泥的质量占干土质量的百分比，橡胶粉掺量 W_r 表示橡胶粉质量占水泥质量的百分比。

经过均匀化设计完成分组，试验分组如表 2.3 所示，总计 104 组，计 312 块。

表 2.3　试验分组

W_r	W_c			
	7%	15%	20%	25%
0	4 组	0 组	4 组	0 组
5%	8 组	0 组	8 组	0 组
10%	8 组	8 组	8 组	8 组
15%	8 组	0 组	8 组	0 组
20%	8 组	8 组	8 组	8 组

将基本风干的试验土样放入烘干机中进行烘干，烘干温度控制在 100℃，24h 后取出。将烘干后的粉质黏土用质量较重的磙子碾碎。为保证试验所用土样颗粒的均匀性，土样先用直径 2mm 的筛子进行过筛，再烘干后备用。

用电子秤量取各种比例橡胶水泥土所需的水泥、橡胶粉和粉质黏土，利用量筒量取试验所需要的水。将水泥、粉质黏土和橡胶粉干料放在橡胶盆里搅拌充分，向干搅拌的混合物中加入定量的水再进行充分搅拌。在试模内壁均匀涂一薄层润滑油，将搅拌好的混合物装入各试模，利用自制的振捣工具充分振捣。自制振捣工具是与模具内截面完全相同的方形铁块，中部焊接 ϕ12mm 的不锈钢棍，长度为 500mm，钢棍上套有直径为 50mm、质量为 500g 的铁滑块。每次取单个橡胶水泥土试件质量的 1/3 倒入试模内，分三层击实，用刮刀小心平整试件的顶部。24h 后拆模，放入标准养护箱中养护 90d 待用[11]。

加载前在试件表面粘贴横纵向应变片，然后将应变片与电阻应变仪通过导线连接，并将电阻应变仪和计算机相连。加荷试验时，将试件置于压力试验机的承压板中心，使试件两端面水平接触均匀。以 100～150N/s 的速率加载，采用智能自动存储应变仪，记录加载至破坏过程的全部数据。荷载从 1.5kN（0.3MPa）开始，荷载每级初期为 0.5kN（0.1MPa），后期为 1kN（0.2MPa），直至试件破坏。

与普通水泥土的试验一样[12,13]，本试验试件的制作方法、试验方法与实际应用时搅拌桩中的水泥土略有不同，也与夯实水泥土桩复合地基中的水泥土略有差异。这是因为水泥土及橡胶水泥土试件试验侧重于其材料性能。虽然试件的密实度比实际的大，强度高，但不影响橡胶水泥土强度的演变规律。实际应用时，需进行现场成桩试验，推定室内试件与现场桩身强度的关系，确定复合地基竖向增强体强度。

2.3　橡胶水泥土的容重

养护至试验需用龄期后，将试件取出称量其质量。试件质量取每组三个试件的平均值。根据称量结果，橡胶水泥土的容重较为均匀，介于 1.9×10^4～$2.1\times10^4 kN/m^3$。

1. 水泥掺量对容重的影响

图 2.3 和图 2.4 是各种配合比和龄期条件下，橡胶水泥土容重和水泥掺量的关系曲线。图 2.3（a）中 7d 龄期的试件水泥掺量从 7%变化到 25%，试件质量增加了 4%，而 28d 和 90d 的试件质量分别增长了 1.4%和 1.6%。图 2.3（b）中变化状况与图 2.3（a）类似。由此可知，橡胶水泥土试件的质量随着水泥掺量的增加而增加。这是试件中水泥与水发生水化反应生成不溶于水的化合物，该化合物的不断积累导致试件质量不断增加。

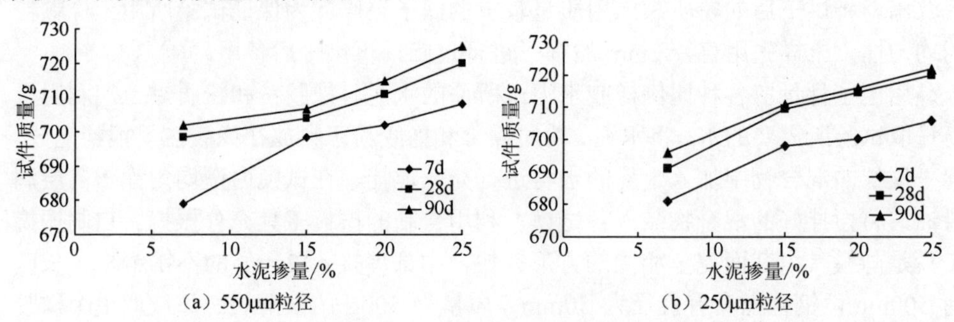

图 2.3　橡胶粉掺量 10%，橡胶水泥土容重与水泥掺量的关系

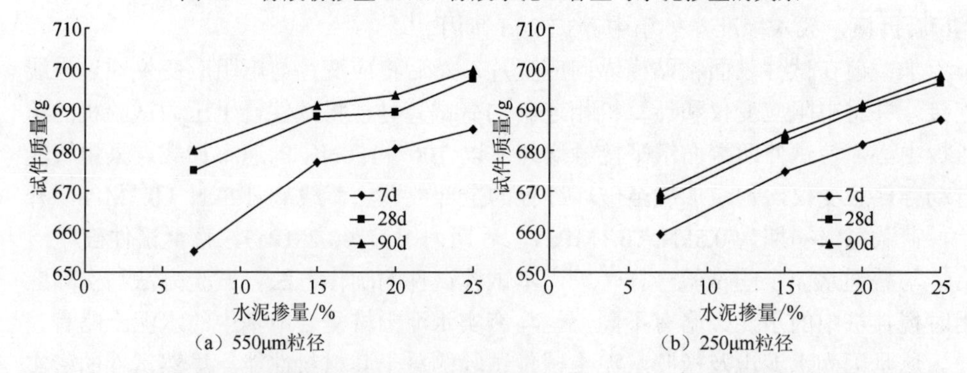

图 2.4　橡胶粉掺量 20%，橡胶水泥土容重与水泥掺量的关系

从图 2.3 和图 2.4 可以发现，水泥掺量从 7%到 15%时，橡胶水泥土试件质量的增长速度较快。掺入的水泥量过多时，水泥水化反应达到了一种接近“饱和”的状态，反应速度会变得缓慢，不能持续生成大量化合物，因此，橡胶水泥土容重增长趋缓。

2. 橡胶粉掺量对容重的影响

图 2.5 是水泥掺量为 20%时，橡胶水泥土容重和橡胶粉掺量的关系。普通水泥土容重最大，而橡胶粉掺量为 20%的水泥土容重最小。橡胶水泥土的容重随橡胶粉掺量的增加呈线性减小。这是因为橡胶粉本身的容重比水泥和土都要小，而且橡胶的性质较为稳定，在试件中不会发生化学反应生成新的物质。

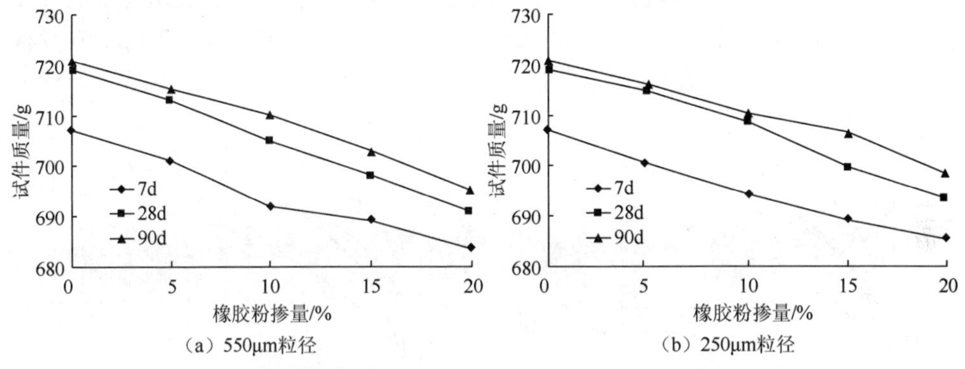

图 2.5　水泥掺量 20%，橡胶水泥土容重与橡胶粉掺量的关系

3. 养护龄期对容重的影响

橡胶水泥土的容重与养护龄期也有一定的关系（图 2.6）。橡胶水泥土试件的质量随着养护龄期的增长而增长。养护龄期从 7d 到 28d，橡胶水泥土的容重增长速率较大，但从 28d 到 90d，容重增长速率很小。造成这种现象的原因有两点：

（1）水泥的水化反应和碳酸化反应在 28d 之内已经进行得非常充分，已没有剩余的“原材料”来支持这些化学反应，不再有新的物质生成。

（2）Ca 淋溶现象，即试件中的部分水泥水化产物发生溶解，使 Ca 扩散到周围环境中，从而使得试件表面部分孔隙率增加，造成质量损失。但水泥水化反应的速度高于 Ca 淋溶的速度，使试件质量不会减小。

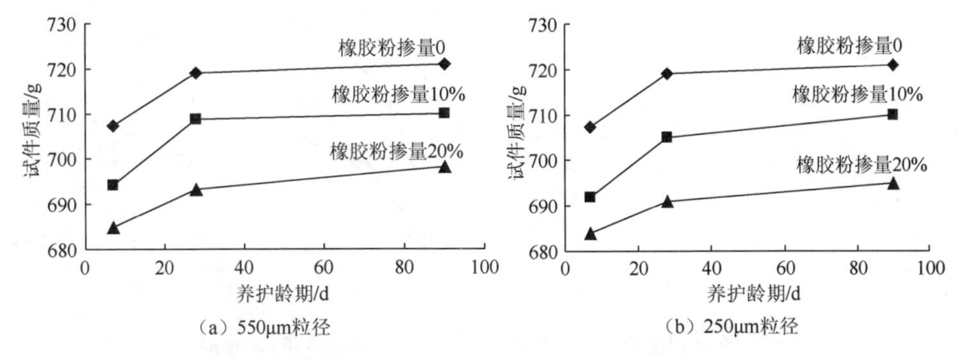

图 2.6　水泥掺量 20%，橡胶水泥土容重与龄期的关系

2.4　橡胶水泥土的应力-应变曲线

2.4.1　典型应力-应变曲线

图 2.7 是养护龄期 14d、水泥掺量 20%、不同橡胶粉掺量下两种粒径橡胶水泥土试件的应力-应变曲线。由于养护时间较短，普通水泥土和橡胶水泥土的强度均较低，最高 3.6MPa，最低只有 2.7MPa。试件的极限应变也较小，250μm 粒径橡胶粉掺量 20%的橡胶水泥土应变最大，接近 4000，普通水泥土应变最小，只有 1800。

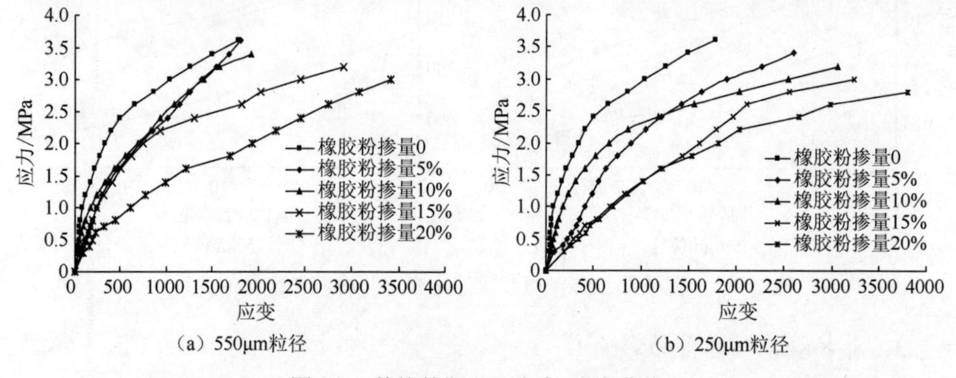

图 2.7　养护龄期 14d 应力-应变曲线

图 2.8 是养护龄期 28d、水泥掺量 20%、不同橡胶粉掺量下两种粒径橡胶水泥土试件的应力-应变曲线。不掺入橡胶粉的普通水泥土强度高于橡胶水泥土，橡胶粉掺量为 20%的水泥土试件抗压强度最小，但变形能力正好相反，掺入 20%的 250μm 粒径橡胶粉的试件最大，应变接近 9000，而普通水泥土只有 4500，变形能力仅相当于前者的一半。另外，掺入 250μm 粒径橡胶粉的试件与掺入 550μm 的相比，抗压强度相当，但变形能力要强于后者。

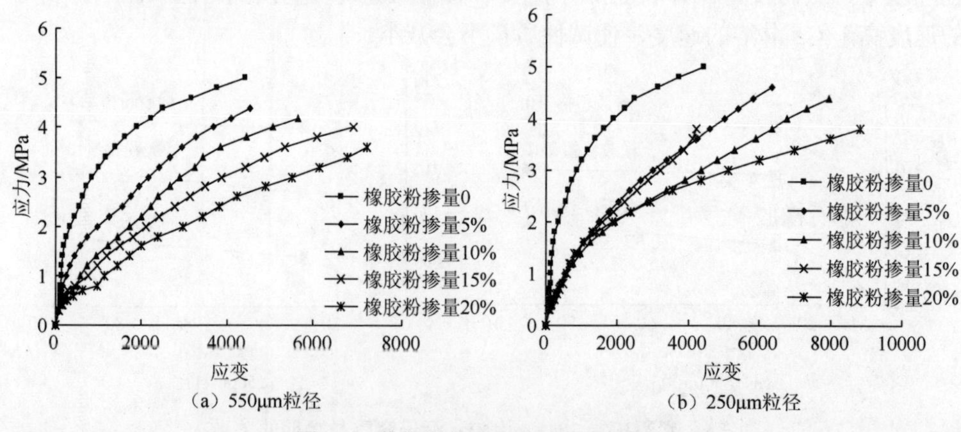

图 2.8　养护龄期 28d 应力-应变曲线

图 2.9 是养护龄期 90d、水泥掺量 20%、不同橡胶粉掺量下两种粒径橡胶水泥土试件的应力-应变曲线。与养护龄期 28d 的试件相同，普通水泥土的抗压强度最大而应变最小，而橡胶粉掺量为 20%的水泥土则正好相反。从图 2.9 中可以明显看出，随着橡胶粉掺量的增加，橡胶水泥土的应变逐渐增大。而橡胶粉掺量为 20%的极限应变达到了 8200。

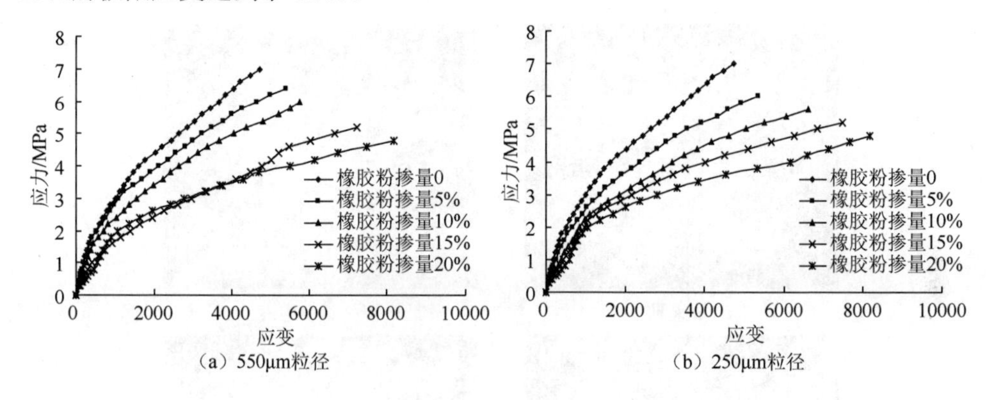

图 2.9　养护龄期 90d 应力-应变曲线

从图 2.9（a）中可以看出，橡胶粉掺量为 0 的水泥土极限应变只有 4500，橡胶粉掺量为 20%时，橡胶水泥土试件的抗压强度达到峰值时，应变为 8200，比普通水泥土提高了约 82%，约为水泥土的 1.73 倍。也就是说随着橡胶粉掺量的增加，在应力增量相同的情况下，应变增量越来越大。橡胶粉的掺入，增强了水泥土的塑性变形性能。橡胶集料可看作非常粗糙、质量轻且容易变形的软性弹性体。当橡胶粉掺入到水泥土中后，可以把它看成是分布在水泥体内部的微小伸缩缝群[14]，这些分布的橡胶集料会截住水泥土里的微观裂纹，从而减少内部原生裂纹的发生与扩展，阻止或减慢了微观裂纹合成宏观裂纹而导致水泥土脆裂破坏的现象。

从三个龄期的橡胶水泥土应力-应变曲线可以看出，橡胶水泥土的变形特性介于脆性材料与弹塑性材料之间，其特性取决于两个因素：

（1）在橡胶粉掺量一定时，若橡胶水泥土强度高，则其变形特性表现为一定的脆性破裂；若橡胶水泥土强度低，则其变形特性表现为塑性破坏。这一点与水泥土是相同的[15]。

（2）随着橡胶粉掺量的提高，橡胶水泥土塑性特征愈加明显，反之，则脆性特征显著。

2.4.2　应力-应变曲线特征分析

图 2.10 显示了橡胶水泥土试件受压破坏过程。图 2.10（a）是试验前试件，图 2.10（b）是试件出现开裂阶段。随着荷载的增加，试件上部左右两侧均出现微

裂纹，裂纹宽度和长度都不大。荷载持续增大，裂纹长度不断扩展，由试件斜下方向中间扩展并伴有竖向裂纹，同时裂纹宽度也在继续增大［图 2.10（c）］。图 2.10（d）是试件破坏情形。裂缝呈 X 状剪切破坏，这是由于试件受轴向压力作用，表现出无侧限条件下的剪切状态。压缩过程中，应力从试件上下两端同时传递，使得剪切破坏面相交，剥落破坏，而中心部位表面仍保持完整。

（a）试验前　（b）试验中　（c）试验中　（d）试件破坏

图 2.10　试件受压破坏过程

通过分析各种配合比试件应力-应变曲线和试验照片，可以发现橡胶水泥土的应力-应变发展过程基本经历了三个阶段，即弹性阶段、弹塑性阶段和塑性阶段。

1. 弹性阶段

在加载初期，橡胶水泥土试件处于压密阶段，随着应力的增加，应变线性增加，说明试件处于弹性变形阶段，应力-应变曲线为一直线。橡胶粉在水泥体内部起到了弹性变形体的作用，增加了试件的宏观弹性。橡胶水泥土的变形主要取决于橡胶粉填充下的水泥土内部骨架体结构及水泥土凝结体的弹性变形[11]。

2. 弹塑性阶段

继续加载，橡胶水泥土内部出现断点或微裂纹，试件上部出现了肉眼可见的微小裂纹，此时应力-应变曲线偏离直线。由于橡胶粉的作用，橡胶水泥土肉眼可见裂纹比水泥土出现得要晚。

3. 塑性阶段

随着荷载的增加，伴随着新的微裂纹的产生，原有微裂纹快速扩展并贯通，形成主要裂纹，从而使应变的增长速率大大超过加荷速率，试件表现出明显的塑性变形。此时，橡胶水泥土的应力-应变曲线曲率也迅速增大，当达到抗压强度的峰值点时，橡胶水泥土的内部骨架体及水泥土水化物凝结体的强度几乎丧失殆尽，试件在一瞬间即被压致破裂。试验中破坏后的残余强度在本试验中没有测定，所以曲线没有下降段。

2.4.3 龄期影响

图 2.11 是水泥掺量 20%、橡胶粉掺量 0 的水泥土试件在不同龄期条件下的应力-应变曲线。从图中可以看出，养护龄期最长的试件强度最高，极限应变值也最大。而 7d 龄期的试件和 14d 龄期的试件极限强度和应变都相差不大。28d 龄期的试件和 90d 龄期的试件在极限应变上相差约 10%。

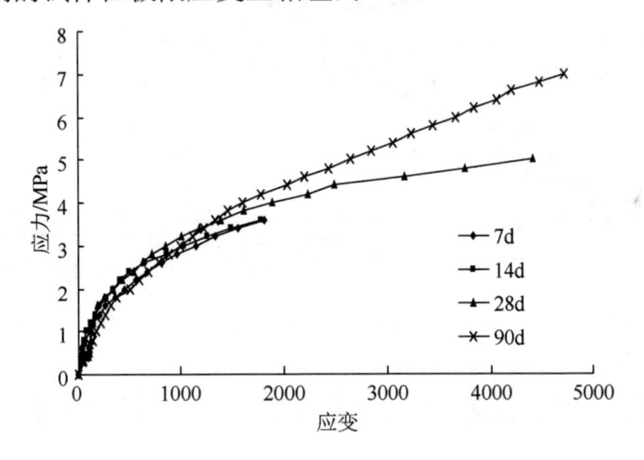

图 2.11 水泥掺量 20%、橡胶粉掺量 0 试件的应力-应变曲线

图 2.12 是水泥掺量 20%、掺入 10%的 550μm 粒径橡胶粉的水泥土试件在不同龄期条件下的应力-应变曲线。从图中可以看出，90d 龄期的试件极限应变达到 5700，28d 龄期的试件极限应变达到了 5600，而 90d 龄期试件的抗压强度 6MPa 比 28d 强度 4.2MPa 增长 42.9%。7d 和 14d 龄期的试件，抗压强度和极限应变相差不大。

图 2.13 是水泥掺量 20%、掺入 20%的 550μm 橡胶粉的水泥土试件在不同龄期条件下的应力-应变曲线，曲线变化趋势与图 2.12 变化规律相似。可见，龄期从 28d 到 90d，水泥水化反应持续进行，提高了水泥土的强度，而橡胶粉的掺入影响了水泥土中水泥石骨架的形成，提高了试件的变形能力。

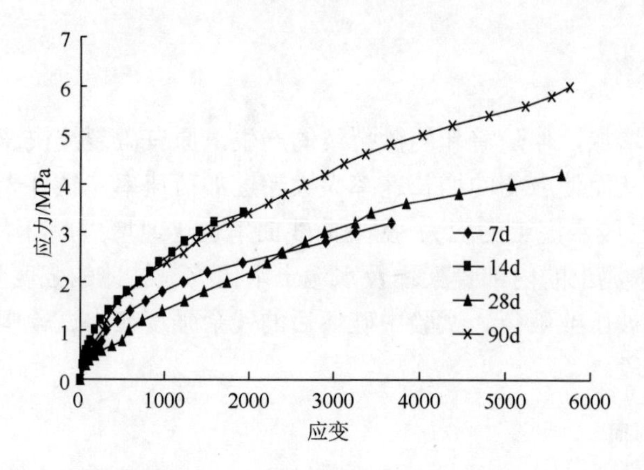

图 2.12 水泥掺量 20%、橡胶粉掺量 10%试件的应力-应变曲线

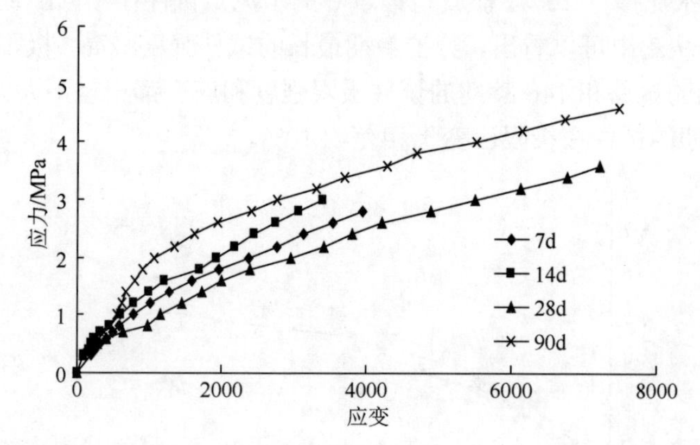

图 2.13 水泥掺量 20%、橡胶粉掺量 20%试件的应力-应变曲线

2.5 橡胶水泥土抗压强度的影响因素

2.5.1 水泥掺量

图 2.14 是养护龄期 7d 条件下，橡胶水泥土无侧限抗压强度与水泥掺量的关系。橡胶粉掺量为 10%的试件抗压强度随水泥掺量的增大基本呈线性增长。普通水泥土在水泥掺量为 7%～15%和 20%～25%时抗压强度增长较快，而在水泥掺量为 15%～20%时抗压强度增长速度放缓。橡胶粉掺量为 20%的水泥土在水泥掺量为 15%～25%时增长较快。

图 2.15 是养护龄期 14d 条件下，橡胶水泥土无侧限抗压强度与水泥掺量的关系。图 2.15（a）中橡胶粉掺量为 20%的水泥土在水泥掺量 7%～15%阶段无侧限抗压强度增长速度较慢，而在水泥掺量 15%～25%阶段抗压强度增长较快。而其他两种水泥土的强度则是在水泥掺量 7%～15%阶段增长较快，而在之后的阶段水泥土

强度增长较慢。由图 2.15（b）可知，所有的水泥土在水泥掺量 15%～25%阶段无侧限抗压强度均基本呈线性增长。从图 2.15 中可以看出，橡胶粉掺量较多时，在水泥掺量比较低的情况下抗压强度增长速度较慢，而在橡胶粉掺量较少时则相反。

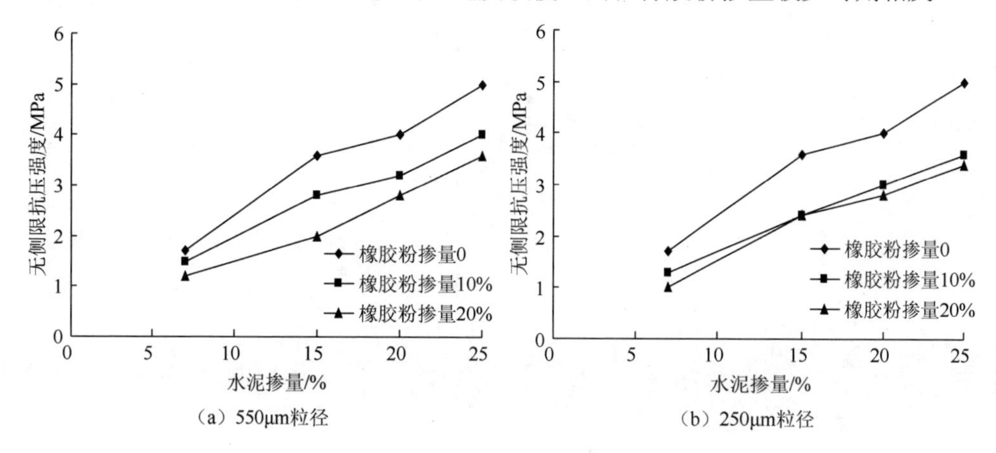

图 2.14　养护龄期 7d 条件下无侧限抗压强度与水泥掺量关系

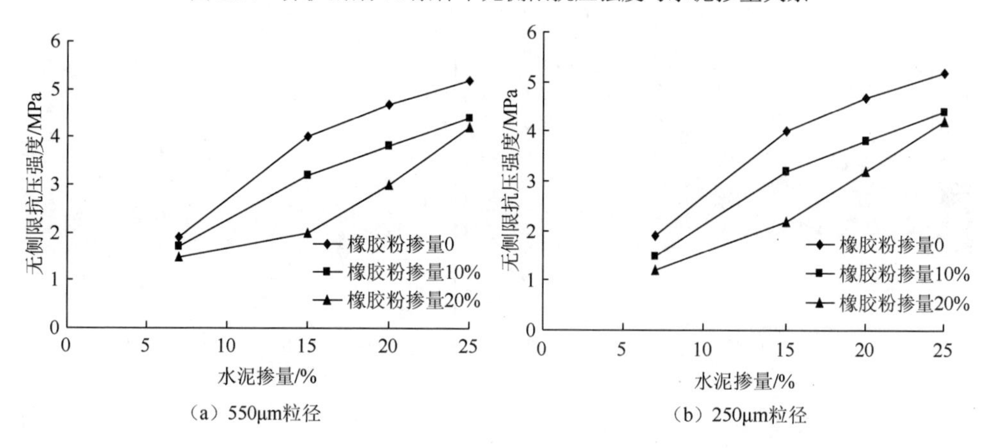

图 2.15　养护龄期 14d 条件下无侧限抗压强度与水泥掺量关系

图 2.16 是养护龄期 28d 条件下，橡胶水泥土无侧限抗压强度与水泥掺量的关系。图 2.16（a）中水泥掺量 7%～15%阶段强度增长较快，15%～25%阶段强度增长速率较前一阶段平缓，但较为均匀，三种橡胶粉掺量的试件无侧限抗压强度，无论是增长阶段还是增长趋势都较为一致。图 2.16（b）中各橡胶粉掺量为 0 和 10%的水泥土抗压强度，增长趋势和增长幅度较一致，而橡胶粉掺量为 20%的水泥土，随水泥掺量的增加，试件的无侧限抗压强度基本呈线性增长趋势。

图 2.17 是养护龄期 90d 条件下，橡胶水泥土无侧限抗压强度与水泥掺量的关系。不掺加橡胶粉的普通水泥土的抗压强度，随水泥掺量的增加呈直线增长趋势。

橡胶粉掺量为10%和20%的橡胶水泥土抗压强度在水泥掺量15%～20%阶段增长速度比其他阶段慢。橡胶粉掺量为10%和20%的水泥土强度在水泥掺量7%～15%和20%～25%两个阶段强度增长速度保持一致。

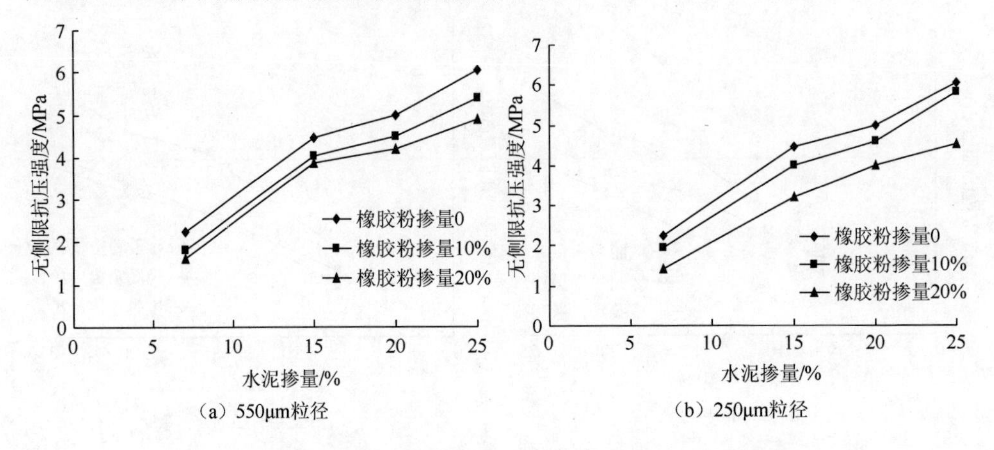

图 2.16　养护龄期 28d 条件下无侧限抗压强度与水泥掺量关系

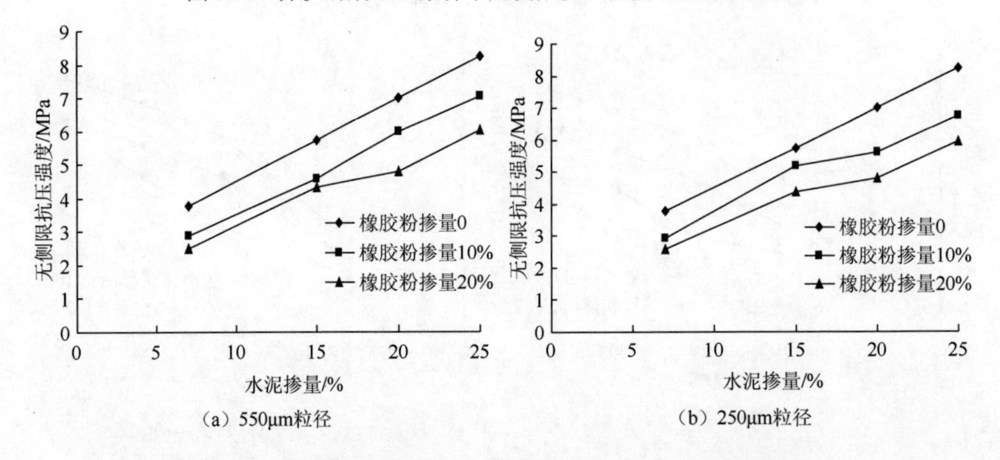

图 2.17　养护龄期 90d 条件下无侧限抗压强度与水泥掺量关系

综上所述，橡胶水泥土无侧限抗压强度随着水泥掺量的增加而线性提高，但每增加单位水泥掺量所引起的强度增加值（称为水泥效率）是不同的。一般情况下，不掺入橡胶粉的普通水泥土增长速率要比橡胶水泥土快，而且强度也较高。以 90d 龄期的试件为例，水泥效率如表 2.4 所示。

水泥掺量 20%～25%这一段的水泥效率普遍高于其他两段，也就是说水泥掺量高时，其强度增长幅度也较大（虽然 7%～15%这一段增长值可能较高，但是水泥效率定义为特定的单位水泥掺量的强度增长值，因此应考虑 10%～15%这一段）。

根据 Bergado[16]的水泥掺量分区论和水泥掺量与水泥土无侧限抗压强度的关系，将水泥掺量分为三个阶段：非反应区（inactive zone）、反应区（active zone）

和准惰性区（quasi-inert zone）。本次试验结果与该理论相吻合，但分区界限有所不同，普通水泥土反应区为水泥掺量 10%～20%，橡胶水泥土的分区界限要大于普通水泥土，上限达到 25%。这是因为橡胶水泥土内部的橡胶颗粒减小了水泥与水的接触面积，从而在一定程度上减弱了水泥的水化强度。

表 2.4 水泥效率

粒径/μm	W_r=10%			W_r=20%		
	水泥掺量15%	水泥掺量20%	水泥掺量25%	水泥掺量15%	水泥掺量20%	水泥掺量25%
550	0.45	1.42	1.06	0.76	0.45	1.24
250	1.02	0.4	1.16	0.68	0.43	1.14

2.5.2 橡胶粉掺量

图 2.18 是养护龄期 7d 条件下，橡胶水泥土无侧限抗压强度与橡胶粉掺量的关系。水泥掺量 7%的橡胶水泥土无侧限抗压强度随橡胶粉掺量的增加而均匀降低，且下降幅度较小。水泥掺量 20%的橡胶水泥土抗压强度也随橡胶粉的增加而降低，但橡胶粉掺量由 0 变化到 5%，强度降低幅度较大，550μm 粒径橡胶粉和 250μm 粒径橡胶粉降低率分别达到了 15%和 20%。

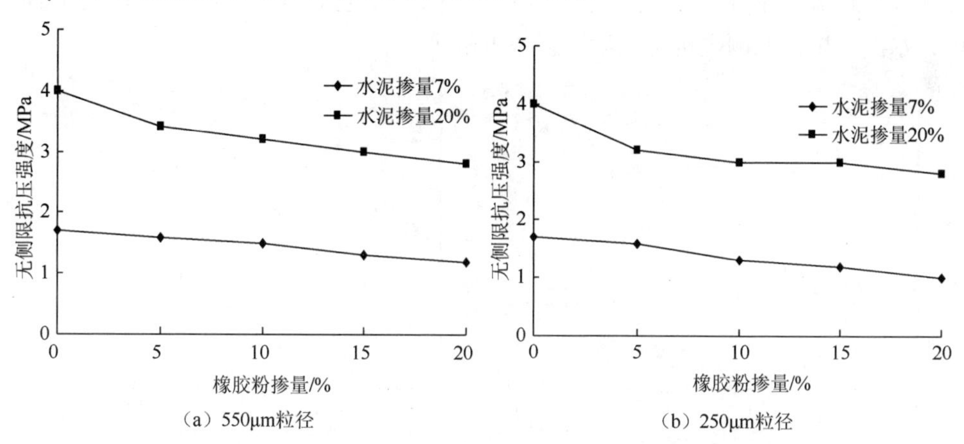

图 2.18 养护龄期 7d 条件下无侧限抗压强度与橡胶粉掺量关系

图 2.19 是养护龄期 14d 条件下，橡胶水泥土无侧限抗压强度与橡胶粉掺量的关系。掺入 550μm 粒径橡胶粉的水泥土，抗压强度随橡胶粉掺量的增加而线性降低，水泥掺量 20%的水泥土抗压强度降低速率较大。而掺入 250μm 粒径橡胶粉的水泥土，橡胶粉掺量为 0～5%阶段时抗压强度降低幅度最大。综合图 2.19（a）和图 2.19（b）可以看出，水泥掺量为 7%的水泥土试件在橡胶粉掺量为 0～20%时，

其抗压强度降低幅度较小，且降低趋势较为平缓。而当水泥掺量达到20%时，抗压强度降低幅度和降低趋势都要大很多。

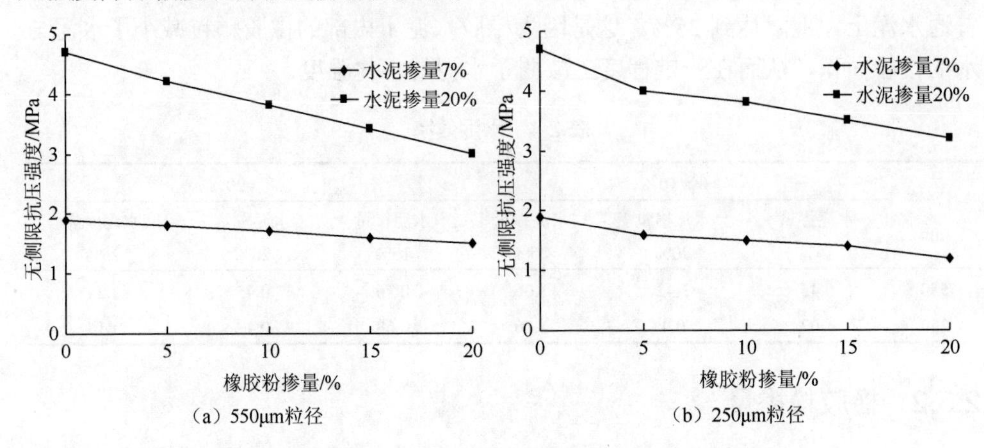

（a）550μm粒径　　（b）250μm粒径

图2.19　养护龄期14d条件下无侧限抗压强度与水泥掺量关系

图2.20是养护龄期28d条件下，橡胶水泥土无侧限抗压强度与橡胶粉掺量的关系。养护28d后的橡胶水泥土试件的性质趋于稳定。从图中可以看出，水泥掺量为7%和20%的橡胶水泥土的无侧限抗压强度，随着橡胶粉掺量的增加基本呈线性降低趋势。而且与养护龄期7d和14d的试件相比，橡胶粉掺量为0～20%时橡胶水泥土试件无侧限抗压强度降低幅度较小。

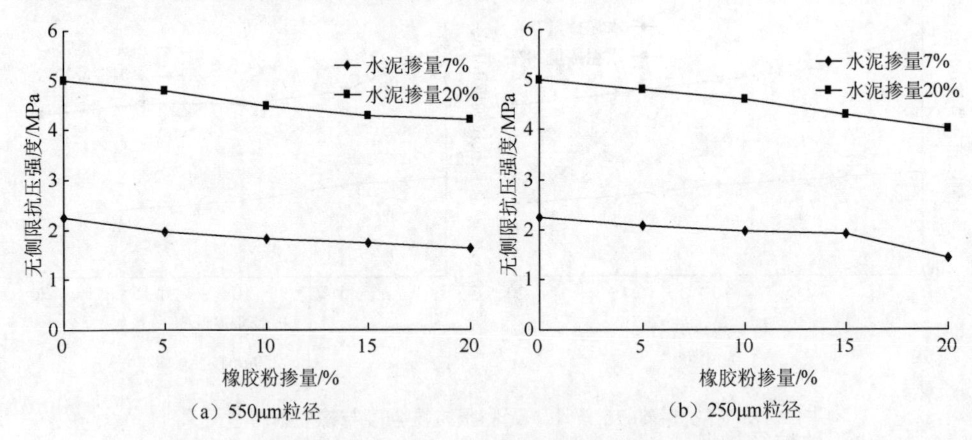

（a）550μm粒径　　（b）250μm粒径

图2.20　养护龄期28d条件下无侧限抗压强度与橡胶粉掺量关系

图2.21是养护龄期90d条件下，橡胶水泥土无侧限抗压强度与橡胶粉掺量的关系。水泥掺量为7%的橡胶水泥土，抗压强度随橡胶粉掺量增加而降低，降低趋势基本呈线性，且降低幅度较小。而水泥掺量20%的橡胶水泥土的强度降低幅度较大。而且同养护龄期7d和14d试件相比，橡胶粉掺量为0～5%阶段时抗压强度降

低幅度最大。这说明随着养护龄期的增长，试件中水泥掺量对强度的影响逐渐加大。

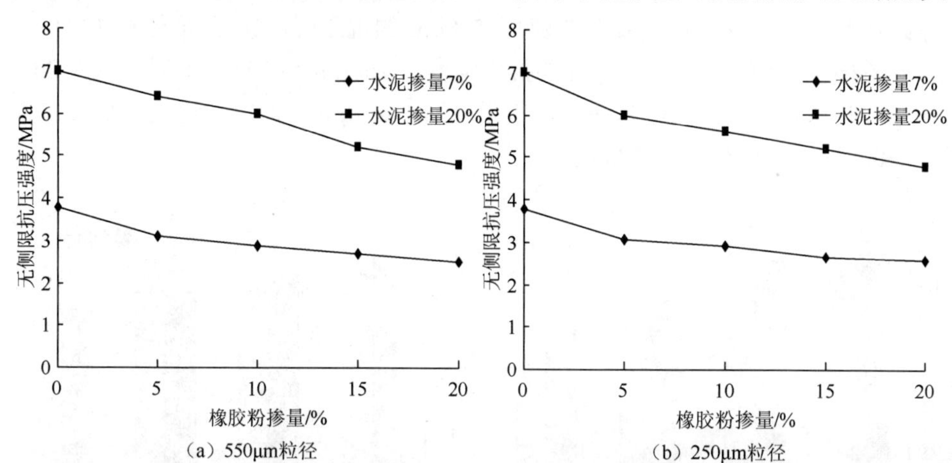

图 2.21 养护龄期 90d 条件下无侧限抗压强度与橡胶粉掺量关系

综上所述，橡胶水泥土试件的无侧限抗压强度随橡胶粉掺量的增加而降低，但降低幅度不定。橡胶粉掺量为 5%～20%时，试件抗压强度降低趋势基本呈线性，而橡胶粉掺量为 0～5%阶段时抗压强度降低幅度大于其他阶段。这是因为橡胶颗粒分布在水泥土中，可以看成是材料内部存在的微孔洞。从损伤力学的角度分析，微孔洞的存在使试件的有效承载面积减少，每增加一定数量的微孔洞，试件的抗压强度也会等比例变化，所以随着橡胶粉掺量的增加，水泥土的抗压强度均匀降低。而橡胶水泥土和不掺入橡胶粉的普通水泥土之间的区别不仅仅是材料内部的微孔洞，橡胶粉还会对水泥土内部结构产生较为复杂的影响，这就造成橡胶粉掺量为 0～5%阶段时抗压强度降低幅度大于其他阶段。

养护龄期达到 28d 时，水泥的水化反应已经充分进行，橡胶水泥土内部的性质已经达到稳定，因此，养护龄期 28d 和 90d 的橡胶水泥土抗压强度随橡胶粉掺量的增加而降低，降低幅度小于 7d 和 14d 的。

2.5.3 橡胶粉粒径

图 2.22 是养护龄期 7d、水泥掺量 7%和 20%、不同橡胶粉掺量条件下，550μm 和 250μm 两种粒径橡胶水泥土抗压强度对比图。水泥掺量 7%的橡胶水泥土，当橡胶粉掺量为 5%时两种粒径的试件抗压强度相等，其余情况下均为 550μm 粒径的抗压强度高于 250μm 粒径。水泥掺量达到 20%时，橡胶粉掺量 5%和 10%的橡胶水泥土，550μm 粒径的抗压强度高于 250μm，其余 550μm 和 250μm 强度相等。

图 2.23 是养护龄期 14d、水泥掺量 7%和 20%、不同橡胶粉掺量条件下，550μm 和 250μm 两种粒径橡胶水泥土抗压强度对比图。水泥掺量为 7%时，掺入 550μm

橡胶粉的橡胶水泥土抗压强度均高于 250μm，而且随着橡胶粉掺量的增加抗压强度差距逐渐增大，橡胶粉掺量为 5%时，550μm 的抗压强度比 250μm 高 12.5%，而橡胶粉掺量达到 20%时，550μm 的抗压强度比 250μm 高 25%。水泥掺量为 20%时，在橡胶粉掺量较低时，550μm 抗压强度高于 250μm，而掺量达到 15%及更大时，250μm 抗压强度高于 550μm。

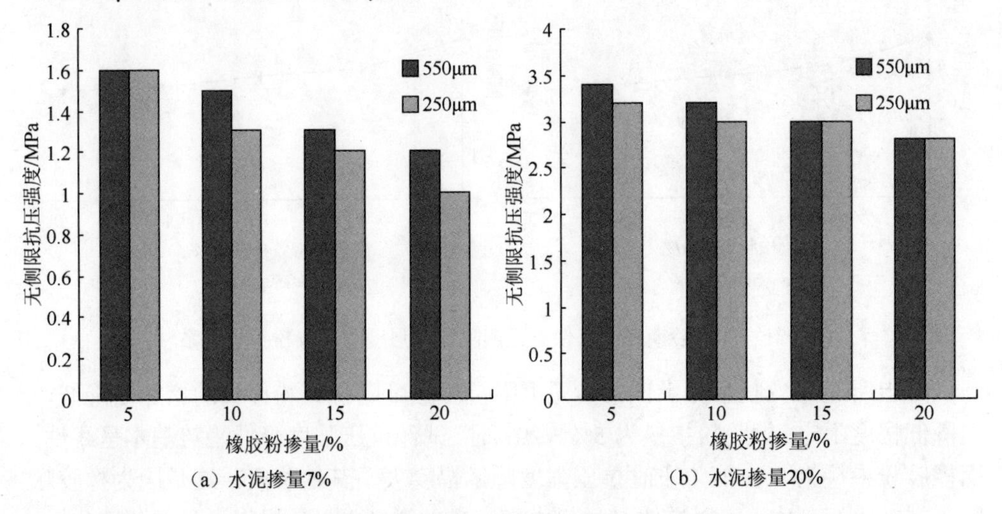

（a）水泥掺量7%　　（b）水泥掺量20%

图 2.22　养护龄期 7d 条件下橡胶粉粒径对抗压强度影响

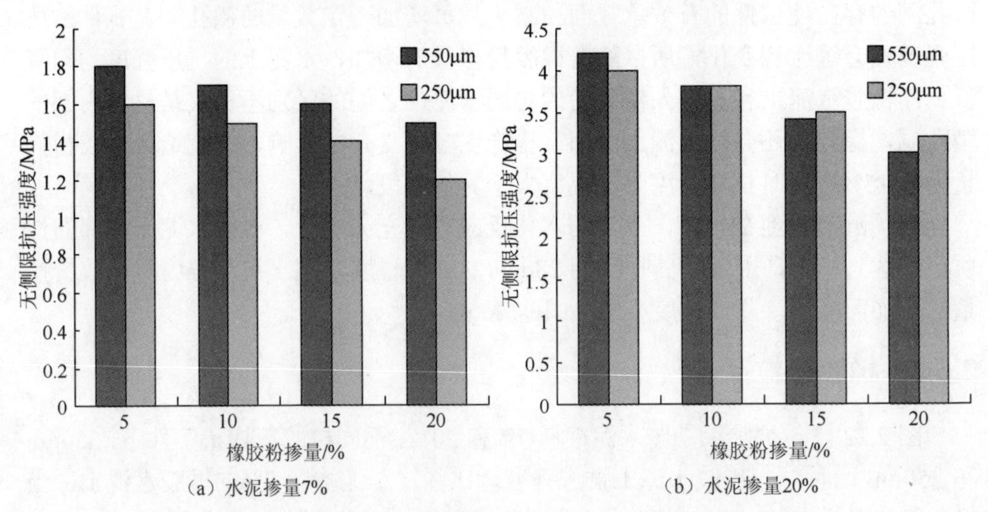

（a）水泥掺量7%　　（b）水泥掺量20%

图 2.23　养护龄期 14d 条件下橡胶粉粒径对抗压强度影响

图 2.24 是养护龄期 28d、水泥掺量 7%和 20%、不同橡胶粉掺量条件下，550μm 和 250μm 两种粒径橡胶水泥土抗压强度对比图。水泥掺量为 7%时，橡胶粉掺量 5%～15%，掺入 550μm 橡胶粉的橡胶水泥土抗压强度低于掺入 250μm 的，且差

距呈增大趋势。橡胶粉掺量20%的水泥土550μm试件的抗压强度高于250μm。水泥掺量为20%、橡胶粉掺量为5%和15%时，550μm试件的抗压强度和250μm相等；橡胶粉掺量10%时，250μm试件的抗压强度高于550μm，而橡胶粉掺量20%时正好相反。掺入550μm橡胶粉的试件抗压强度和掺入250μm的试件抗压强度互有高低，无法从抗压强度变化中发现规律。

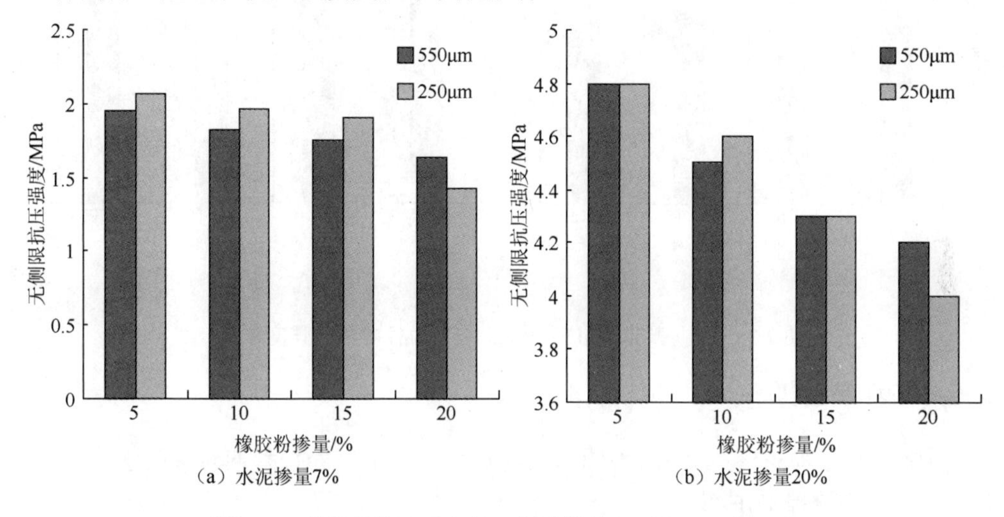

图2.24 养护龄期28d条件下橡胶粉粒径对抗压强度影响

图2.25是养护龄期90d、水泥掺量7%和20%、不同橡胶粉掺量条件下，550μm和250μm两种粒径橡胶水泥土抗压强度对比图。水泥掺量为7%、橡胶粉掺量为5%和15%时，掺入550μm橡胶粉的试件的抗压强度大于掺入250μm的，而橡胶粉掺量为10%和20%时正好相反。水泥掺量为20%、橡胶粉掺量为5%和10%时，550μm的抗压强度高于250μm，而橡胶粉掺量为15%和20%时，550μm的抗压强度与250μm相等。从图中可以看出，相同水泥掺量和橡胶粉掺量、不同粒径的橡胶水泥土试件抗压强度相差不大。但不同粒径与抗压强度之间未发现存在任何规律，这可能是因为本次试验掺入的橡胶粉粒径比较接近，对水泥土的影响不会很大，造成得出的结果较为离散。

粒径影响的试验结果与常规想法相悖，从橡胶混凝土的研究成果来看，对于粗细橡胶粉对抗压强度的影响，目前也无定论。Topçu[17]把粗细两种橡胶粉掺入到C20混凝土中，对其立方体抗压强度进行了测试。随着橡胶粉掺量的增加，抗压强度降低。粗胶粉比细胶粉影响明显，Topçu认为是界面黏结强度降低的结果。Fattuhi等的试验结果也表明橡胶混凝土的抗压强度相对于普通混凝土有一定的降低。对于橡胶粉粗细的影响，Fattuhi等却得到了与Topçu相反的结论[18]。如果认同橡胶粉导致了界面黏结强度降低，那么由于细橡胶粉比粗橡胶粉的比表面积大，强度应该降低得更多，试验结果同样与分析相悖。因此，无论是橡胶水泥土还是橡胶混凝土，橡胶粉粒径的影响都有待进一步研究。

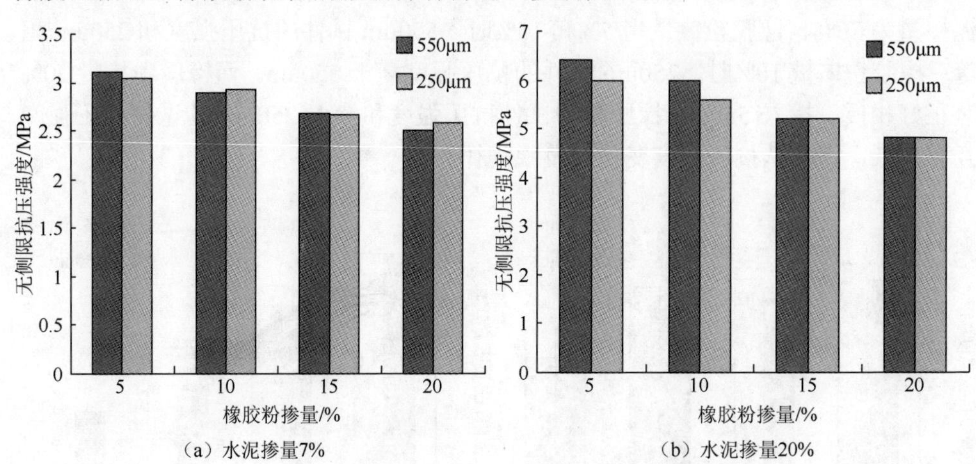

图 2.25　养护龄期 90d 条件下橡胶粉粒径对抗压强度影响

2.5.4　养护龄期

图 2.26 是水泥掺量 7%、不同橡胶粉掺量条件下，养护龄期对橡胶水泥土无侧限抗压强度的影响曲线。

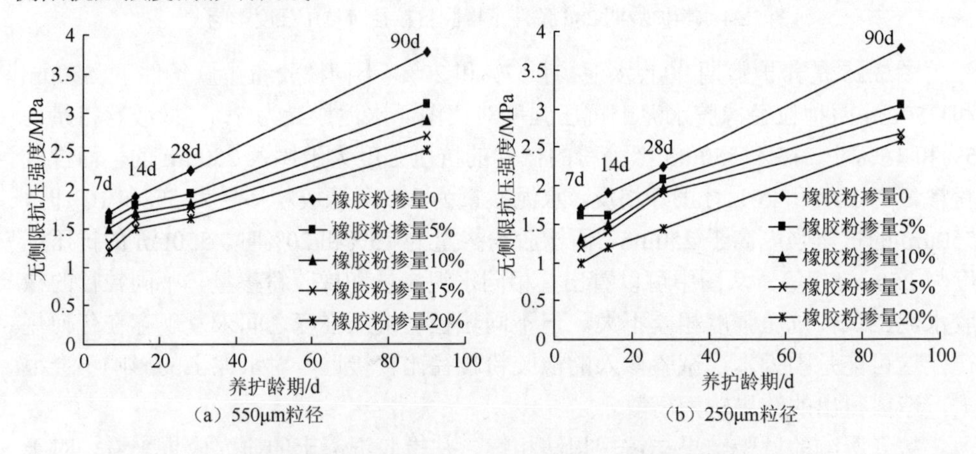

图 2.26　水泥掺量 7%，养护龄期对抗压强度影响

从图 2.26 中可以发现，不掺入橡胶粉的普通水泥土抗压强度随龄期的增加而线性增长，而且增长速度较快，橡胶水泥土与之相比抗压强度上升趋势稍显缓慢。普通水泥土从养护龄期 28d 到 90d 抗压强度增长了 68%，而橡胶水泥土在这一阶段的抗压强度增长率在 40%～60%范围内。从图中也可以看出，随着养护龄期的增长，橡胶水泥土前期（7～28d）的抗压强度增长略快于后期（28～90d），这是由于在初始养护阶段，试件中水泥的水化反应和凝硬反应较为剧烈，致使试件抗

压强度增长较快。而养护到一定时间之后，试件内部化学反应有所减弱，造成试件抗压强度增长略缓于之前阶段。

图 2.27 是水泥掺量 20%、不同橡胶粉掺量条件下，养护龄期对橡胶水泥土无侧限抗压强度的影响曲线。从图中可以看出，无论是普通水泥土还是橡胶水泥土，养护龄期从 7d 到 14d、15d 到 28d、29d 到 90d 的三个阶段抗压强度增长速率均呈减小趋势。普通水泥土从 28d 到 90d 抗压强度增长了 40%，橡胶水泥土增长幅度为 15%～33%。普通水泥土的实际水泥含量多于橡胶水泥土，其水化反应和凝硬反应在强度上比橡胶水泥土高，这就造成强度发展趋势比橡胶水泥土更大。不掺入橡胶粉的普通水泥土抗压强度随龄期的增加而线性增长，而且增长速度较快，橡胶混凝土与之相比抗压强度上升趋势稍显缓慢。这是由于在初始养护阶段，试件中水泥的水化反应和凝硬反应较为剧烈，致使试件抗压强度增长较快。而养护到一定时间之后，试件内部化学反应有所减弱，造成试件抗压强度增长略缓于之前阶段。

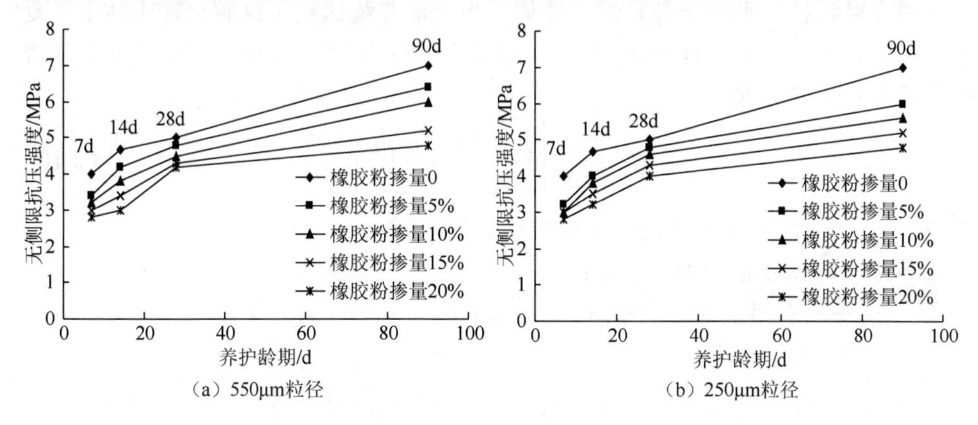

（a）550μm粒径　（b）250μm粒径

图 2.27　水泥掺量 20%，养护龄期对抗压强度影响

橡胶水泥土的抗压强度随着龄期的增长而提高，在养护的前期，7～28d 阶段水泥土抗压强度增长速度较快，29～90d 阶段强度增长速度减缓，但抗压强度仍有大幅增长。据电子显微镜观察，水泥和土的凝硬反应需要 3 个月才能充分完成[9]，即龄期超过 90d 后水泥土的抗压强度增长才能趋于稳定。因此，应选用 90d 的龄期抗压强度作为橡胶水泥土的标准抗压强度较为适宜。

2.6　橡胶水泥土抗压强度公式

橡胶水泥土可以看成是橡胶和水泥土两相复合材料。其中，水泥土为基体，在两相之间黏结中发挥重要作用。水泥土与橡胶粉是通过界面结合成整体，界面区是橡胶水泥土内部结构中的薄弱环节。由于橡胶粉化学性质较为稳定，不会与水泥土发生化学反应，因此，水泥土和橡胶粉之间的黏结主要取决于两者的物理特性。由于橡胶粉掺量对抗压强度降低率的线性影响，可以将橡胶水泥土看成橡胶粉体与水泥土体的结合体，即为橡胶水泥土等价体（图 2.28）。

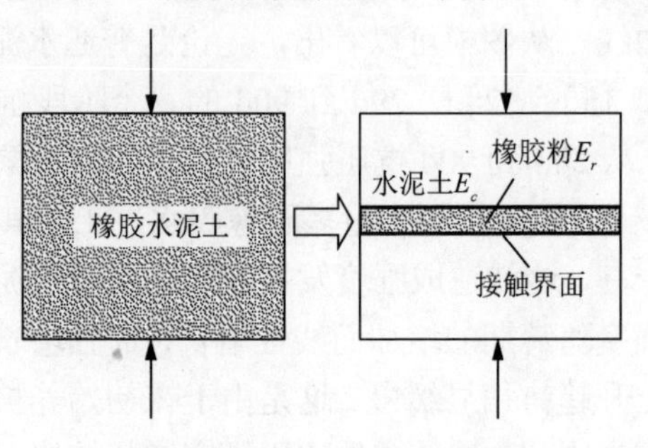

图 2.28　橡胶水泥土等价体

假设橡胶粉、水泥土都是线弹性体，当上部荷载达到了橡胶水泥土体上承受的极限压应力时，按照复合材料力学中混合律的方法[19]，纵向抗压强度（无侧限抗压强度）f_{cr} 可以表示为

$$f_{cr} = f_{cm}\left[1+\left(\frac{E_r}{E_{cs}}-1\right)W_r\right] \tag{2.10}$$

式中，f_{cm} ——水泥土基体的无侧限抗压强度；

E_r ——橡胶粉的弹性模量；

E_{cs} ——水泥土的弹性模量；

W_r ——橡胶粉掺量。

很明显，由于 $E_r<E_{cs}$，因此，随着 W_r 的增加 f_{cr} 线性降低，图 2.29 是水泥掺量 20%时的计算值与试验值的对比，可见计算值与试验值较为接近，与试验现象吻合。

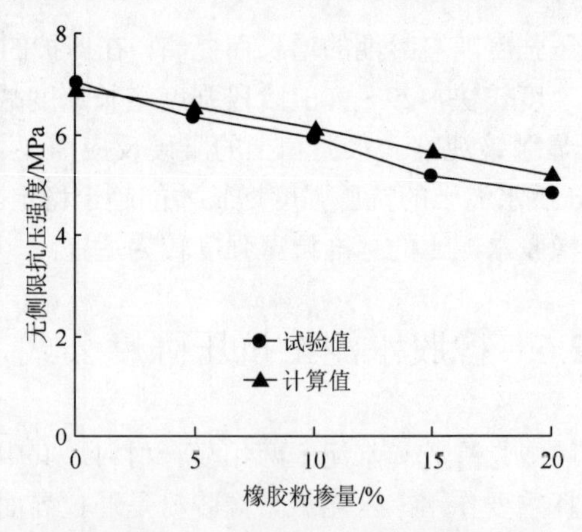

图 2.29　计算值与试验值对比

2.7 本章小结

依据水泥土使用特点，作者提出了橡胶水泥土，并借鉴水泥土和橡胶混凝土的研究，分析了橡胶水泥土的用途及性价比等，还进行了橡胶水泥土的材料试验，得到如下结论：

（1）橡胶水泥土的质量随着水泥掺量的增加而增加，随橡胶粉掺量的增加而减小。橡胶水泥土质量随着养护龄期的增长而增长，初期增长速度较快，后期增长缓慢，甚至没有增长。

（2）橡胶水泥土的应力-应变曲线发展基本经历了三个阶段，即弹性阶段、弹塑性阶段和塑性阶段。不掺入橡胶粉的普通水泥土抗压强度高于橡胶水泥土，橡胶水泥土的峰值应变高于普通水泥土，说明橡胶粉的掺入增强了水泥土的塑性变形能力。28d 龄期和 90d 龄期相比，极限应变略小。

（3）橡胶水泥土无侧限抗压强度随着水泥掺量的增加而增大，但水泥效率有所不同。水泥掺量为 20%～25%时，水泥效率较高。橡胶水泥土试件的无侧限抗压强度随着橡胶粉掺量的增加而降低。橡胶粉掺量由 5%到 20%，试件抗压强度降低趋势基本呈线性，而橡胶粉掺量由 0 到 5%阶段抗压强度降低幅度大于其他阶段，说明水泥掺量越低，降低幅度越大。当水泥掺量较低时，250μm 橡胶粉制成的橡胶水泥土比 550μm 制成的无侧限抗压强度要大，而当水泥掺量较高时，情况正好相反，据此可以判定存在最优粒径问题。

（4）橡胶水泥土的抗压强度随着龄期的增长而提高，在龄期超过 28d 后仍有大幅增长。选用 90d 的龄期抗压强度作为橡胶水泥土的标准抗压强度较为适宜。

（5）本章建立了橡胶水泥土无侧限抗压强度经验公式，计算值与试验值吻合良好。

参考文献

[1] 李彰．掺橡胶粉的路面水泥混凝土微细观结构改性机理研究[J]．石家庄铁道大学学报（自然科学版），2015，28（3）：40-43．
[2] 李丽娟，陈智泽，谢伟锋，等．橡胶改性高强混凝土基本性能的试验研究[J]．混凝土，2007（5）：60-63．
[3] 侯帅．掺塑钢纤维的橡胶混凝土力学性能试验研究[D]．包头：内蒙古科技大学，2016．
[4] 田薇，郑磊，袁勇．橡胶混凝土脆性的试验研究[J]．混凝土，2007（2）：37-40．
[5] 郭壮．橡胶混凝土路面材料断裂性能的试验研究[D]．广州：广东工业大学，2014．
[6] 王毅．深层搅拌法在砖瓦碎块地基中的应用[C]//河南省建筑业协会．河南省建筑业行业优秀论文集．北京：文史出版社，2005．
[7] 翟步凯，翟泽冰．水泥搅拌桩在软土路基处理中的应用[J]．山西建筑，2009，35（10）：279-280．
[8] 罗思京．粉喷桩的工作机理及复合地基承载特性研究[J]．武汉轻工大学学报，2007，26（2）：46-49．
[9] 刘松玉，钱国超，章定文．粉喷桩复合地基理论与工程应用[M]．北京：中国建筑工业出版社，2006．

[10] 建筑地基处理技术规范：JGJ 79—2012[S]．北京：中国建筑工业出版社，2013.
[11] 李占强．夯实水泥土桩复合地基的试验研究及其数值模拟[D]．北京：中国地质大学，2005.
[12] 阎明礼．地基处理技术[M]．北京：中国环境科学出版社，1996.
[13] 叶书麟，韩杰，叶观宝．地基处理与托换技术[M]．北京：中国建筑工业出版社，1994.
[14] 刘春生．橡胶集料混凝土的研究与应用[D]．天津：天津大学，2005.
[15] 张振拴，王占雷，杨志红，等．夯实水泥土桩复合地基技术新进展[M]．北京：中国建材工业出版社，2007.
[16] Bergado D T. Soft Ground Improvement in Lowland and Other Environments[M]. Reston: ASCE, 1996.
[17] Topçu I B. The properties of rubberized concretes[J]. Cement and Concrete Research, 1995, 25(25):304-310.
[18] Fattuhi N I, Clark L A. Cement-based materials containing shredded scrap truck tyre rubber[J]. Construction and Building Materials, 1996, 10(4):229-236.
[19] 刘锡礼，王秉权．复合材料力学基础[M]．北京：中国建筑工业出版社，1984.

3 橡胶水泥土模量与泊松比

从 20 世纪 90 年代开始，废弃橡胶轮胎橡胶粉应用于土木工程领域，橡胶沥青混凝土取得了巨大成功，其良好的抗滑、抗疲劳和抗裂性能，延长了道路使用寿命[1-3]。1993 年，Shuaib Ahmad 开始了橡胶混凝土的研究应用[4]，其后 Topçu[5]、Fattuhi 等[6]和 Segre 等[7]对橡胶混凝土的抗压强度、模量等物理力学指标进行了研究，得到的基本规律是橡胶粉的掺入使混凝土抗压强度、模量等性能降低，但却提高了其延性、韧性、抗冻融性能、抗冲击性及阻尼性能。

弹性模量、变形模量和泊松比是橡胶水泥土的重要力学性质，研究这些力学指标对橡胶水泥土在工程中的应用十分必要。例如，如果通过弹性理论研究橡胶水泥土桩复合地基沉降问题，就必须要测得相应的变形模量和泊松比。水泥土桩复合地基是目前常用的地基处理方法之一。水泥土是利用水泥材料作为胶凝材料强制搅拌，使地基土硬结成具有整体性、水稳定性和一定强度的加固体。水泥土呈坚硬状态，抗压强度、抗剪强度、变形模量等指标均优于天然软土地基[8]。加固土的变形特征随加固土强度的变化而介于脆性体与弹塑性体之间。

本章将详细阐述橡胶水泥土弹性模量、变形模量和泊松比的计算方法。通过计算得到各种配合比和各种龄期条件下橡胶水泥土的模量和泊松比值，根据计算结果研究水泥掺量、橡胶粉掺量、橡胶粉粒径及养护龄期对模量、泊松比的影响。

3.1 橡胶水泥土模量和泊松比的计算方法

典型的橡胶水泥土竖向应力-应变曲线，其橡胶水泥土模量取值示意图如图 3.1 所示。根据应力-应变曲线可以得到橡胶水泥土的重要设计参数。弹性模量与变形模量。弹性模量取应力-应变曲线原点切线的斜率值 $\tan\alpha_1$。变形模量定义为：当正应力达到 50%无侧限抗压强度时，水泥土的应力与应变的比值，称为水泥土的变形模量 E_{50}，即图中 α_2 的正切值 $\tan\alpha_2$。

同理，根据测出的横向应力-应变曲线可以得出橡胶水泥土横向应力-应变曲线，泊松比 μ 取值定义为 $\mu = \varepsilon_h / \varepsilon_v$，即在材料受压初始时的线弹性阶段中，横向应变 ε_h 与竖向应变 ε_v 之比的绝对值。

弹性模量是工程材料中一种最重要、最具特征的力学性质，它是衡量材料产生弹性变形难易程度的指标，其值越大，使材料发生一定弹性变形的应力也越大，即弹性模量越大，在一定应力作用下，发生弹性变形越小。橡胶水泥土的弹性模量受水泥掺量、橡胶粉掺量、橡胶粉粒径和养护龄期等多种因素影响。

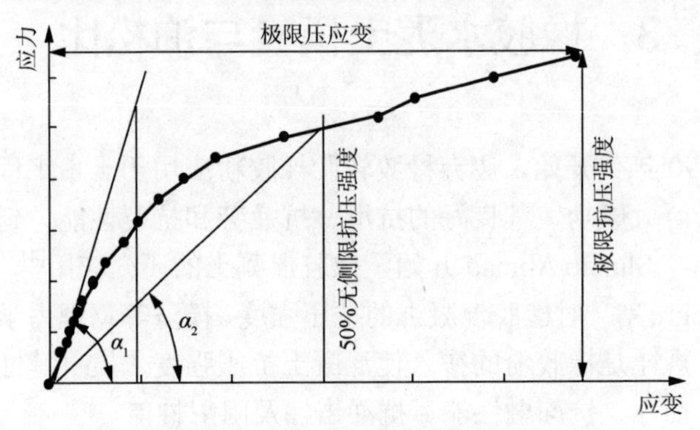

图 3.1　橡胶水泥土模量取值示意图

变形模量是水泥土设计的重要参数，例如，地基的沉降分析和动力反应分析都需要用到变形模量。变形模量能较真实地反映天然土层的变形特性，而在工程上对其测定比较困难，其缺点是荷载试验设备笨重、历时长和费用贵，且深层土的荷载试验在技术上极为困难。因此，为了简化测量过程，通常在室内试验中对其进行测定。将其定义为：当正应力达到 50%无侧限抗压强度时，水泥土的应力与应变的比值，称为水泥土的变形模量 E_{50}。橡胶水泥土的变形模量反映了水泥土抵抗弹塑性变形的能力，可用于弹塑性问题分析，通常可以通过试验进行测定。

3.2　模量的演变规律

1. 橡胶粉掺量的影响

图 3.2 和图 3.3 分别给出了橡胶粉掺量对弹性模量和变形模量的影响曲线。在水泥掺量一定的情况下，无论是弹性模量还是变形模量，随着橡胶粉掺量的增加均呈降低趋势。当水泥掺量为 7%、粒径为 550μm、橡胶粉掺量为 20%时，弹性模量降低 44.1%；粒径为 250μm、橡胶粉掺量 20%时，弹性模量降低 46.6%；而当水泥掺量为 20%、粒径为 550μm、橡胶粉掺量为 20%时，弹性模量降低 48.2%；粒径为 250μm、橡胶粉掺量为 20%时，弹性模量降低 43.9%。而对应的变形模量，当水泥掺量为 7%、粒径为 550μm 和 250μm 时，弹性模量分别降低 63.3%和 68.8%；当水泥掺量为 20%、粒径为 550μm 和 250μm 时，弹性模量分别降低 46.3%和 47.7%。弹性模量降低速率随橡胶粉掺量的增加而减小。

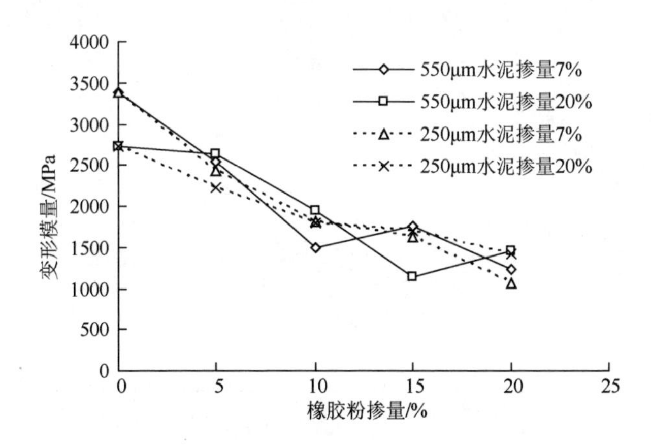

图 3.2 橡胶粉掺量对变形模量的影响

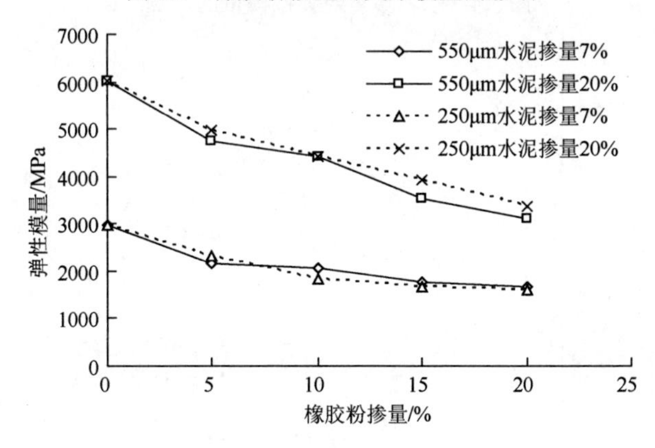

图 3.3 橡胶粉掺量对弹性模量的影响

2. 水泥掺量的影响

水泥掺量对模量的影响曲线如图 3.4 和图 3.5 所示。弹性模量随着水泥掺量的增加而增长。当水泥掺量从 7%增加到 15%、再增加到 20%、25%时，橡胶粒径为 550μm、橡胶粉掺量为 10%的橡胶水泥土的弹性模量分别提高 16.6%、43.8%、19.2%。当水泥掺量为 7%时，由于水泥与土反应较弱，水泥土固化程度低，试验数据较离散，尤其变形模量在水泥掺量为 15%时的数据高于其他。当水泥掺量为 15%以上时，随着水泥掺量的增加，弹性模量基本呈增长趋势。由于水泥掺量为 15%时橡胶水泥土应力-应变曲线表现为更多的弹性性质，所以在 50%无侧限抗压强度下变形较小，从而导致变形模量较大。其原因可能是试验误差或者与水泥的界限掺量有关，尚待研究。

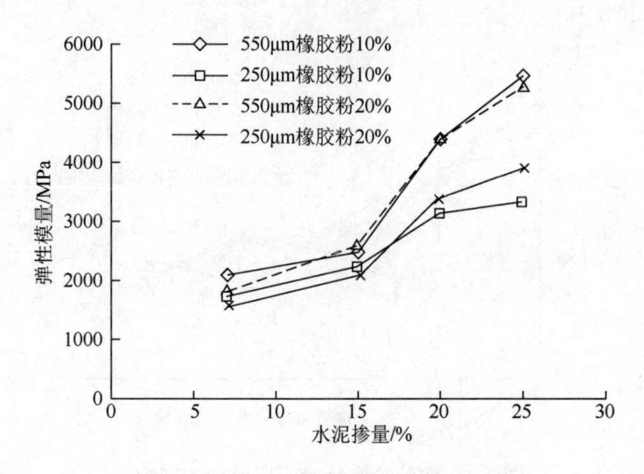

图 3.4　水泥掺量对弹性模量的影响

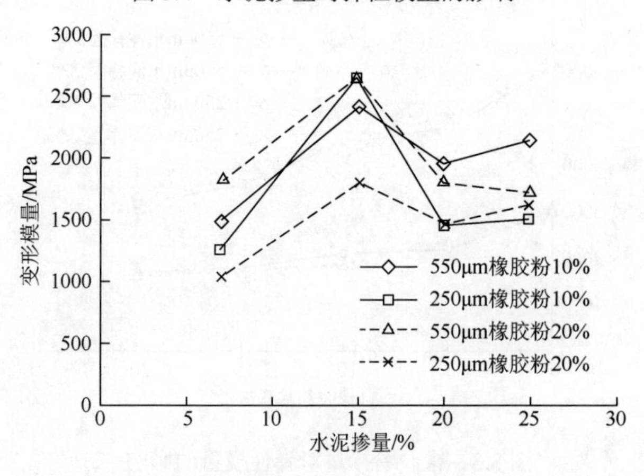

图 3.5　水泥掺量对变形模量的影响

3. 橡胶粉粒径的影响

橡胶粉粒径对模量的影响如图 3.6 所示。由图 3.6 可见，水泥掺量为 7%、粒径为 250μm 橡胶粉构成的橡胶水泥土的弹性模量要低于 550μm 的，而对应的变形模量也低于 550μm 的；水泥掺量为 20%、粒径为 250μm 的弹性模量高于 550μm 的，而变形模量基本低于 550μm 的。

橡胶粉粒径对橡胶水泥土性质的影响曲线如图 3.7 所示。由于试验选用的橡胶粉粒径较少，所以影响规律尚需进一步探讨。根据试验和现有对于橡胶混凝土的研究资料，可以判断橡胶水泥土在可用粒径范围内存在较优粒径问题，即粒径在一定范围内时，橡胶水泥土的力学性能最佳。这可能也是橡胶混凝土不同试验得到粒径影响不同[5,6,9]的原因。

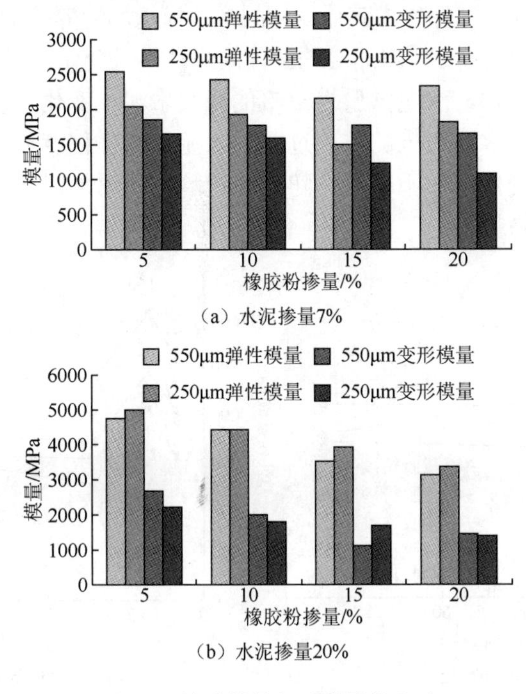

图 3.6 橡胶粉粒径对模量的影响

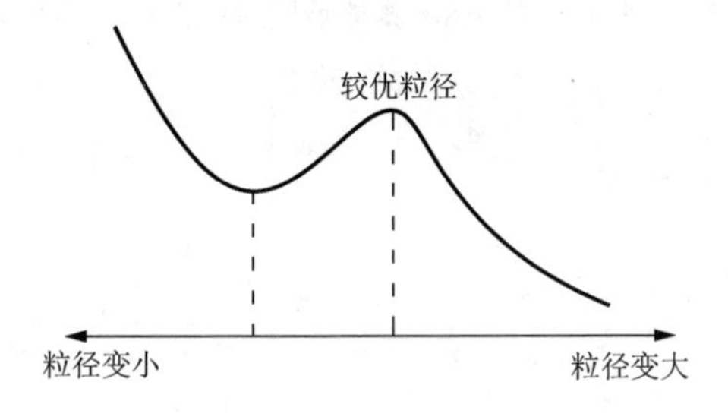

图 3.7 橡胶粉粒径对橡胶水泥土性质的影响

4. 养护龄期的影响

图 3.8 是水泥掺量 7%、不同橡胶粉掺量条件下，养护龄期对弹性模量的影响。从 7d 到 14d，普通水泥土和橡胶水泥土的弹性模量都有增加，而从 14d 到 28d，各种配合比的橡胶水泥土弹性模量均有下降趋势。90d 的弹性模量比 28d 的略有上升，但相差不大。从图 3.8 中可以看出，在养护的初始阶段弹性模量增长的速度较快，各种掺量的水泥土弹性模量在养护前期都有波动，直到养护 28d 之后才趋于稳定。

图 3.9 是水泥掺量 20%、不同橡胶粉掺量条件下，养护龄期对弹性模量的影响。普通水泥土的弹性模量随着养护龄期的增加而增大。掺入 550μm 橡胶粉的水泥土变化情况与水泥掺量 7%的橡胶水泥土相同，而橡胶粉粒径为 250μm 时，水泥土除

了橡胶粉掺量为20%的试件外，其他试件的弹性模量均随养护龄期的增加而增大，橡胶粉掺量20%、橡胶粒径为250μm的试件的弹性模量变化情况与550μm的相同。

通过以上比较可知，水泥掺量为20%的橡胶水泥土变化情况较为稳定，这说明水泥掺量较低时，水泥与土的反应过弱，水泥土固化程度低，因此，造成弹性模量离散性较大，变化规律不明显。随着养护龄期的增加，各种掺量的水泥土弹性模量基本呈增长趋势。

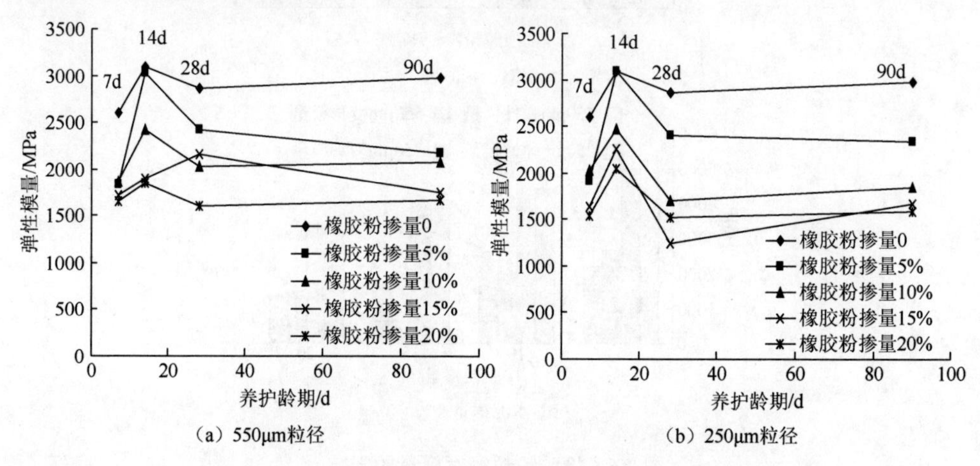

（a）550μm粒径　　（b）250μm粒径

图3.8　水泥掺量7%，养护龄期对弹性模量的影响

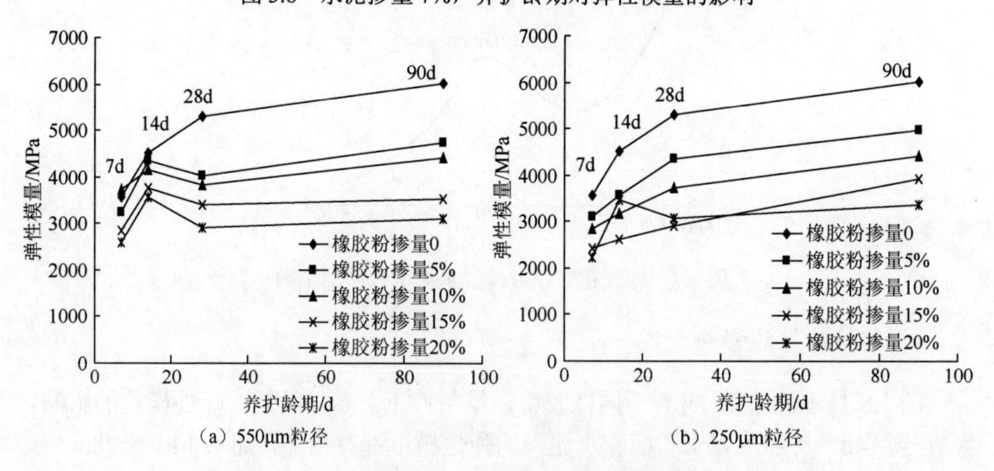

（a）550μm粒径　　（b）250μm粒径

图3.9　水泥掺量20%，养护龄期对弹性模量的影响

3.3　橡胶水泥土模量的复合材料理论

橡胶水泥土可以看作是一种两相复合材料。按照复合材料理论，材料的模量可以通过两相的模量按照某种规律进行表示，这种规律称为混合律。混合律的基

础是 Voigt 等应变假设与 Reuss 等应力假设[9-12]。

Voigt 等应变假设：作用在复合材料上的荷载由材料中的两种材料共同承担，两组分应变相同，并都等于复合材料应变。对于橡胶水泥土，即为$\varepsilon_{\mathrm{rcs}}=\varepsilon_{\mathrm{cs}}=\varepsilon_r$，其中，$\varepsilon_{\mathrm{rcs}}$、$\varepsilon_{\mathrm{cs}}$和$\varepsilon_r$分别为在荷载作用下橡胶水泥土、水泥土和橡胶粉的应变。又由于外荷载由两种材料共同承担，因此有$\sigma_{\mathrm{rcs}}A_{\mathrm{rcs}}=\sigma_{\mathrm{cs}}A_{\mathrm{cs}}+\sigma_r A_r$，其中，$A$为单位长度下材料面积。

由应变等效条件，等式两边分别除以相关应变为

$$\frac{\sigma_{\mathrm{rcs}}A_{\mathrm{rcs}}}{\varepsilon_{\mathrm{rcs}}}=\frac{\sigma_{\mathrm{cs}}A_{\mathrm{cs}}}{\varepsilon_{\mathrm{cs}}}+\frac{\sigma_r A_r}{\varepsilon_r} \tag{3.1}$$

即 Voigt 模量值为

$$E_{\mathrm{cu}}=\xi_{\mathrm{cs}}E_{\mathrm{cs}}+\xi E_r \tag{3.2}$$

式中，E_r——橡胶水泥土中相 1（橡胶粉）的模量；

E_{cs}——相 2（水泥土）的模量；

ξ和ξ_{cs}——相 1 和相 2 的体积分数，且$\xi+\xi_{\mathrm{cs}}=1$。

而 Reuss 等应力假设认为，两相材料在外力作用下应力相等，即$\sigma_{\mathrm{rcs}}=\sigma_{\mathrm{cs}}=\sigma_r$。复合材料的变形为两相变形之和，即

$$\varepsilon_{\mathrm{rcs}}l_{\mathrm{rcs}}=\varepsilon_{\mathrm{cs}}l_{\mathrm{cs}}+\varepsilon_r l_r$$

式中，l——单位面积下材料的原始长度。

由应力等效条件，等式两边分别除以相应应力为

$$\frac{\varepsilon_{\mathrm{rcs}}l_{\mathrm{rcs}}}{\sigma_{\mathrm{rcs}}}=\frac{\varepsilon_{\mathrm{cs}}l_{\mathrm{cs}}}{\sigma_{\mathrm{cs}}}+\frac{\varepsilon_r l_r}{\sigma_r} \tag{3.3}$$

得到 Reuss 模量值为

$$E_{\mathrm{cd}}=\left(\frac{\xi}{E_r}+\frac{\xi_{\mathrm{cs}}}{E_{\mathrm{cs}}}\right)^{-1} \tag{3.4}$$

当仅考虑橡胶水泥土弹性变形时，其应变位能为

$$U=\frac{1}{2}E_{\mathrm{rcs}}\varepsilon_{\mathrm{rcs}}^2 V \tag{3.5}$$

式中，V——体积。

假设在橡胶水泥土内部存在一个容许应力场，即在内部满足平衡条件又在边界上满足力边界条件的应力场，并令U_σ为该容许应力场所对应的应变能（在线弹性假设下应变能等于余能），则由最小余能原理知，U_σ总大于或等于真实应力场所对应的应变能U，亦即$U_\sigma \geqslant U$。

$$U_\sigma=\frac{1}{2}\int\frac{\sigma_{\mathrm{rcs}}^2}{E_{\mathrm{rcs}}}\mathrm{d}V=\frac{1}{2}\sigma_{\mathrm{rcs}}^2\int_V\frac{\mathrm{d}V}{E_{\mathrm{rcs}}} \tag{3.6}$$

积分必须遍及橡胶粉体积和水泥土基体体积，于是有

$$U_{\sigma}=\frac{1}{2}\sigma_{\rm rcs}^{2}\left(\int_{\xi_{\rm cs}}\frac{{\rm d}V}{E_{\rm cs}}+\int_{\xi}\frac{{\rm d}V}{E_{r}}\right) \tag{3.7}$$

其结果是

$$U_{\sigma}=\frac{1}{2}\sigma_{\rm rcs}^{2}\left(\frac{\xi_{\rm cs}}{E_{\rm cs}}+\frac{\xi}{E_{r}}\right)V \tag{3.8}$$

根据式（3.5）和式（3.8）可知，Reuss 模量值 $E_{\rm cd}$ 为橡胶水泥土模量的下限值。

假设在橡胶水泥土内部存在一个容许应变场，即在内部满足连续条件又在边界上满足几何边界的应变场，并另 U_g 为该容许应变场所对应的应变能，则由最小位能原理知，U_g 总大于或等于真实应变状态所对应的应变能 U，亦即 $U_g \geqslant U$。

应变场 U_g 所对应的应力场可以从橡胶粉和基体的胡克定律得到。根据应力场分别在橡胶粉体积和基体体积中完成积分，再求和，得

$$U_{\varepsilon}=\frac{\varepsilon_{\rm rcs}^{2}}{2}\left[\frac{1-\nu_{\rm cs}-4\nu\nu_{\rm cs}+2\nu^{2}}{(1-2\nu_{\rm cs})(1+\nu_{\rm cs})}E_{\rm cs}\xi_{\rm cs}+\frac{1-\nu_{r}-4\nu\nu_{r}+2\nu^{2}}{(1-2\nu_{r})(1+\nu_{r})}E_{r}\xi\right]V \tag{3.9}$$

式中，$\nu_{\rm cs}$、ν_r——水泥土和橡胶粉的泊松比；

ν——未知常数。

考虑式（3.5）和式（3.9）得

$$E_{\rm rcs}\leqslant\frac{1-\nu_{\rm cs}-4\nu\nu_{\rm cs}+2\nu^{2}}{(1-2\nu_{\rm cs})(1+\nu_{\rm cs})}E_{\rm cs}\xi_{\rm cs}+\frac{1-\nu_{r}-4\nu\nu_{r}+2\nu^{2}}{(1-2\nu_{r})(1+\nu_{r})}E_{r}\xi \tag{3.10}$$

未知常数 ν 可以从 U_{ε} 的极限值得到，亦即

$$\frac{\partial U_{g}}{\partial \nu}=0 \tag{3.11}$$

$$\nu=\frac{\nu_{\rm cs}(1-2\nu_{r})(1+\nu_{r})E_{\rm cs}\xi_{\rm cs}+\nu_{r}(1-2\nu_{\rm cs})(1+\nu_{\rm cs})E_{r}\xi}{(1+2\nu_{r})(1+\nu_{r})E_{\rm cs}\xi_{\rm cs}+(1-2\nu_{\rm cs})(1+\nu_{\rm cs})E_{r}\xi} \tag{3.12}$$

当 $\nu_{\rm cs}=\nu_r$ 时，有

$$\nu=\nu_{\rm cs}=\nu_{r} \tag{3.13}$$

将式（3.12）、式（3.13）代入式（3.10），得 $E_{\rm rcs}$ 上限表达式：

$$E_{\rm rcs}\leqslant E_{\rm cs}\xi_{\rm cs}+E_{r}\xi \tag{3.14}$$

可知 Voigt 模量值 $E_{\rm cu}$ 为橡胶水泥土模量的上限值。

图 3.10 是水泥掺量为 20%时，计算模量与试验模量之间的关系。由图 3.10 可见，按照复合材料理论，橡胶水泥土的模量界于上下限之间，因此建议橡胶水泥土的模量 $E_{\rm rcs}$ 采用下式计算：

$$E_{\rm rcs}=(1-k)(\xi E_{r}+\xi_{\rm cs}E_{\rm cs})+k\left(\frac{\xi}{E_{r}}+\frac{\xi_{\rm cs}}{E_{\rm cs}}\right)^{-1} \tag{3.15}$$

式中，k——小于 1 的调整系数。

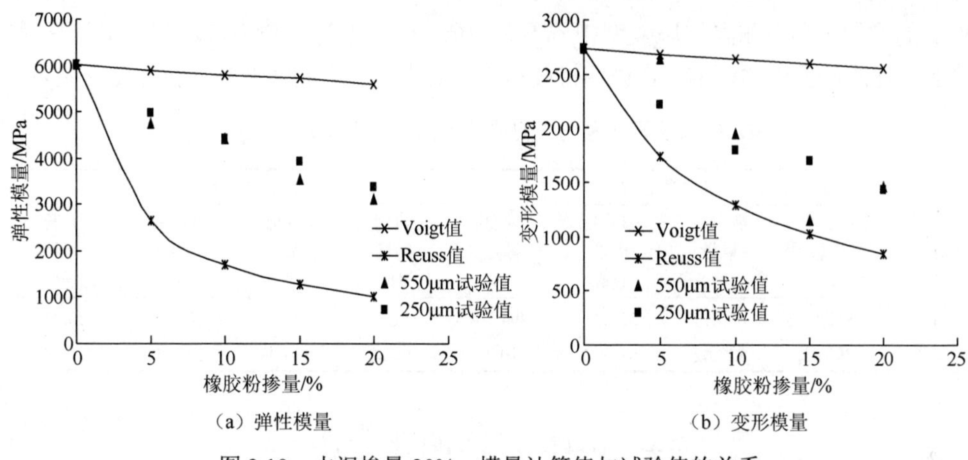

图 3.10　水泥掺量 20%，模量计算值与试验值的关系

3.4　变形模量和无侧限抗压强度的关系

对于水泥土变形模量和无侧限抗压强度之间的关系，国内外很多学者进行过大量研究[13-15]。有学者对日本三种不同土质的水泥土进行研究得出结论，无论是砂质土、黏性土还是腐殖土，其变形模量和无侧限抗压强度的关系为 E_{50}=(250～600)f_{cu}[16]。Tatsuoka 通过大量试验总结出规律，变形模量的最大值 E_{max}=(750～1000)f_{cu}[17]。而 Saitoh 等对水泥掺量 5%～15%的橡胶水泥土进行考察发现，变形模量和无侧限抗压强度的关系为 E_{50}=(350～1000)f_{cu}[18]。变形模量和无侧限抗压强度的关系如图 3.11 所示。本书得到的变形模量与无侧限抗压强度关系为 E_{50}=(250～800)f_{cu}，介于文献[16]和文献[18]所得出的结果之间。

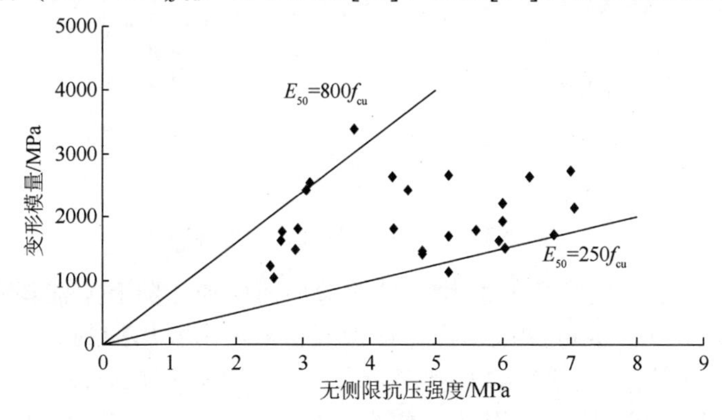

图 3.11　变形模量和无侧限抗压强度的关系

变形模量与无侧限抗压强度的比值 E_{50}/f_{cu} 如表 3.1 所示。研究表明，随着橡胶粉掺量的增加，变形模量与无侧限抗压强度的比值逐渐减小。这说明随着橡胶粉

掺量的增加，在无侧限抗压强度相差不大的情况下，变形模量逐渐减小，也就是说橡胶水泥土的变形逐渐增大，说明橡胶粉掺入到水泥土中能够增强材料的变形能力。

表 3.1　变形模量与无侧限抗压强度的比值 E_{50} / f_{cu}

粒径/μm	水泥掺量 7%				水泥掺量 20%			
	橡胶粉掺量5%	橡胶粉掺量10%	橡胶粉掺量15%	橡胶粉掺量20%	橡胶粉掺量5%	橡胶粉掺量10%	橡胶粉掺量15%	橡胶粉掺量20%
550	815.67	656.14	520.21	494.80	411.86	324.68	304.97	220.95
250	797.42	622.62	611.07	410.28	369.82	320.00	326.80	297.27

3.5　泊松比的演变规律

泊松比是在材料的比例极限内，由均匀分布的纵向应力所引起的横向应变与相应的纵向应变之比的绝对值，它表征了材料的横向变形能力。用试验中测得的线弹性阶段的横向应变与纵向应变比值的绝对值就是泊松比。

泊松比表征了橡胶水泥土的横向变形能力。本次试验中，橡胶水泥土的泊松比的基本变化范围在 0.25～0.40。图 3.12 和图 3.13 分别表示了橡胶粉掺量、水泥掺量对泊松比的影响。

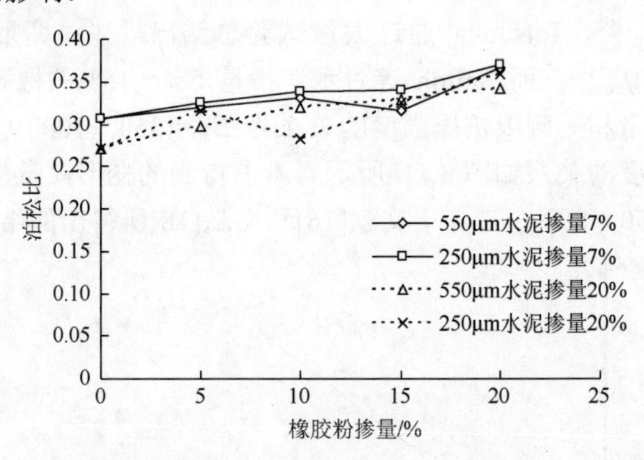

图 3.12　水泥掺量对泊松比的影响

橡胶水泥土泊松比随着橡胶粉掺量的增加而增加，随着水泥掺量的增加而减少。对于粒径为 550μm 橡胶水泥土，橡胶粉掺量由 0 增加到 20%，水泥掺量分别为 7%和 20%时，泊松比分别增加 16.1%和 20.8%；对于粒径为 250μm 橡胶水泥土，水泥掺量分别增加 17%和 24.7%，水泥掺量越高，泊松比增加越多。本次试验水泥土的泊松比分别为 0.307（W_c=7%）和 0.271（W_c=20%），而文献[8]给出的水泥土泊松比基本在 0.25～0.45，尽管在常规值范围内，由于采用的土质较好，试验值接近低限。

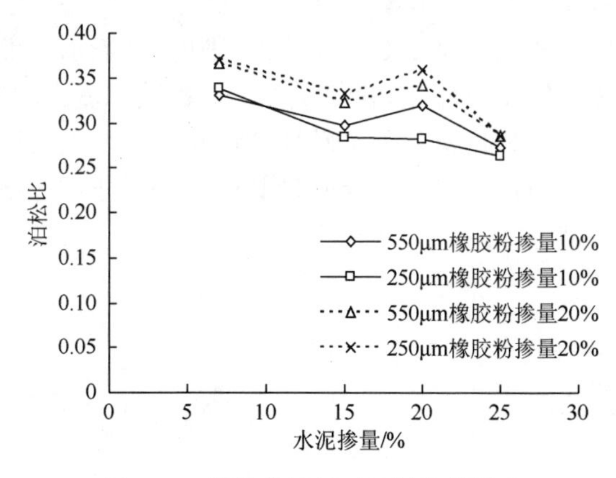

图 3.13　橡胶粉掺量对泊松比的影响

图 3.14 是水泥掺量 7%时，养护龄期对泊松比的影响。在养护龄期内橡胶水泥土的泊松比虽然随着龄期的增长有些波动，但到 90d 时基本保持稳定，且略有下降。不掺入橡胶粉的普通水泥土养护龄期从 7d 到 90d 泊松比下降了 6.1%；橡胶粉粒径为 550μm、橡胶粉掺量为 15%时，橡胶水泥土泊松比下降了 20.3%，而其他掺量的泊松比降低率均在 10%左右。橡胶粉粒径为 550μm、橡胶粉掺量为 15%时，橡胶水泥土泊松比降低率为 21.2%，其余掺量的泊松比降低率都不超过 5%。

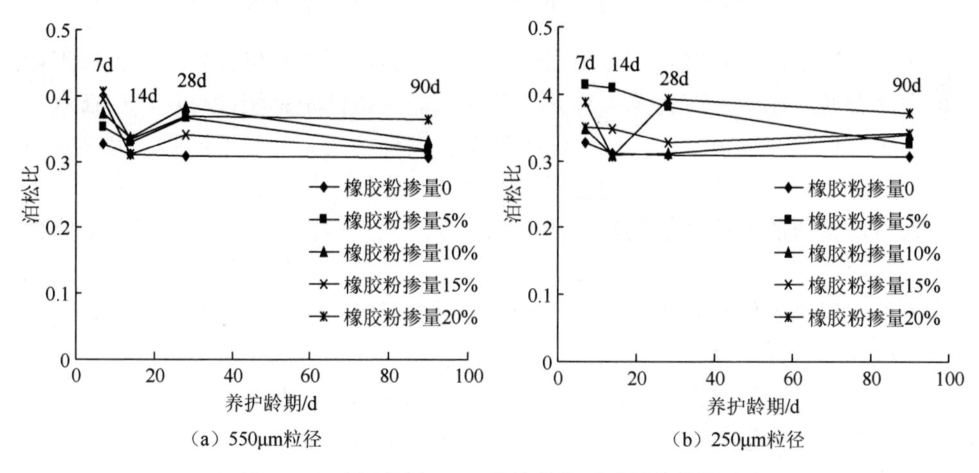

图 3.14　水泥掺量 7%，养护龄期对泊松比的影响

图 3.15 是水泥掺量 20%时，养护龄期对泊松比的影响图。与水泥掺量 7%的橡胶水泥土类似，水泥掺量 20%的橡胶水泥土的泊松比随着龄期的增长变化趋势也不大，但是 7d 龄期的泊松比比 90d 的略有上升。不掺入橡胶粉的普通水泥土泊松比从养护龄期的 7～90d 时间段内维持不变，而橡胶粉掺量 20%的橡胶水泥土泊松比变化最大，橡胶粒径 550μm 和 250μm 的橡胶水泥土泊松比分别增长了 7.2%和 22.3%。水泥掺量 20%的橡胶水泥土受养护龄期的影响规律与水泥掺量 7%时相似。

本试验中试件的泊松比维持在0.2～0.45范围内，橡胶水泥土的泊松比明显大于普通水泥土。水泥掺量较少时，随龄期的增长，橡胶水泥土的泊松比变化很小；但当水泥掺量较多时，泊松比会随养护龄期的增长略有增大。标准条件下养护不仅使橡胶水泥土竖向变形能力增强，而且使其横向变形能力也相应增强，增长速度甚至超过竖向变形能力。

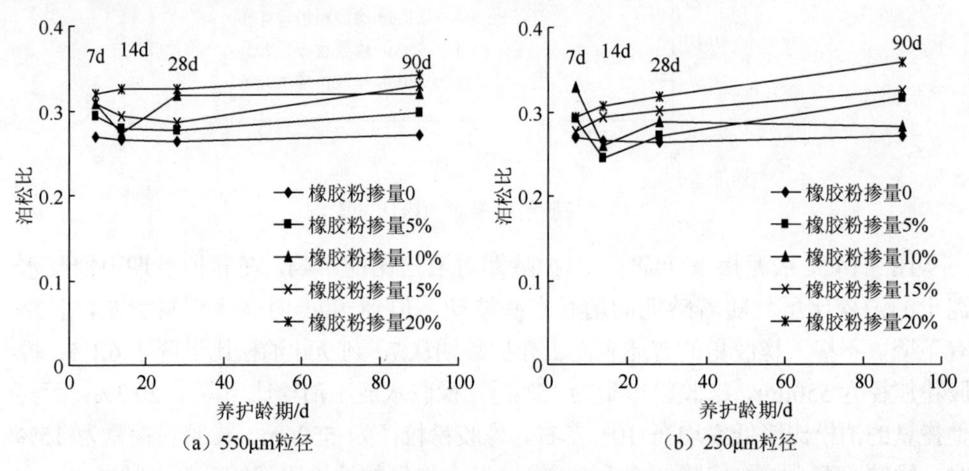

图3.15　水泥掺量20%，养护龄期对泊松比的影响

比较普通水泥土和橡胶水泥土在性质上的差异，可以看出橡胶水泥土在工程应用中比普通水泥土更有优势。首先，普通水泥土虽然是弹塑性材料，但在水泥水化反应过程中和土体一起形成水泥石骨架，表现出较强的脆性性质，尤其是当水泥掺量较多时，水化反应更为强烈，脆性性质更加明显。而在水泥土中掺入橡胶粉之后，材料的变形性能尤其是塑性变形性能大大增强，改善了水泥土的脆性性质。其次，普通水泥土的横向变形能力不强。当运用于搅拌桩工程中时，要求桩体能够与周围土体相互挤压，这样既可以将桩体挤压密实从而提高其抗压强度，又能使桩体与土体间摩擦力增强，从而提高水泥土搅拌桩的承载能力。但如果在外力作用下不能产生较大变形，就不会产生上述效果。而橡胶水泥土的泊松比大于普通水泥土，这就意味着在同样外力情况下，橡胶水泥土的横向变形大于普通水泥土，橡胶水泥土搅拌桩与周围土体挤压更加密实，周围土体对桩体的握裹力更强，这就使得桩体和周围土体之间的摩擦力更强，从而提高其承受上部荷载的能力。

3.6　本章小结

（1）在水泥掺量一定的情况下，橡胶水泥土的弹性模量和变形模量随着橡胶粉掺量的增加均呈降低趋势，降低速率递减。当水泥掺量为20%、橡胶粉掺量为

20%时，弹性模量最高降低48.2%，而对应的变形模量降低47.7%。模量值介于根据弹性上限Voigt模型和下限Reuss模型的计算值之间。

（2）随着水泥掺量的增加，橡胶水泥土模量基本呈增长趋势，增长速率逐渐减小。

（3）橡胶粉粒径对模量影响的总体趋势是550μm的高于250μm的。粒径的影响尚需进一步研究，但根据试验结果及现有橡胶混凝土的研究资料，可以判断橡胶水泥土在可用粒径范围内存在较优粒径问题。

（4）橡胶水泥土的泊松比随着水泥掺量的增加而减小，随着橡胶粉掺量的增加而增大。橡胶粉的粒径对泊松比的影响不明显，泊松比随橡胶粉粒径的变化没有固定的变化规律。本试验得到的橡胶水泥土泊松比维持在0.2～0.45范围内，橡胶水泥土的泊松比明显大于普通水泥土。水泥掺量较少时，随着龄期的增长，橡胶水泥土的泊松比变化很小；但当水泥掺量较多时，泊松比会随养护龄期的增长略有增大。

参 考 文 献

[1] Raghavan D, Huynh H, Ferraris C F. Workability, mechanical properties, and chemical stability of a recycled tyre rubber-filled cementitious composite[J]. Journal of Materials Science, 1998, 33(7):1745-1752.

[2] Tortum A, Çelik C, Aydin A C. Determination of the optimum conditions for tire rubber in asphalt concrete[J]. Building and Environment, 2005, 40(11):1492-1504.

[3] 李晓琛．橡胶沥青加工设备与环保橡胶沥青研发[D]．广州：华南理工大学，2016．

[4] 袁兵，刘锋，丘晓龙，等．橡胶混凝土不同应变率下抗压性能试验研究[J]．建筑材料学报，2010，13（1）：12-16.

[5] Topçu I B. The properties of rubberized concretes[J]. Cement and Concrete Research, 1995, 25(25):304-310.

[6] Fattuhi N I, Clark L A. Cement-based materials containing shredded scrap truck tyre rubber[J]. Construction and Building Materials, 1996, 10(4):229-236.

[7] Segre N, Joekes I. Use of tire rubber particles as addition to cement paste[J]. Cement and Concrete Research, 2000, 30(9):1421-1425.

[8] 刘松玉，钱国超，章定文．粉喷桩复合地基理论与工程应用[M]．北京：中国建筑工业出版社，2006．

[9] 范璐璐．废旧轮胎橡胶颗粒水泥混凝土路用性能的研究[D]．哈尔滨：哈尔滨工业大学，2008．

[10] 刘锡礼，王秉权．复合材料力学基础[M]．北京：中国建筑工业出版社，1984．

[11] Clyne T W, Withers P J. An Introduction to Metal Matrix Composites[M]. New York: Cambridge University Press, 1993.

[12] Spencer A. The transverse moduli of fibre-composite material[J]. Composites Science and Technology, 1986, 27(2): 93-109.

[13] 陈修．水泥系材料改良饱和黏性土力学性质之研究[D]．桃园："中央大学"，1985．

[14] 王朝东，陈静曦．关于水泥粉喷桩有效桩长的探讨[J]．岩土力学，1996（3）：43-47．

[15] 徐至钧．水泥土搅拌法处理地基[M]．北京：机械工业出版社，2004．

[16] 段继伟．柔性桩复合地基的数值分析[D]．杭州：浙江大学，1993．

[17] Tatsuoka F. Deformation characteristics of soils and rocks from field and laboratory tests[C].Proc. 9th Asian Regional Conference on Soil Mechanics and Foundation Engineering, 1992.

[18] Saitoh S, Kawasaki H, Niina, et al. Research on DMM using cementitious agents(Part 10):Engineering properties of treated soils[C]. Proc.15th National Conference of Japanese Society of Soil Mechanics and Foundation Engineering, 1980: 717-720.

4　橡胶水泥土抗侵蚀渗透性能

目前，水泥土已广泛应用于稳固地基基础、路面垫层、衬里材料、水泥搅拌桩等基础工程[1]，水泥土的应用特点使其受到含有一些具有侵蚀性离子（如硫酸根离子、氯离子等）的地下水、生活污水和海水等周围环境因素的影响 [2]，从而降低水泥土的强度，影响水泥土的耐久性。

研究表明，强酸及硫酸根离子对水泥土具有较强的侵蚀性，而强碱能促进水泥土强度的增加[3-5]。在水泥土中，由于物理吸附、离子交换及中和、硬凝等反应，土体将大量消耗 $Ca(OH)_2$，因此，水泥土中 $Ca(OH)_2$ 一般是不饱和的，根据水泥土化学理论，膨胀物质 $3CaO \cdot Al_2O_3 \cdot 3CaSO_4 \cdot 31H_2O$ 的生成量必然较少，且结晶引起的体积增量可均匀分布在水泥土中。又因土中有大量的孔隙，允许一定量的膨胀产生，且膨胀物质均匀填塞水泥土的孔隙，因此，碱类可增进水泥土的强度[6]。而在酸性环境中，水泥在水化过程中逐步生成的 $Ca(OH)_2$ 大部分跟酸发生反应，即产生脱钙现象，使得决定水泥土强度的 $CaO \cdot SiO_2 \cdot (n+1)H_2O$ 和 $CaO \cdot Al_2O_3 \cdot (n+1)H_2O$ 的生成量减少，因此，水泥土试件抗压强度降低[7]。在腐蚀地下水环境中，水泥土中增加矿渣、粉煤灰可提高水泥土的抗腐性[8]。

本章通过在水泥土中适量加入橡胶粉，研究橡胶粉掺量、橡胶粉粒径、溶液种类、溶液浓度、浸泡时间对橡胶水泥土抗压强度的影响规律，得到各种环境条件下对橡胶水泥土抗侵蚀与抗渗性能的影响，分析橡胶水泥土抗侵蚀性离子的侵蚀机理，提高水泥土的耐久性。

4.1　橡胶水泥土抗侵蚀性能

4.1.1　试验过程

试验土样及橡胶粉相关参数如表 2.1 和表 2.2 所示。

鉴于目前水泥土尚无国家试验规程，本次试验参照《土工试验方法标准》（GB/T 50123—1999）[9]、《建筑砂浆基本性能试验方法》（JGJ/T 70—2009）[10]和混凝土的相关规程。选用尺寸为 70.7mm×70.7mm×70.7mm 的砂浆试模，水泥掺量分别取 7%和 20%两种；橡胶粉掺量分别取 0、5%、10%、15%、20%五种；橡胶粉粒径为 550μm、250μm。试件在标准养护箱中养护 90d。为了分析和探讨不同化学溶液、不同物质的量浓度对橡胶水泥土力学性能的影响，采用了正交设计原理，选择了 NaCl 和 Na_2SO_4 两种化学试剂分别配制了浓度为 5%、10%、15%、20%的化学溶液及水溶液。

橡胶水泥试件侵蚀 28d 后取出，在压力机上进行抗压强度测试，加载速率控制在 100～150N/s 直至试件破坏，记录最大压力值。

4.1.2 侵蚀对容重和应力-应变曲线的影响

1. 侵蚀后容重分析

橡胶水泥土养护 90d 后，将试件取出称其质量。将试件进行盐溶液侵蚀，待侵蚀后，将试件取出，晾晒 3d 后称其质量，并与侵蚀前试件质量进行对比。质量取每组三个试件的平均值。

1）橡胶粉掺量的影响

水泥掺量 7%、溶液浓度 10%、NaCl 和 Na_2SO_4 两种侵蚀溶液作用下，侵蚀 28d，橡胶粉掺量与橡胶水泥土试件质量的关系曲线如图 4.1 所示。从图中可以看出，在水溶液中橡胶水泥土试件的质量随着橡胶粉掺量的增加逐渐减小；在 NaCl 和 Na_2SO_4 两种侵蚀溶液中，橡胶水泥土试件的质量先增加后下降。橡胶粉掺量 15%时，质量达到最大值。

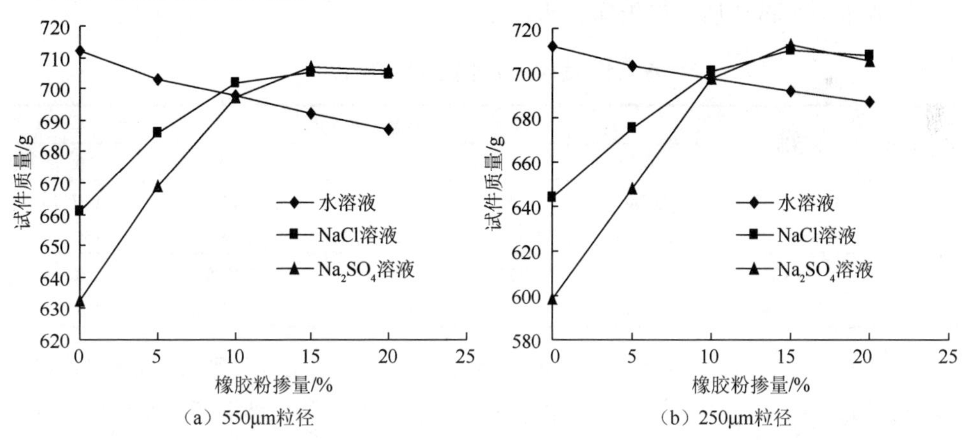

图 4.1 水泥掺量 7%，橡胶粉掺量与橡胶水泥土试件质量的关系曲线

水泥掺量 20%、溶液浓度 10%、NaCl 和 Na_2SO_4 两种侵蚀溶液作用下，侵蚀 28d，橡胶粉掺量变化与橡胶水泥土试件质量的关系曲线如图 4.2 所示。从图中可以看出，其变化规律与水泥掺量 7%时相同。其中，橡胶粉掺量 10%时，质量达到最大值。

如图 4.1 和图 4.2 所示，一般情况下，橡胶粉掺量变化对橡胶水泥土质量有一定影响。侵蚀溶液试件的质量与清水溶液中试件的质量的差用 Δm 表示，计算公式如下：

$$\Delta m = m_1 - m_0 \tag{4.1}$$

式中，m_1——NaCl 或 Na_2SO_4 溶液侵蚀过的试件质量；

m_0——清水溶液中的试件质量。

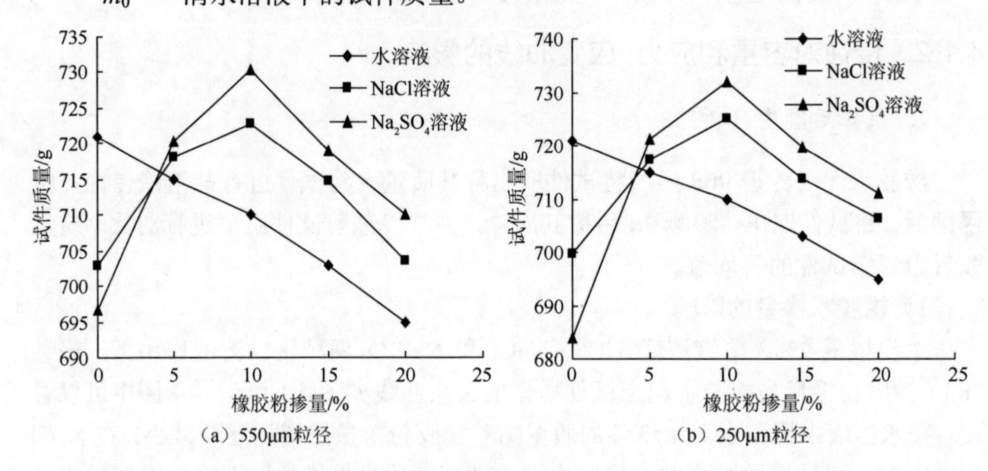

（a）550μm粒径　　（b）250μm粒径

图 4.2　水泥掺量 20%，橡胶掺量与橡胶水泥土试件质量的关系曲线

橡胶水泥土试件质量损失如表 4.1 所示。

表 4.1　橡胶水泥土试件质量损失

粒径/μm	溶液	橡胶粉掺量/%				
		0	5	10	15	20
550	NaCl	−18%	3%	12.667%	11.667%	8.667%
	Na_2SO_4	−24.33%	5.333%	20.333%	16%	15%
250	NaCl	−21.33%	1.333%	15%	7.334%	8%
	Na_2SO_4	−37%	5.333%	22%	13.334%	12.667%

普通水泥土（橡胶粉掺量为 0）时，受离子侵蚀后质量损失严重。掺入橡胶粉后，质量先增后减，且侵入硫酸钠溶液中质量损失大于氯化钠溶液。其原因在于，橡胶是一种弹性体，加入后缓解了水泥土因侵蚀而产生的膨胀压力，试件质量增加。而随着橡胶粉掺量的增加，橡胶粉本身质量轻，使试件质量的差值逐渐减小。

2）侵蚀溶液浓度的影响

水泥掺量 20%、NaCl 和 Na_2SO_4 两种侵蚀溶液作用下，侵蚀 28d，橡胶粉掺量分别为 10%、20%，侵蚀溶液浓度与橡胶水泥土试件质量的关系曲线如图 4.3 和图 4.4 所示。从图 4.3 和图 4.4 中可以看出，侵蚀溶液浓度 0～10%时，试件质量逐渐增加，说明橡胶水泥土吸收溶液中的盐，使试件质量增加；侵蚀溶液浓度 10%～20%，试件质量逐渐减小，说明此时溶液中的盐侵蚀试件损失的质量大于橡胶水泥土试件吸收盐的质量，使试件质量逐渐减小，溶液浓度 20%时，达到最小值。

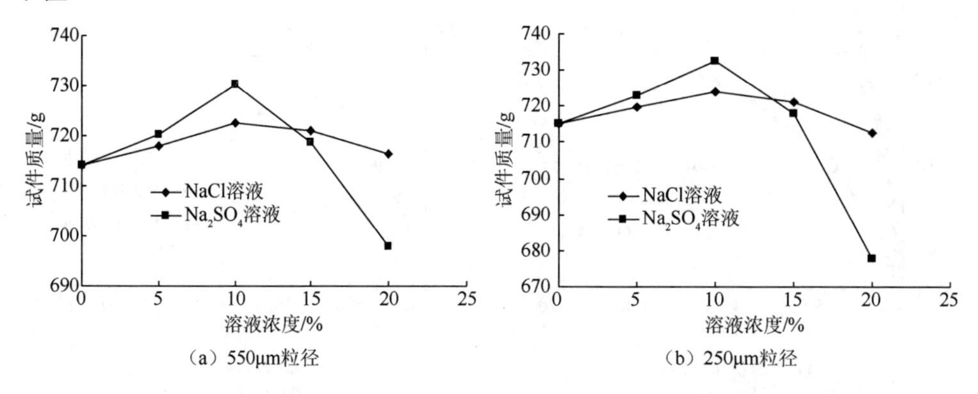

（a）550μm粒径　　（b）250μm粒径

图 4.3　橡胶粉掺量 10%，侵蚀溶液浓度与橡胶水泥土试件质量的关系曲线

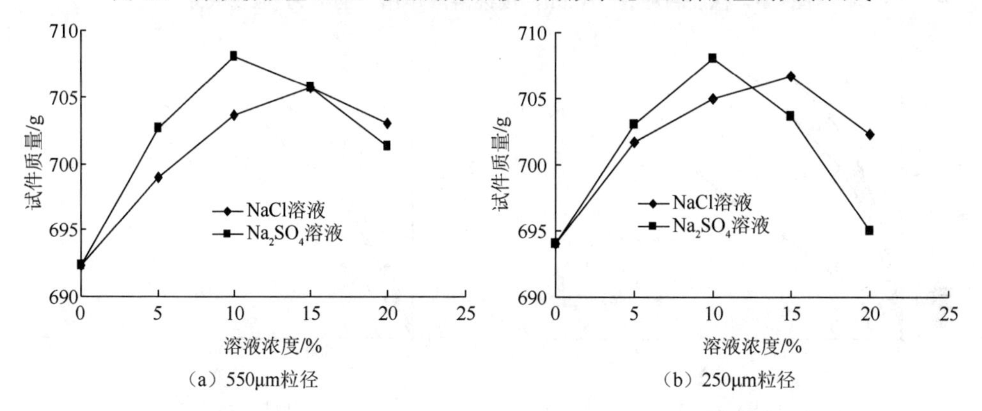

（a）550μm粒径　　（b）250μm粒径

图 4.4　橡胶粉掺量 20%，侵蚀溶液浓度与橡胶水泥土试件质量的关系曲线

2. 侵蚀对应力-应变曲线的影响

试验主要研究橡胶水泥土试件在侵蚀溶液作用下，侵蚀溶液对其应力-应变关系的影响，进一步探讨侵蚀溶液对橡胶水泥土的影响。

水泥掺量 20%、橡胶粉粒径 550μm、NaCl 和 Na_2SO_4 两种侵蚀溶液作用下，橡胶粉掺量 10%、20%，应力-应变关系曲线如图 4.5 所示。从图中可以看出，橡胶水泥土试件在未经溶液侵蚀时，其应力-应变曲线变化趋势最好；硫酸钠侵蚀下的橡胶水泥土变化趋势最差。

水泥掺量 20%、橡胶粉粒径 250μm、NaCl 和 Na_2SO_4 两种侵蚀溶液作用下，橡胶粉掺量 10%、20%，应力-应变关系曲线如图 4.6 所示。从图中可以看出，橡胶粉粒径为 250μm 时，其变化规律与粒径 550μm 时相同。

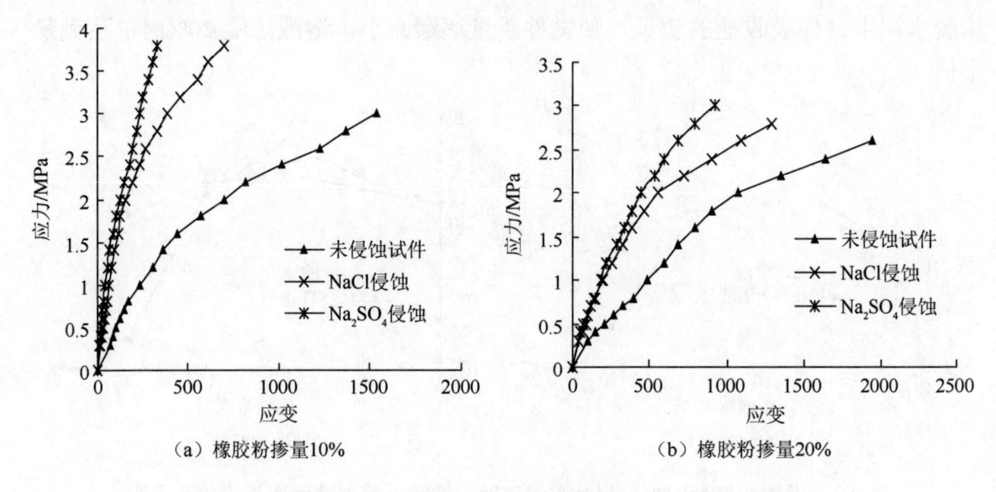

（a）橡胶粉掺量10%　　（b）橡胶粉掺量20%

图 4.5　橡胶粉粒径 550μm、侵蚀溶液作用下的应力-应变关系

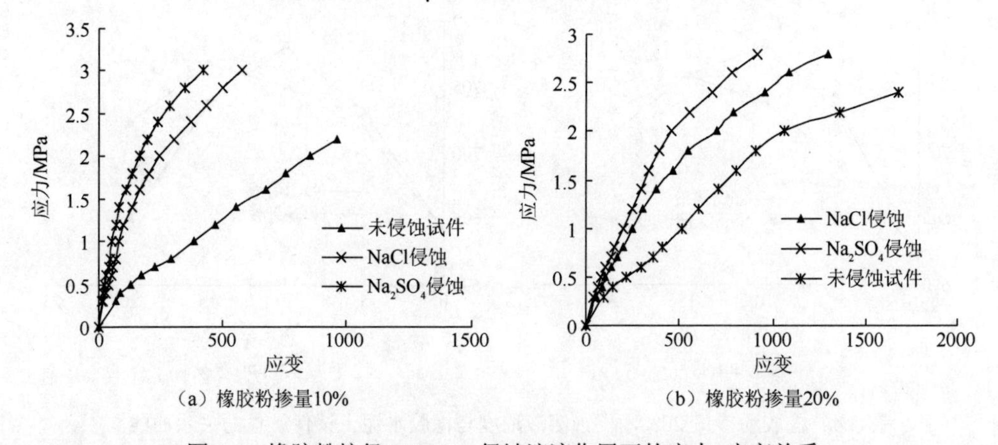

（a）橡胶粉掺量10%　　（b）橡胶粉掺量20%

图 4.6　橡胶粉粒径 250μm、侵蚀溶液作用下的应力-应变关系

水泥掺量 20%、橡胶粉掺量 10%、粒径 550μm、NaCl 侵蚀溶液作用下，侵蚀溶液各种浓度下的应力-应变关系曲线如图 4.7 所示。从图中可以看出，随着侵蚀溶液浓度的增加，橡胶水泥土的应变逐渐减小。侵蚀溶液浓度 0 时，橡胶粉的水泥土极限应变达到 5421（图中未画出）；而侵蚀溶液浓度 20%时，极限应变只有 245，约是侵蚀溶液浓度 0 时的 1/22。这说明在侵蚀溶液作用下，氯离子渗入到橡胶水泥土内部，大大降低了橡胶水泥土的塑性变形能力。

水泥掺量 20%、橡胶粉掺量 20%、粒径 550μm、NaCl 侵蚀溶液作用下，侵蚀溶液各种浓度下的应力-应变关系曲线如图 4.8 所示。从图中可以看出，橡胶粉掺量 20%时与掺量 10%时变化规律相同。随着橡胶粉掺量的增加，侵蚀溶液作用下，橡胶水泥土试件在侵蚀破坏后期表现出塑性。

综上所述，在盐侵蚀溶液作用下，橡胶粉的掺入大大提高了水泥土的塑性变形能力；随侵蚀溶液浓度的增大，橡胶水泥土试件的塑性变形逐渐减小。其中，Na_2SO_4溶液侵蚀下的橡胶水泥土塑性变形最差。

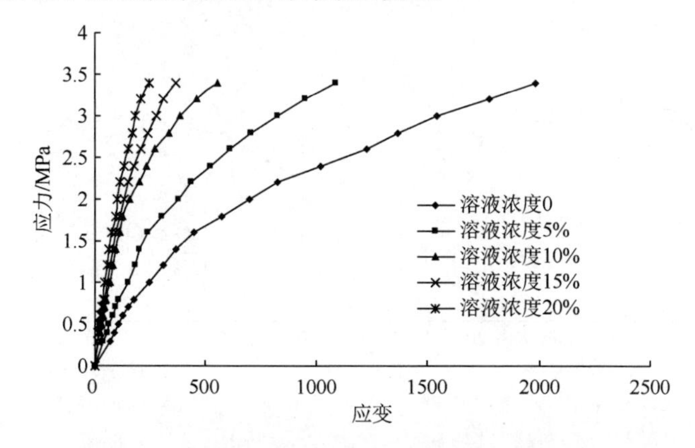

图 4.7 侵蚀溶液各种浓度下的应力-应变关系

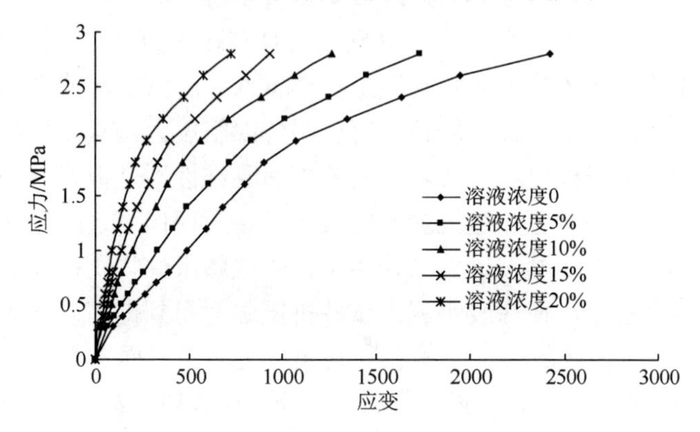

图 4.8 侵蚀溶液各种浓度下的应力-应变关系

4.1.3 侵蚀后无侧限抗压强度及影响分析

1. 橡胶粉掺量变化的影响

水泥掺量 7%、橡胶粉粒径 250μm、NaCl 溶液浓度 10%的侵蚀作用下，当橡胶粉掺量 0 时，试件表面有明显的凹坑，表面软化起皮，水泥土部分脱落、表面粗糙、棱角钝化、侵蚀溶液浑浊；橡胶粉掺量 5%时，表面凹坑的数量明显减少，但清晰可见侵蚀过的痕迹；橡胶粉掺量 15%时，试件表面无明显变化，侵蚀的痕迹不明显。

为了对比不同侵蚀溶液对橡胶水泥土的影响，采用水泥掺量 7%、10%的 NaCl 和 Na_2SO_4 侵蚀溶液，测定橡胶水泥土的无侧限抗压强度与橡胶粉掺量的关系，如图 4.9 所示。由图可见，水泥掺量一定时，无侧限抗压强度随橡胶粉掺量的增加逐渐上升。橡胶粉掺量 10%时达到峰值，550μm 橡胶水泥土的峰值为 4.448MPa，250μm 的峰值为 4.137MPa。橡胶粉掺量大于 10%时，随着橡胶粉掺量的增加，无侧限抗压强度开始下降。

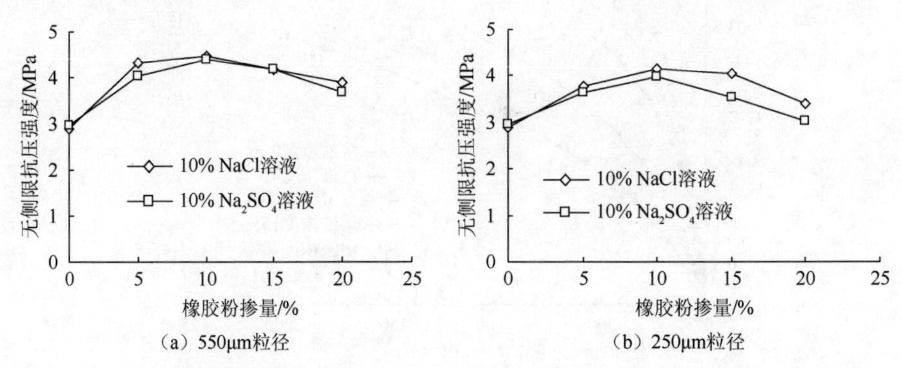

（a）550μm粒径　（b）250μm粒径

图 4.9　水泥掺量 7%，橡胶水泥土的无侧限抗压强度与橡胶粉掺量关系

NaCl、Na_2SO_4 侵蚀溶液作用下，分别生成具有膨胀力的三氯铝酸钙、石膏和钙矾石。橡胶粉的加入改善了橡胶水泥土抗 NaCl、Na_2SO_4 溶液侵蚀的能力，因橡胶是弹性体，加入少量的细橡胶粉，可以缓解膨胀压力，从而提高混凝土的抗盐侵蚀性能。同时由于橡胶粉与集料之间的界面黏结性不是很好，降低了水泥土的强度，在硫酸盐侵蚀时会加速混凝土的破坏。这两种作用之间存在一个平衡，橡胶粉掺量 10%以下时，盐侵蚀溶液作用下，生成膨胀性物质在橡胶水泥土中的空隙和孔隙中积聚起来，使橡胶水泥土试件抗压强度得到提高；橡胶粉掺量大于 10%时，随着橡胶粉掺量的增加，橡胶粉与集料之间的界面黏结性起主导作用，降低了水泥土的强度，因此，盐溶液侵蚀作用下，橡胶粉水泥土的强度开始下降。

2. *侵蚀溶液浓度变化的影响*

选择橡胶粉粒径 250μm、橡胶粉掺量 10%，水泥土掺量 20%，Na_2SO_4 侵蚀溶液作为试验恒定条件，图 4.10 显示了侵蚀溶液浓度分别为 5%、20%时橡胶水泥土的侵蚀情况。由图可知，侵蚀溶液浓度 20%时，试件四角已经侵蚀破坏，试件棱角钝化，侵蚀溶液浑浊，试件质量损失严重；侵蚀溶液浓度为 5%时，试件侧面光滑，与试件侵蚀前无明显变化。

不同侵蚀溶液浓度对橡胶水泥土无侧限抗压强度的影响如图 4.11 所示。不论是 250μm 还是 550μm，橡胶水泥土的抗压强度随着溶液浓度的增加，呈现先增后降的趋势。当侵蚀溶液浓度为 10%时，抗压强度最高，其抗压强度变化率如表 4.2 所示。

可见，无论抗压强度是上升还是下降，Na_2SO_4 溶液变化率均大于 NaCl 溶液变化率，说明 Na_2SO_4 溶液侵蚀作用大于 NaCl 溶液。

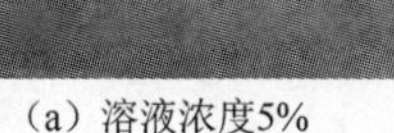
(a) 溶液浓度5%

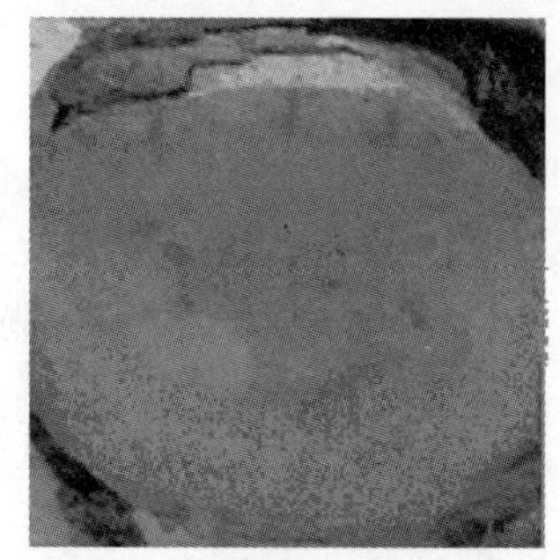
(b) 溶液浓度20%

图 4.10 侵蚀溶液浓度对橡胶水泥土的影响情况

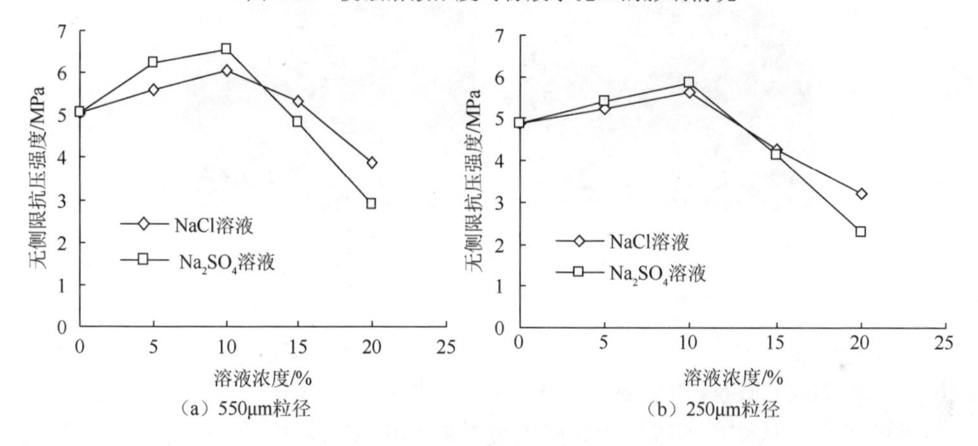

(a) 550μm粒径　　(b) 250μm粒径

图 4.11 盐溶液侵蚀下的无侧限抗压强度与侵蚀溶液浓度关系

表 4.2 抗压强度变化率

粒径/μm	溶液	溶液浓度/%			
		5	10	15	20
550	NaCl	9.9%	18.7%	5.0%	-23.6%
	Na_2SO_4	22.8%	29.0%	-4.4%	-43.1%
250	NaCl	7.6%	15.4%	-12.1%	-33.9%
	Na_2SO_4	11.3%	19.9%	-15%	-53.4%

橡胶水泥土在盐侵蚀溶液作用下，随着侵蚀溶液浓度的加大，生成膨胀性物质增多，导致浓度低于 10%的侵蚀液在侵蚀 28d 时，完全填充了橡胶水泥土内部空隙，使橡胶水泥土呈现了较大的抗压强度。而当浓度高于 10%时，膨胀物质产生的膨胀应力大于橡胶水泥土自身的黏结力及橡胶粉的弹性变形能力，导致橡胶水泥土出现内部微裂缝，抗压强度降低。

3. 侵蚀时间变化的影响

图 4.12 显示了 Na_2SO_4 溶液侵蚀 14d、60d，橡胶水泥土的表观情况（水泥掺量 20%、粒径 250μm，橡胶粉掺量 10%、溶液浓度 10%）。侵蚀 14d 时，橡胶水泥土试件表面完好无损，表面有侵蚀痕迹。侵蚀 60d 时，试件四周已经出现裂缝，棱角钝化，底部开裂明显，侵蚀溶液浑浊，试件有质量损失。可见，随着侵蚀时间的增长，橡胶水泥土试件受侵蚀越厉害，侵蚀现象越明显。

（a）侵蚀 14d　　（b）侵蚀 60d

图 4.12　侵蚀时间对橡胶水泥土的影响

图 4.13 是水泥掺量 20%，橡胶粉粒径分别为 550μm、250μm，橡胶粉掺量 10%，浓度 10%的 NaCl 和 Na_2SO_4 侵蚀溶液条件下，橡胶水泥土的无侧限抗压强度与侵蚀时间的关系。从图中可以看出，随着侵蚀时间的增长，橡胶水泥土的无侧限抗压强度先增大后降低。侵蚀 28d 时出现峰值，Na_2SO_4 侵蚀溶液中橡胶水泥土抗压强度增长较快，出现最大值；侵蚀超过 28d 时，Na_2SO_4 侵蚀溶液中橡胶水泥土抗压强度下降较快，出现最小值。

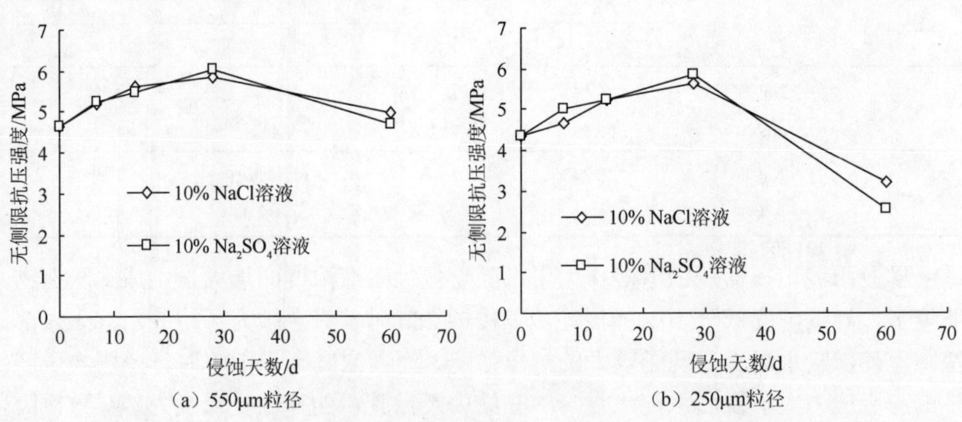

（a）550μm粒径　　（b）250μm粒径

图 4.13　盐溶液侵蚀下的无侧限抗压强度与侵蚀时间关系

4. 橡胶粉粒径变化的影响

水泥掺量20%、橡胶粉粒径分别为550μm、250μm，橡胶粉掺量均为10%，NaCl侵蚀溶液和Na_2SO_4侵蚀溶液浓度均为10%，550μm粒径橡胶水泥土的无侧限抗压强度与250μm的对比如图4.14所示。550μm粒径橡胶水泥土的抗压强度始终大于粒径250μm的。

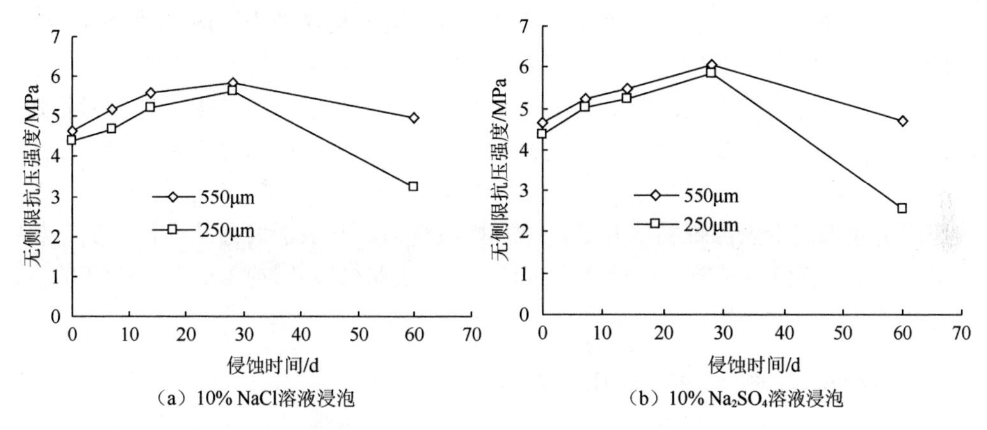

（a）10% NaCl溶液浸泡　（b）10% Na_2SO_4溶液浸泡

图4.14 盐溶液侵蚀下的无侧限抗压强度与粒径变化关系

从图4.14中可以看出，侵蚀时间0～28d，抗压强度逐渐增大，粒径对抗压强度的影响不显著，变化趋势基本相同。侵蚀时间大于28d时，抗压强度开始下降，侵蚀60d相对于28d抗压强度，NaCl侵蚀溶液，粒径550μm时下降率17.1%，250μm时下降率74.6%；Na_2SO_4侵蚀溶液，粒径550μm时下降率29.33%，250μm时下降率129.8%。说明同等条件下，粒径250μm的橡胶水泥土的抗压强度要比粒径550μm下降速度快得多。由于试验选用的橡胶粉粒径种类较少，所以影响规律尚需进一步探讨。但从橡胶混凝土抗盐侵蚀的研究成果来看，粒径550μm的橡胶水泥土对侵蚀的影响要好于粒径250μm的橡胶水泥土。

4.2 侵蚀机理分析

4.2.1 NaCl溶液侵蚀作用机理分析

NaCl侵蚀溶液作用下，橡胶水泥土表观现象没有发生明显的变化，强度先升高后降低。主要是因为NaCl溶液与橡胶水泥土主要化学反应为

$$Ca^{2+}+2Cl^{-} \longrightarrow CaCl_2 \quad (4.2)$$

$$3CaO\cdot Al_2O_3\cdot 6H_2O+6CaCl_2+4H_2O \longrightarrow 3CaO\cdot Al_2O_3\cdot 3CaCl_2\cdot 10H_2O \quad (4.3)$$

三氯铝酸钙（$3CaO \cdot Al_2O_3 \cdot 3CaCl_2 \cdot 10H_2O$）是一种比较稳定的物质。侵蚀初期，生成物在橡胶水泥土中的空隙和孔隙中积聚起来，使橡胶水泥土强度增强。当生成的 $3CaO \cdot Al_2O_3 \cdot 3CaCl_2 \cdot 10H_2O$ 量较大时，由于其膨胀作用，会对水泥土强度造成一定的影响，而在 NaCl 侵蚀溶液作用下，NaCl 与其他物质反应生成的 $CaCl_2$ 的量极少，生成的三氯铝酸钙（20%）的量也较少，或很难生成这种复盐，因此，NaCl 溶液作用下水泥土表观和强度变化均不显著。

橡胶粉的加入改善了橡胶水泥土抵抗 NaCl 溶液侵蚀能力。应从两个方面考虑橡胶粉在水泥土中的作用。一是因为橡胶粉材料是以超细粉掺入的，填充了水泥土内部的孔隙结构，阻碍了氯离子向水泥土内部的扩散。二是由于橡胶粉是弹性体，加入少量的细橡胶粉，可以缓解膨胀压力，抵消橡胶水泥土中生成物三氯铝酸钙的膨胀力，从而提高橡胶水泥土抗 NaCl 溶液的侵蚀能力。侵蚀溶液中 Cl^- 的作用引起水泥土表面蜂窝状孔洞，掺入橡胶粉后，其表面蜂窝状孔洞消失，粗糙程度降低，细橡胶颗粒直接裸露在试件表面。说明橡胶粉的掺入对抵抗 Cl^- 的侵蚀有直接作用，此作用机理有待进一步研究。

4.2.2 Na_2SO_4 溶液侵蚀作用机理分析

橡胶水泥土的硫酸盐侵蚀是一个复杂的物理化学过程，其实质是侵蚀溶液中的 SO_4^{2-} 渗入水泥土中和水的水化产物发生反应，生成具有膨胀性的侵蚀产物，在水泥土内部产生内应力，当其内应力超过橡胶水泥土的抗拉强度时，就使水泥土胀裂，发生破坏。一般硫酸盐侵蚀指的是溶液中的钠、钾、铵等硫酸盐，它们与水泥石中的氢氧化钙发生反应，生成水化硫铝酸钙（钙矾石：$3CaO \cdot Al_2O_3 \cdot 3CaSO_4 \cdot 31H_2O$）和石膏（$CaSO_4 \cdot 2H_2O$）。化学方程式为

$$Ca^{2+} + SO_4^{2-} + H_2O \longrightarrow CaSO_4 \cdot 2H_2O \tag{4.4}$$

$$4CaO \cdot Al_2O_3 \cdot 13H_2O + 3(CaSO_4 \cdot 2H_2O) + 13H_2O \longrightarrow 3CaO \cdot Al_2O_3 \cdot 3CaSO_4 \cdot 31H_2O + Ca(OH)_2 \tag{4.5}$$

生成的水化硫铝酸钙含有大量的结晶水，其体积比原有的体积增加 1.5 倍以上，使固相体积显著增大；并且水化硫铝酸钙晶体呈针状，在水化铝酸钙的固相表面呈刺猬状析出。因此，在水泥土内部产生很大的内应力，导致水泥土破坏。钙矾石膨胀破坏的特点是水泥土试件表面出现少数较粗大的裂缝[11,12]。

SO_4^{2-} 可以直接破坏橡胶水泥土内部的组成，生成石膏等非胶凝性软物质，使橡胶水泥土由外向内产生逐层的破坏。另外，由于 SO_4^{2-} 的强酸性作用，大量的 $Ca(OH)_2$ 被其中和，使得内部孔隙水的碱度大大下降，这样导致了水泥石中水化硅酸钙的分解，生成毫无胶结能力的硅胶 $2SiO_2 \cdot 3H_2O$，从而大大破坏了水泥土孔隙结构的胶凝体，使其力学性能劣化。SO_4^{2-} 对水泥土的侵蚀作用，其特征是表面松软，逐层脱落。其对橡胶水泥土的侵蚀作用还包括 SO_4^{2-} 引起的类似于硫酸盐所

引起的侵蚀作用。

本试验的橡胶水泥土是由具有孔隙性的土和少量的水泥、橡胶粉掺和而成，因此，橡胶水泥土有大量孔隙，SO_4^{2-}侵蚀溶液通过孔隙（或裂纹）不断侵入到水泥土内部，在孔隙的内部停留并与孔隙周围的水化产物反应，形成具有膨胀性的石膏和钙矾石；产生内部膨胀，膨胀的结果使水泥土的孔隙或裂缝扩大；侵蚀溶液沿着新的裂缝深入、膨胀物积聚，当膨胀应力达到一定程度时，就会产生新的裂纹，侵蚀溶液由裂纹和疏松区又快速地进入其他孔隙和裂缝，在水泥土内部造成膨胀开裂破坏，这种破坏难以修复与控制。

橡胶粉的加入改善了橡胶水泥土抗 Na_2SO_4 溶液的侵蚀能力。一方面是因为超细的橡胶颗粒填充在水泥土内部的孔隙内，使水泥土内部更加密实，阻碍硫酸根离子的进入；另一方面，因为橡胶是弹性体，加入少量的细橡胶粉，可以缓解膨胀压力，从而提高水泥土耐硫酸盐侵蚀的性能。同时由于橡胶与集料之间的界面黏结性不是很好，降低了水泥土的强度，在硫酸盐侵蚀时会加速混凝土的破坏。这两种作用之间存在一个平衡，在硫酸盐侵蚀前期，生成膨胀性的石膏和钙矾石在橡胶水泥土中的空隙和孔隙中积聚起来，同时橡胶粉缓解其膨胀压力，使橡胶水泥土试件保持完整性，橡胶水泥土试件强度得到提高。随着硫酸盐侵蚀的继续进行，生成膨胀性的石膏和钙矾石超过细橡胶颗粒缓解的膨胀压力，使橡胶水泥土试件膨胀开裂，降低其使用强度。同时，由于橡胶粉与水泥土之间的界限黏结不是很好，又加速了橡胶水泥土试件的开裂破坏。

4.3　橡胶水泥土抗氯离子渗透性能试验

本节通过试验研究，在水泥土中掺入橡胶粉，形成橡胶水泥土以减小水泥土的渗透性。氯离子广泛存在于海洋环境、道路化冰、盐湖和盐碱地、工业环境、特种行业等各类环境中，由氯离子所引起的水泥土侵蚀是结构设计使用期内一个不容避免的问题。上一节已经研究了氯离子侵蚀性能，在此基础上，本节进一步研究橡胶水泥土抗氯离子渗透性，以保证水泥土结构的正常使用。

4.3.1　氯离子的扩散机理

橡胶水泥土是一种新型的土木工程材料，在国内外缺乏关于这方面的理论及试验研究，因此，作者以混凝土为例，说明氯离子在橡胶水泥土中的扩散机理。

1. 氯离子渗透理论

氯离子侵入混凝土的方式主要有扩散作用、毛细管作用、渗透作用。氯离子的侵蚀是上述几种方式的共同作用，另外侵蚀还受到氯离子混凝土材料之间的化学结合、物理黏结、吸附等作用的影响。一般来讲，氯离子的传输过程可用 Fick 第二定律[13]表达式表示为

$$\frac{\partial C_{\text{Cl}}}{\partial t}=\frac{\partial}{\partial x}\left(D_{\text{Cl}}\frac{\partial C_{\text{Cl}}}{\partial x}\right) \tag{4.6}$$

式中，C_{Cl}——氯离子质量浓度（%），一般以氯离子占水泥或水泥土质量百分比表示；

t——时间（a）；

x——位置（mm）；

D_{Cl}——扩散系数（mm^2/a）。

Fick 第二定律描述的是一种稳态扩散过程，它所描述的氯离子分布为一条光滑的、单调下降的曲线。

假定表面氯离子浓度恒定，橡胶水泥土结构相对于暴露表面为半无限介质（一侧是无限的，而另一侧是有边界的），在任意时刻，相对暴露表面无限远处的氯离子浓度为初始浓度，可以得到式（4.6）的解为

$$C_{x\text{Cl}}=C_0+(C_s-C_0)\left[1-\text{erf}\left(x/2\sqrt{D_{\text{Cl}}t}\right)\right] \tag{4.7}$$

式中，$C_{x\text{Cl}}$——t 时刻 x 深度处的氯离子浓度；

C_s——混凝土表面氯离子浓度；

C_0——氯离子初始浓度；

D_{Cl}——氯离子扩散系数；

erf()——误差函数。

通常进入混凝土中的氯离子可以分为两部分，即固化氯离子和游离氯离子。固化作用有物理吸附和化学结合两种方式。物理吸附的结合力相对较弱，易遭破坏而使被吸附的氯离子转化为游离氯离子。化学结合是氯离子通过化学键与水泥石结合在一起的，相对稳定，不易破坏。水泥石对氯离子的化学结合作用主要是使水泥石中的铝酸三钙（C_3A）与氯离子结合生成三氯铝酸钙（$3CaO\cdot Al_2O_3\cdot CaCl_2\cdot 10H_2O$），即

$$3CaO\cdot Al_2O_3\cdot 6H_2O+Ca_2^{+}+2Cl^{-}+4H_2O \longrightarrow 3CaO\cdot Al_2O_3\cdot CaCl_2\cdot 10H_2O \tag{4.8}$$

根据上述式子，若知道参数 C_s、C_0、x、D_{Cl} 及临界浓度 C_c 就可以求出使用寿命。假定混凝土中的孔隙分布是均匀的，氯离子在混凝土中的扩散是一维扩散，浓度梯度仅垂直于暴露表面方向变化，混凝土表面浓度为恒定，并且混凝土为半无限介质。

2. 氯离子侵入橡胶水泥土的方式

氯离子进入橡胶水泥土中通常有两种途径：一种是“混入”，在施工过程中进入的氯离子，这是因为掺入的土、拌和用水可能会含有一定量的氯离子；另一种

是“渗入”，环境中的氯离子通过混凝土的宏观、微观缺陷渗入到橡胶水泥土中，随着时间的增加，渗入深度逐渐加深。

氯离子的传输过程相当复杂，涉及许多机理，它是通过混凝土内部的孔隙和微裂缝体系从周围环境向混凝土内部传输，目前已经了解的氯离子侵入橡胶水泥土的方式主要有以下几种。

1）扩散作用

由于橡胶水泥土内部与表面氯离子浓度差而引起氯离子从浓度高区向浓度低区移动的现象，称为扩散。在干湿交替环境下，当干燥的橡胶水泥土表层接触盐水时，靠毛细管吸收盐水，直到饱和。如果外界环境又变得干燥，则橡胶水泥土中水流方向会逆转，纯水从毛细孔对大气开放的那些端头向外蒸发，使橡胶水泥土表层孔隙液中的盐分靠扩散机理向橡胶水泥土内部扩散，只要橡胶水泥土具有足够的湿度，就可以进行这种扩散。可见，橡胶水泥土的湿度也是影响氯离子向橡胶水泥土内部扩散的一个重要因素。

2）渗透作用

在水压力作用下，盐水向压力较低的方向移动称为渗透。橡胶水泥土试件在含氯离子的盐水中浸泡，氯离子的扩散取决于橡胶水泥土孔隙水的含量及其含盐量，在某种程度上也取决于有水头压力作用下氯化物溶液的渗透，这种渗透只有在相当大的水头压力下才显著。

3）毛细管作用

橡胶水泥土表层含氯离子的盐水向橡胶水泥土内部干燥部分移动称为毛细管作用。所有橡胶水泥土构件，凡是表层能风干到一定程度，氯离子的侵入都靠直接接触盐水的橡胶水泥土毛细管吸收作用。风干程度愈高，毛细管吸收作用就愈大。毛细管吸收盐水的能力取决于橡胶水泥土孔结构和孔隙中游离水的含量。

4.3.2 氯离子渗透试验

1. 试验方法及原理

本试验采用自然浸泡法测定橡胶水泥土渗透性，试验原理与装置如图 4.15 所示。橡胶水泥土试件只有一个暴露面，暴露于 NaCl 溶液中，对试件浸泡 30d。待橡胶水泥土试件浸泡完毕之后，通过切片或钻取的方法提取混凝土试样，然后经过浸取、电化学滴定等多个步骤得到氯离子浓度和扩散系数之间的关系，最后利用 Fick 第二定律计算氯离子扩散系数。

2. 自然浸泡法测定氯离子含量

参照《水运工程混凝土试验规程》（JTJ 270—1998）[14]及《建筑结构检测技

术标准》（GB/T 50344—2004）[15]进行混凝土中氯离子含量的测定，本方法适用于混凝土中水溶性氯离子含量测定。

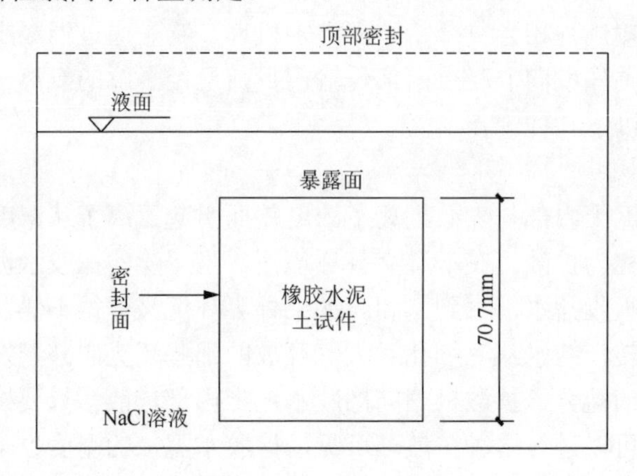

图 4.15　试验装置示意图

（1）将盐水浸泡 30d 的试件取出，清除橡胶水泥土暴露表面残渣，烘干后用混凝土剖面切削机磨取粉末。在立方体试件每 4mm 深度取样，并全部通过 0.63mm 的筛子，将粉末收集到一起混合均匀作为该层的样品（图 4.16）。再将样品置于 60℃的烘干箱中烘 24h，取出后放入干燥器中冷却至室温备用。

（2）称取 5g 左右的（精确到 0.001g）样品，放入塑料杯中，并加入 200ml 蒸馏水，剧烈搅动后，覆盖浸泡 24h（图 4.17）。

图 4.16　橡胶水泥土粉末

图 4.17　橡胶水泥土粉末浸泡

（3）用定性滤纸将溶液过滤（图 4.18），用移液管取滤液 20ml 放入锥形瓶中，在提取液中滴加一滴酚酞指示剂后溶液变为红色（图 4.19），滴加适量的稀硝酸溶液至红色恰好消失为止（图 4.20），即提取夜的 pH 值调整至 7～8。

图 4.18　定性滤纸过滤

图 4.19　滴加酚酞，溶液变为红色　　　图 4.20　滴加稀硝酸，红色消失

（4）向提取液中滴加 10～12 滴 5%的铬酸钾指示剂（图 4.21），此时溶液为银黄色，溶液透明。用 0.02mol/L 的硝酸银标准溶液滴定，边滴边摇。开始时溶液中的银黄色消失，溶液开始出现浑浊（图 4.22），溶液颜色为淡黄色；继续滴加硝酸银标准溶液，溶液中的黄色消失，颜色变为黄色与淡橙色混杂的颜色（图 4.23）；继续向溶液中滴加硝酸银标准溶液，溶液中黄色完全消失，直至液面出现不消失的橙色为止（图 4.24）。记录所消耗的硝酸银标准溶液毫升数（V_1），同时测定空白试验硝酸银标准溶液的用量（V_2）。

图 4.21　滴加铬酸钾指示剂　　　图 4.22　滴加硝酸银标准溶液（前期）

图 4.23　滴加硝酸银标准溶液（中期）

图 4.24　滴加硝酸银标准溶液（后期）

4.3.3　试验结论分析

1. 橡胶水泥土中氯离子的含量

橡胶水泥土中水溶性氯离子含量按照下式进行计算，不同深度上可溶性氯离子含量和不同配合比可溶性氯离子含量的计算结果如表 4.3 和表 4.4 所示：

$$W_{\mathrm{Cl}}=\frac{C_{\mathrm{AgNO_3}}(V_1-V_2)\times 0.03545}{m_s\times 50.00/250.0}\times 100 \tag{4.9}$$

式中，W_{Cl}——混凝土中氯离子的质量分数；

$C_{\mathrm{AgNO_3}}$——硝酸银标准溶液物质的量浓度（mol/L）；

V_1——硝酸银标准溶液的用量（ml）；

V_2——空白试验硝酸银标准溶液的用量（ml）；

0.03545——氯离子的毫摩尔质量（g/ml）；

m_s——橡胶水泥土试件的质量（g）。

表 4.3　不同深度上可溶性氯离子含量

试件编号	量值	层深 LP/mm					
		0<LP≤4	4<LP≤8	8<LP≤12	12<LP≤16	16<LP≤20	20<LP≤24
1	m_s/g	5	5	5	5	5	5
	V_1/ml	8	7.6	7.2	6.9	6.6	6.4
	V_2/ml	5.8	5.8	5.8	5.8	5.8	5.8
	Cl^-/%	0.904684	0.740196	0.575708	0.452342	0.3238976	0.246732
2	m_s/g	5	5	5	5	5	5
	V_1/ml	7.8	7.2	6.7	6.5	6.3	6.1
	V_2/ml	5.8	5.8	5.8	5.8	5.8	5.8
	Cl^-/%	0.82244	0.575708	0.370098	0.287854	0.20561	0.123366

续表

试件编号	量值	层深 LP/mm					
		0<LP≤4	4<LP≤8	8<LP≤12	12<LP≤16	16<LP≤20	20<LP≤24
3	m_s/g	5	5	5	5	5	5
	V_1/ml	8.8	8.1	7.7	7.3	7	6.8
	V_2/ml	5.8	5.8	5.8	5.8	5.8	5.8
	Cl^-/%	1.23366	0.945806	0.781318	0.61683	0.493464	0.41122
4	m_s/g	5	5	5	5	5	5
	V_1/ml	8.1	7.6	7.3	7	6.7	6.3
	V_2/ml	5.8	5.8	5.8	5.8	5.8	5.8
	Cl^-/%	0.945806	0.740196	0.61683	0.493464	0.370098	0.31196

表 4.4 不同配合比可溶性氯离子含量（0<层深≤4mm）

试件编号	m_s/g	V_1/ml	V_2/ml	Cl^-/%
1	5	8	5.8	0.904
2	5	7.8	5.8	0.822
3	5	8.8	5.8	1.233
4	5	8	5.8	0.904
5	5	8.5	5.8	1.110
6	5	8.2	5.8	0.986
7	5	7.8	5.8	0.228
8	5	8	5.8	0.904
9	5	7.6	5.8	0.781
10	5	7.6	5.8	0.575

2. 橡胶水泥土不同深度氯离子含量分布规律

采用“一阶指数衰减函数”，对表 4.3 中不同深度上可溶性氯离子含量试验数据进行拟合，所得橡胶水泥土中氯离子含量拟合参数如表 4.5 所示。采用的拟合公式为

$$y = A_1 \cdot e^{t_1 \cdot x} \tag{4.10}$$

式中，A_1、t_1——氯离子含量分布因子。

表 4.5 橡胶水泥土中氯离子含量拟合参数

试件编号	A_1	t_1	R^2
1	1.0809	−0.0658	0.9943
2	0.9892	−0.0916	0.9927
3	1.3453	−0.0549	0.9977
4	1.0568	−0.0561	0.9964

由表 4.5 的试验数据可知，橡胶水泥土不同深度的氯离子含量服从一阶指数衰减函数，并具有良好的相关性，相关参数 R^2 均在 0.99 以上。同时考虑橡胶水泥土中橡胶粉掺量、粒径的变化及溶液浓度的影响，将拟合曲线与实际氯离子含量列图进行对比分析。水泥掺量 20%、橡胶粉粒径 550μm、10%的 NaCl 溶液，橡胶粉掺量分别为 10%、20%时对氯离子含量的影响及拟合参数如图 4.25 所示。从图中可以看出，随着橡胶粉掺量的增加，橡胶水泥土中的氯离子含量减少；且随着距橡胶水泥土表面深度的增大，氯离子含量逐渐减少。

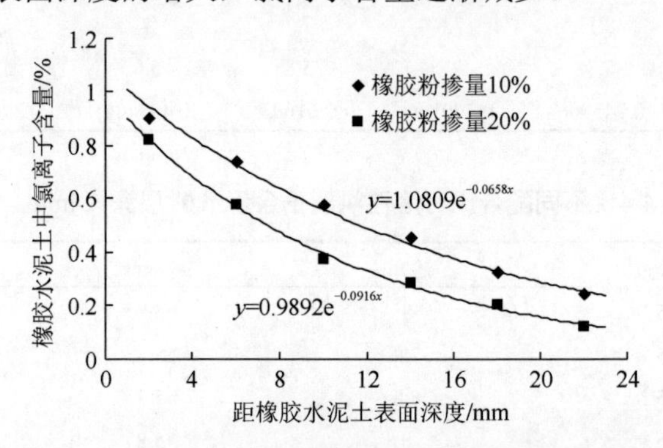

图 4.25　橡胶水泥土掺量变化氯离子含量的拟合参数

水泥掺量 20%，橡胶粉掺量 10%，NaCl 溶液浓度 10%，橡胶粉粒径分别为 550μm、250μm 时对氯离子含量的影响及拟合参数如图 4.26 所示。从图中可以看出，橡胶粉粒径 550μm 时，氯离子含量要小于粒径 250μm 时，氯离子含量的差值小。

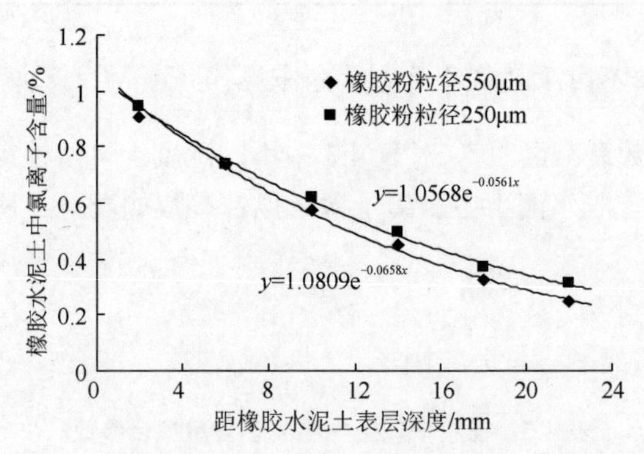

图 4.26　橡胶水泥土粒径变化氯离子含量的拟合参数

水泥掺量 20%，橡胶粉粒径 550μm，橡胶粉掺量 10%，NaCl 溶液浓度分别为 10%、20%时对氯离子含量的影响及拟合参数如图 4.27 所示。从图中可以看出，随着盐溶液浓度的增大，氯离子含量增大。

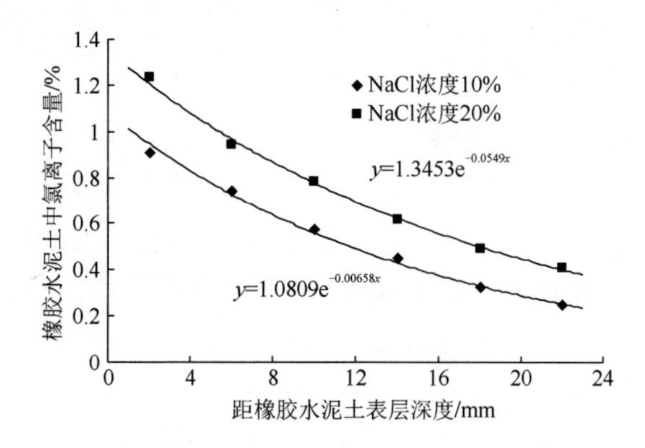

图 4.27 盐溶液浓度变化氯离子含量的拟合参数

3. 橡胶粉掺量对可溶性氯离子的影响

水泥掺量 20%，橡胶粉粒径 550μm，NaCl 溶液浓度 10%，层深 0～4mm，橡胶粉掺量分别为 0、5%、10%、15%、20%时，橡胶水泥土可溶性氯离子含量和可溶性氯离子含量的变化率 η 如表 4.6 和表 4.7 所示。可见，随着橡胶粉掺量的增加，可溶性氯离子含量逐渐减少。

表 4.6 橡胶水泥土可溶性氯离子含量 （单位：%）

试件编号	橡胶粉掺量	可溶性氯离子含量 Cl^-
1	0	1.110294
2	5	0.986928
3	10	0.904684
4	15	0.863562
5	20	0.82244

表 4.7 可溶性氯离子含量的变化率 η （单位：%）

橡胶粉掺量	变化率 η
5	11.11
10	18.52
15	24.67
20	25.93

橡胶水泥土可溶性氯离子含量变化率 η 定义为

$$\eta = \frac{\omega_0 - \omega_i}{\omega_0} \tag{4.11}$$

式中，ω_0——溶液侵蚀后的橡胶水泥土试件的无侧限抗压强度值；

ω_i——初始橡胶水泥土的无侧限抗压强度值。

4. 橡胶水泥土氯离子扩散系数

橡胶水泥土抗氯离子性能的研究，普遍采用氯离子表观扩散系数作为控制指标。在本试验中，采用计算软件 MATLAB 中的“非线性拟合函数”功能，按照 Fick 第二定律的解析解，用最小二乘法对表 4.3 中的数据进行非线性回归，并求得橡胶水泥土表面氯离子浓度 C_s 和氯离子表观扩散系数 D_a，结果如表 4.8 所示。

表 4.8 橡胶水泥土氯离子表观扩散系数

试件编号	表面氯离子浓度 C_s/%	表观扩散系数 D_a/（m^2/s）	R^2
1	1.0809	1.95257	0.9943
2	0.9892	1.82424	0.9927
3	1.3453	7.61494	0.9977
4	1.0568	2.51259	0.9964

由表 4.8 可以看出掺入橡胶粉后，橡胶水泥土的氯离子表观扩散系数减小，其中橡胶粉粒径 550μm 时要好于 250μm 时，随着橡胶粉掺量的增加，表观扩散系数逐渐减小；氯离子溶液浓度增大一倍，表观扩散系数增大数倍。橡胶是弹性体，加入少量的橡胶粉相当于加入大量的微气泡，占据了混凝土中的自由空间，破坏了毛细管的连续性，这样就使混凝土抗氯离子渗透性能得到改善。

4.3.4 橡胶水泥土抗氯离子渗透的作用机理

橡胶水泥土中氯离子的渗透由两个基本因素决定：一是橡胶水泥土对氯离子渗透的扩散阻碍能力，这种阻碍能力决定于橡胶水泥土的孔隙率及孔径分布；二是橡胶水泥土对氯离子的物理或化学结合能力，即“固化能力”，这种固化能力既影响渗透速率，又影响水中自由氯离子的结合速率。在橡胶水泥土中，氯离子的迁移有三种方式——扩散、毛细孔吸附和渗透，但由于橡胶粉的掺入，橡胶水泥土的结构一定程度上得到改善，将使氯离子在混凝土内部的迁移过程发生改变。

橡胶粉的掺入会在两个方面对橡胶水泥土的氯离子渗透产生影响。首先，橡胶粉改善了水泥土内部的微观结构，减少了水化产物。由于橡胶粉替代水泥量的增加，使很容易遭到氯盐等侵蚀介质腐蚀的水化产物 $Ca(OH)_2$ 的数量减少。其次，因为橡胶粉材料是以细粉掺入的，它们的填充密实效应使水泥土结构和界面结构更加致密，从而大大降低了水泥土的孔隙率，并使孔径减小，阻断了可能形成的渗透通路（贯通孔），所以水和侵蚀介质难以进入橡胶水泥土内部。正是在橡胶材料上述功效的综合作用下，橡胶水泥土对氯离子扩散阻碍能力得到明显提高，从而也提高了橡胶水泥土的抗氯离子渗透性能。

4.4　橡胶水泥土抗盐蚀结晶性能

盐蚀结晶是指盐类可以在水泥土的孔隙中结晶膨胀，使得混凝土的表面发生剥落，甚至开裂，从而发生盐结晶膨胀物理破坏。

4.4.1　盐结晶膨胀腐蚀的机理

与水泥土相接触的盐溶液，在毛细管张力的作用下，可被混凝土毛细管提升。由拉普拉斯公式可知[16]，当毛细孔孔径为γ时，毛细孔张力为

$$\Delta P = \frac{2\sigma_{st}}{\gamma} \tag{4.12}$$

式中，ΔP——毛细孔张力；

σ_{st}——表面张力；

γ——毛细孔孔径。

在此压力作用下，理想多孔材料中毛细孔内的液体可被提升的高度为

$$h = \frac{2\sigma_{st}}{\gamma\rho g} \tag{4.13}$$

式中，h——毛细孔内液体提升高度；

ρ——孔内液体的密度；

g——重力加速度。

按上述原理提升平衡的毛细孔中的盐溶液，当空气中相对湿度变化时，水分子将发生蒸发脱附或吸附凝聚作用。由开尔文方程知：

$$RT\ln\frac{p_r}{p_0} = -\frac{2\sigma_{st}V}{\gamma} \tag{4.14}$$

式中，R——摩尔气体常数；

T——温度；

p_r——T温度下弯曲液面的蒸汽压；

p_0——T温度下平液面的蒸汽压；

V——液体摩尔体积。

当空气相对湿度$RH = p_r / p_0$降低时，相应毛细孔中的水将会向空气中蒸发，同时毛细孔中的溶液将被浓缩，直至形成盐的结晶。

当盐溶液被浓缩结晶时，各种不同结晶的盐将按照其特有的结晶学特征结晶生长。当这种结晶生长作用受到毛细孔壁的限制时，结晶生长作用将对孔壁产生巨大的结晶压力，由此而引起毛细孔壁及橡胶水泥土材料的开裂。本试验在盐溶液中加入结晶改性剂亚铁氰化钾酸盐［$K_4Fe(CN)_6\cdot 3H_2O$］，有利于结晶物的产生及在橡胶水泥土表面形成结晶晶体析出。

4.4.2　试验方法及原理

由于盐害是一个缓慢的过程，所以实验室一般采取加速试验的方法。加速途径包括：①增大反应面积，即小试件、大面积；②增加侵蚀溶液的浓度；③加入结晶改性剂；④增加结晶压力，即采用干湿交替的方法，试件一部分裸露在空气中，一部分浸泡在侵蚀溶液中。实验室快速试验方法周期短，能获得系统性资料，具有实用价值。

试验养护箱为混凝土恒温恒湿标准养护箱（型号：YH-40B）。试验过程中还用到PVC管，量筒、电子秤、天平、玻璃容器、自制的搅拌和捣实工具、刀具、小铲、高精度数码相机等。

本次试验考虑试件制作中的固定水泥掺量20%，橡胶粉粒径550μm、250μm，橡胶粉掺量0、10%、20%，各材料掺量如表4.9所示。溶液采用浓度10%、20%的NaCl和Na_2SO_4两种侵蚀溶液；结晶改性剂亚铁氰化钾酸盐［$K_4Fe(CN)_6 \cdot 3H_2O$］掺量0.001mol/L、0.01mol/L。配置1L溶液，溶液种类及掺量如表4.10所示。按照试验方案，确定对应各试件的编号，计算出试件各种掺量的质量及对应侵蚀溶液、盐和结晶改性剂的质量。根据表4.9材料掺量和表4.10溶液种类及掺量，采用优化设计原则，确定试件总数为30块。试件编号、各掺量用量、侵蚀溶液的配合比如表4.11所示。

表4.9　材料掺量　（单位：%）

试件编号	水泥掺量	橡胶粉掺量
1	20	0
2	20	10（550μm）
3	20	10（250μm）
4	20	20（550μm）
5	20	20（250μm）

表4.10　溶液种类及掺量　（单位：g）

溶液编号	NaCl	Na_2SO_4	$K_4Fe(CN)_6 \cdot 3H_2O$
A	11.7	0	0
B	0	28.4	0
C	11.7	0	0.423
D	0	28.4	0.423
E	11.7	0	4.23
F	0	28.4	4.23

盐溶液的制作：为了分析和探讨不同化学溶液、物质的量浓度变化及结晶改性剂对橡胶水泥土结晶侵蚀的影响，如表 4.11 所示，用精度 0.05g 电子秤称量盐、结晶改性剂质量，倒入容器皿中，配置各种侵蚀溶液。

表 4.11　试件编号、各掺量用量、侵蚀溶液的配合比　　　　（单位：g）

试件编号	试件各掺量的质量			溶液各掺量的质量		
	土	水泥	橡胶粉	NaCl	Na_2SO_4	$K_4Fe(CN)_6 \cdot 3H_2O$
A1	500	100	0	11.7	0	0
A2	500	90	9（550μm）	11.7	0	0
A3	500	90	9（250μm）	11.7	0	0
A4	500	80	16（550μm）	11.7	0	0
A5	500	80	16（250μm）	11.7	0	0
B1	500	100	0	0	28.4	0
B2	500	90	9（550μm）	0	28.4	0
B3	500	90	9（250μm）	0	28.4	0
B4	500	80	16（550μm）	0	28.4	0
B5	500	80	16（250μm）	0	28.4	0
C1	500	100	0	11.7	0	0.423
C2	500	90	9（550μm）	11.7	0	0.423
C3	500	90	9（250μm）	11.7	0	0.423
C4	500	80	16（550μm）	11.7	0	0.423
C5	500	80	16（250μm）	11.7	0	0.423
D1	500	100	0	0	28.4	0.423
D2	500	90	9（550μm）	0	28.4	0.423
D3	500	90	9（250μm）	0	28.4	0.423
D4	500	80	16（550μm）	0	28.4	0.423
D5	500	80	16（250μm）	0	28.4	0.423
E1	500	100	0	11.7	0	4.23
E2	500	90	9（550μm）	11.7	0	4.23
E3	500	90	9（250μm）	11.7	0	4.23
E4	500	80	16（550μm）	11.7	0	4.23
E5	500	80	16（250μm）	11.7	0	4.23
F1	500	100	0	0	28.4	4.23
F2	500	90	9（550μm）	0	28.4	4.23
F3	500	90	9（250μm）	0	28.4	4.23
F4	500	80	16（550μm）	0	28.4	4.23
F5	500	80	16（250μm）	0	28.4	4.23

试件的制作：试件尺寸为ϕ28mm，高度为 210mm。将 PVC 管分割成 21cm 长一段，每段再分割成三瓣，做成三瓣模。在制作试件前，将三瓣模内部刷油，外用铁线把三瓣模拼装、勒紧，做成磨具。将土、水泥、橡胶粉和水按比例搅拌均匀，放入自制磨具中捣实，表面抹平。两天后拆模放入标准养护箱中养护 28d，图 4.28 为养护完成的试件。

图 4.28　养护完成的试件

试件的侵蚀：本试验采用的浸泡方式为立式半浸。采用与 Rodriguez-Navarro 等类似的试验装置[17]，如图 4.29 所示。容器采用密闭性能良好的带有橡胶密封圈的塑料保鲜盒，体积为 1.2L。将 1.0L 配制好的侵蚀溶液放入保鲜盒，盒顶盖开与橡胶水泥土柱直径相等的孔，笔直放入橡胶水泥土柱，周围用石蜡将缝隙封死。整个体系呈密封状态，目的是水只有通过柱子向上才能失去。将试验装置（计 30 个）放在通风良好的一条长凳上，保持在 43.0%的相对湿度的实验室。溶液向上通过橡胶水泥土柱，水从表面蒸发失去。定期观测橡胶水泥土柱外观变化，并用数码相机记录。

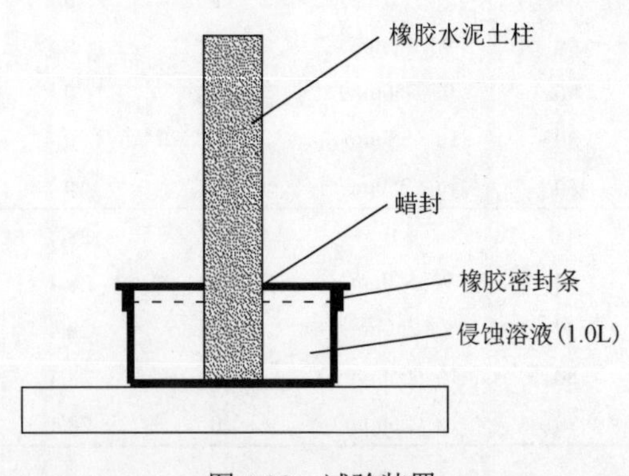

图 4.29　试验装置

4.4.3 试验结论分析

橡胶水泥土试件养护 28d 后，按照试验方案，分别对试件进行立式半浸。每隔 6d 观察试验现场，并随时记录、拍照。由于所有试件均在连续的几天内制作，同一条件下养护，试件材质均匀，外观质量良好。同时，为了增加计算结构的准确性，要使侵蚀试件处在同一外界环境下，并保持相对湿度的不变。

水泥掺量 20%、橡胶粉掺量 10%、橡胶粉粒径 550μm、Na_2SO_4 侵蚀溶液浓度 20%、掺入 0.01mol/L $K_4Fe(CN)_6 \cdot 3H_2O$ 的 D3 圆柱试件侵蚀图片如图 4.30 所示。侵蚀 7d 时，在试件表面有白色晶体析出，高度 4～5cm 范围内，部分已长出试件表面 3～5mm。侵蚀 12d 时，侵蚀现象加重，部分晶体开始脱落，在白色晶体底部，部分晶体已长出试件表面 10mm。侵蚀 18d 时，试件表面侵蚀析出的晶体浓密，晶体析出部分已见不到试件表面，晶体脱落现象加重。侵蚀 24d 时，侵蚀高度变化 2～5cm 范围内，脱落的晶体严重，晶体脱落的同时，伴有橡胶水泥土部分脱落。在高度 4～5cm 范围内，试件直径减小。侵蚀 30d 时，析出、脱落的晶体进一步加重，橡胶水泥土从根部开始逐层脱落，圆柱试件的直径逐渐减小。侵蚀 36d 时，析出的晶体和脱落的晶体连成一片，高度 5cm 范围内看不见试件表面。侵蚀 40d 时，试件在高度 5cm 处断裂，试件侵蚀破坏，随着侵蚀的继续进行，侵蚀析出的晶体已覆盖整个试件。

图 4.30 D3 组圆柱试件随时间侵蚀变化图片

4.4.4 橡胶水泥土及盐蚀结晶溶液的质量变化

在橡胶水泥土的耐盐蚀结晶研究中，试件及侵蚀溶液质量的变化规律一直是一个相当重要的考察对象。由于试件与溶液已经固定、密封，同时称重。因此，每次称量的质量损失是溶液中水蒸发掉的质量。盐结晶析出保留在试件的内部或表面，不影响整体的质量。采用质量损失来表示水蒸发掉的质量。

质量损失Δm按下式计算：

$$\Delta m = m_0 - m_i \tag{4.15}$$

式中，m_0——开始称量试件及溶液的质量；

m_i——第i次称量试件及溶液的质量。

水泥掺量20%、NaCl溶液浓度10%、没有掺入结晶改性剂，A组溶液橡胶粉掺量及粒径的变化对水溶液质量损失的影响如图4.31所示。从图中可以看出，橡胶粉掺量为0时，水溶液质量损失值最大，随着橡胶粉掺量的增加，水溶液的质量损失逐渐减少。其中，橡胶粉粒径的影响比较稳定。盐蚀结晶随着时间的增长，曲线斜率逐渐减小。说明橡胶粉在水泥土中抑制了水在毛细孔中上升，从而减少了水溶液的质量损失。

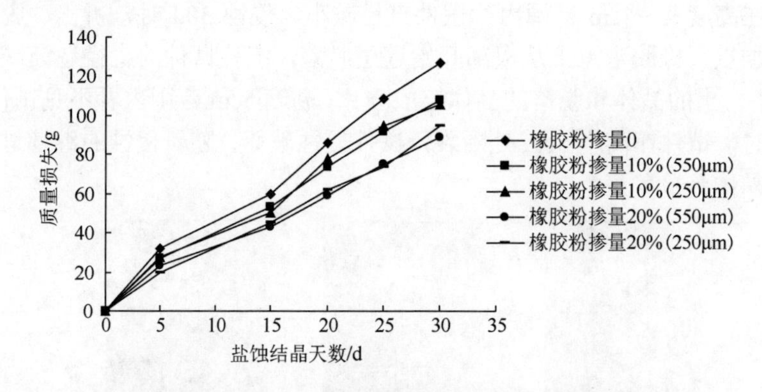

图4.31　A组溶液质量损失与侵蚀时间的关系

水泥掺量20%、NaCl溶液浓度10%、橡胶粉粒径250μm、橡胶粉掺量10%，结晶改性剂$K_4Fe(CN)_6 \cdot 3H_2O$掺量对水溶液质量损失的影响如图4.32所示。从图中可以看出，$K_4Fe(CN)_6 \cdot 3H_2O$掺量为0时，水溶液质量损失值最大，随着$K_4Fe(CN)_6 \cdot 3H_2O$掺量的增加，水溶液的质量损失逐渐减少，两种溶液对橡胶水泥土的侵蚀作用降低。盐蚀结晶随着时间的增长，曲线斜率逐渐减小。说明结晶改性剂$K_4Fe(CN)_6 \cdot 3H_2O$阻止了结晶化的进程，从而减少了水溶液的质量损失。

水泥掺量20%、橡胶粉掺量10%、粒径550μm、溶液浓度20%，结晶抑制剂掺量0.1%，NaCl溶液和Na_2SO_4溶液对水溶液质量损失的影响如图4.33所示。从图中可以看出，NaCl溶液中，水溶液质量损失值最大；Na_2SO_4溶液中，质量损失较小。说明Na_2SO_4溶液在橡胶水泥土中的渗透性能低于NaCl溶液，从而减少了水溶液的质量损失。

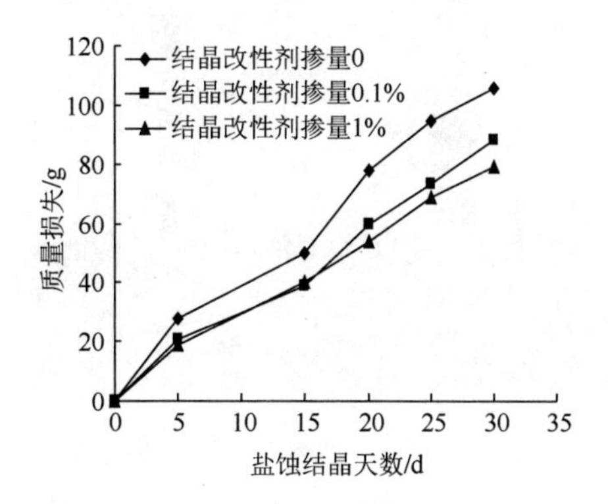

图 4.32　圆柱试件质量损失与侵蚀时间的关系

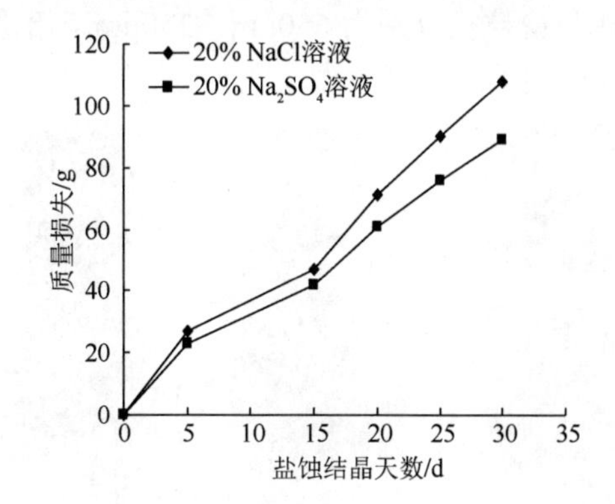

图 4.33　质量损失与盐蚀结晶溶液的关系

4.4.5　橡胶粉掺量的影响

本试验主要观察橡胶水泥土在侵蚀溶液中侵蚀、结晶、破坏现象。

1．*溶液侵蚀高度的影响*

侵蚀溶液上升高度如图 4.34 所示，水泥掺量 20%，橡胶粉掺量分别为 0、20%。通过试验观察发现，圆柱试件侵蚀 3d 后，橡胶粉掺量为 0 时，溶液侵蚀高度 6～7cm；橡胶粉掺量为 20%时，溶液侵蚀高度 4～5cm。结果说明，橡胶粉的掺入，阻止了内部孔隙水的上升，从而在水压力作用下，溶液的上升液面较矮。

图 4.34 侵蚀溶液上升高度

2. 溶液侵蚀现象的影响

水泥掺量 20%，橡胶粉粒径分别为 550μm、250μm，溶液浓度 20%条件下，橡胶粉掺量变化对试件侵蚀 10d 的影响如图 4.35 所示。

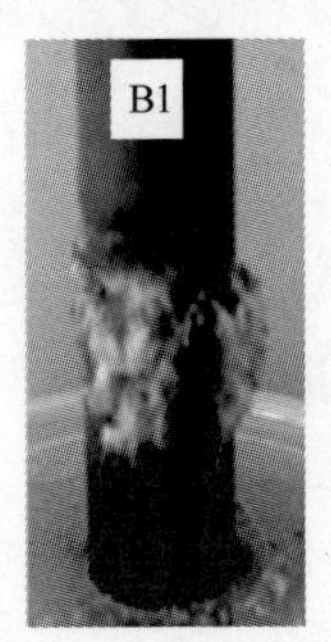

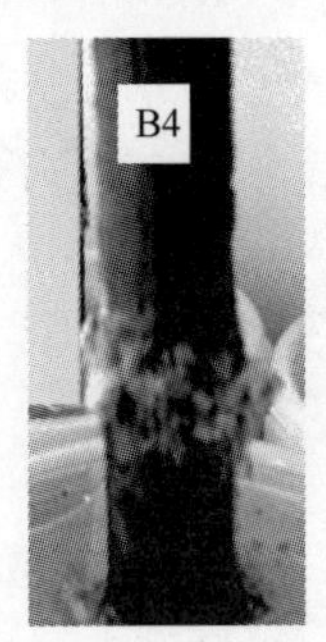

图 4.35 侵蚀 10d 时照片

由图 4.35 可知，侵蚀 10d 试件 B4、B5 损伤程度明显弱于 B1，说明橡胶粉的掺入提高了水泥土的抗盐侵蚀能力，且橡胶粉掺量越高，抗盐侵蚀能力越强。图 4.35 中 B4 和 B5 为条件相同橡胶粉粒径不同的试件侵蚀情况，从图中可以看出，橡胶粉粒径的变化对侵蚀的影响不明显。

水泥掺量 20%，粒径 550μm 的橡胶粉掺量 0、10%、20%，溶液浓度 20%的 NaCl 和 Na_2SO_4 侵蚀溶液条件下，橡胶粉掺量变化对侵蚀结晶的影响如图 4.36 所示。从图中可以看出，Na_2SO_4 侵蚀溶液现象明显，30d 时，试件都已经断裂。其中，B1 现象最为明显，试件结晶、脱落程度均大于 B2、B4，如图 4.36（a）所示。NaCl 侵蚀溶液现象不明显，30d 时，干湿交界处，橡胶水泥土开始脱落。试件没有断裂，A1 有明显的晶体析出。由硫酸盐侵蚀机理可以判断，橡胶粉阻碍了石膏、钙矾石产生的体积膨胀对试件的影响，起到了软性弹性体的作用，缓和体积膨胀应力，减少内部裂纹的发生与发展，提高了水泥土的抗盐蚀性能。

（a）Na_2SO_4溶液

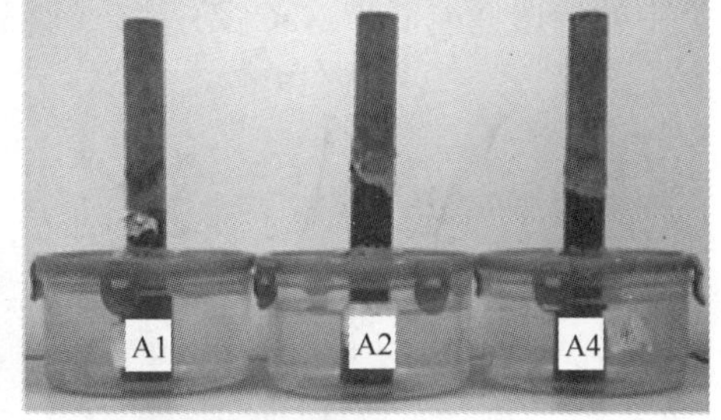

（b）NaCl溶液

图 4.36　橡胶粉掺量对盐蚀结晶的影响

水泥掺量 20%，橡胶粉粒径 250μm，NaCl 溶液浓度 20%，$K_4Fe(CN)_6 \cdot 3H_2O$ 掺量 0.1%，侵蚀 40d 条件下，橡胶粉掺量对盐蚀结晶的影响如图 4.37 所示，从左到右橡胶粉掺量变化是 0、10%、20%。可见，随着橡胶粉掺量的增加，溶液侵蚀高度逐渐降低。橡胶粉掺量为 0 时，白色晶体析出，侵蚀现象明显；橡胶粉掺量为 10%时，析出的白色晶体减少；橡胶粉掺量为 20%时，侵蚀现象已经不明显，只在液面上表面发生了侵蚀。

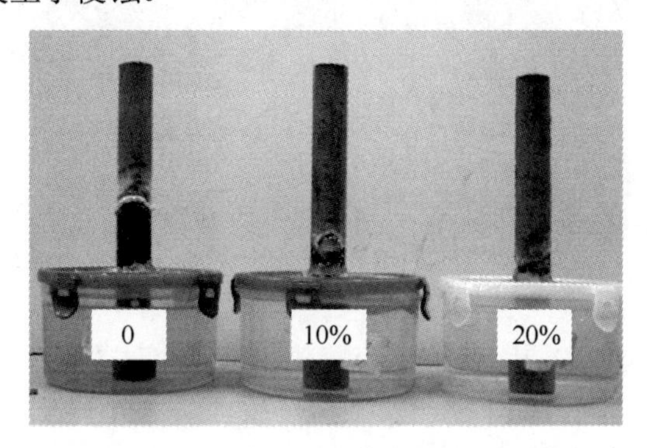

图 4.37　橡胶粉掺量对盐蚀结晶的影响

4.4.6　不同溶液的影响

水泥掺量 20%，橡胶粉掺量 10%，粒径 550μm，溶液浓度 20%，侵蚀 7d 时，Na_2SO_4 溶液晶体析出现象明显，形成毛茸茸的现象，部分晶体高出试件表面 3～4mm，并且在试件根部堆积了脱落的晶体，试件开始腐蚀开裂。侵蚀 14d 时，NaCl 溶液只有一层白色晶体附在试件表面；Na_2SO_4 溶液析出的晶体长出表面 5mm 以上，部分晶体开始脱落，如图 4.38 所示。侵蚀 40d 时，如图 4.39 所示。从图 4.38 和图 4.39 中可见，Na_2SO_4 溶液对橡胶水泥土的侵蚀破坏能力大于 NaCl 溶液。Na_2SO_4 溶液侵蚀的所有试件均在干湿交界处断裂，而 NaCl 溶液则没有断裂。后者上升高度最高达到 40～50mm，盒中液面下降较多。说明 Na_2SO_4 溶液在橡胶水泥土中的渗透性能低于 NaCl 溶液。

图 4.38　侵蚀 14d 时，不同溶液的影响

图 4.39　侵蚀 40d 时，不同溶液的影响

导致上述现象的根本原因在于，硫酸盐和氯化盐对橡胶水泥土侵蚀机理的不同。含 SO_4^{2-} 的硫酸盐通过如下化学反应生成石膏[18]：

$$Ga^{2+}+SO_4^{2-}+H_2O \longrightarrow CaSO_4 \cdot 2H_2O \tag{4.16}$$

石膏在试件体内结晶体积膨胀，同时与水泥中的水化铝酸钙进一步反应生成钙矾石，体积进一步膨胀，所以试件在侵蚀过程中出现了开裂、脱落，进而断裂的现象。并且生成的晶体导致孔隙的阻塞，因此侵蚀高度降低。氯化盐则不同，其与水泥中的氢氧化钙［$Ca(OH)_2$］反应生成溶于水的氯化钙（$CaCl_2$），随着侵蚀的进行，氯化钙不断地进入溶液盒中导致液面的上升高度高于硫酸盐。

4.4.7　结晶抑制剂的影响

水泥掺量 20%，橡胶粉掺量 20%，粒径 250μm，溶液浓度 20%时，侵蚀天数为 40d，$K_4Fe(CN)_6 \cdot 3H_2O$ 对结晶侵蚀的影响如图 4.40 所示。溶液分别为 NaCl 和 Na_2SO_4，$K_4Fe(CN)_6 \cdot 3H_2O$ 掺量分别为 0、0.1%、1%。从图 4.40 中可以看出，随

着 $K_4Fe(CN)_6·3H_2O$ 掺量的增大，两种溶液对橡胶水泥土的侵蚀作用降低。不含 $K_4Fe(CN)_6·3H_2O$ 的溶液，无论是 NaCl 还是 Na_2SO_4 溶液，均出现了大量的结晶析出，NaCl 溶液出现了剥落现象，Na_2SO_4 溶液出现了断裂。而加入 $K_4Fe(CN)_6·3H_2O$，对于 NaCl 效果不是很明显，但对于 Na_2SO_4 溶液，晶体析出明显减少，试件断裂晚 7d 以上。

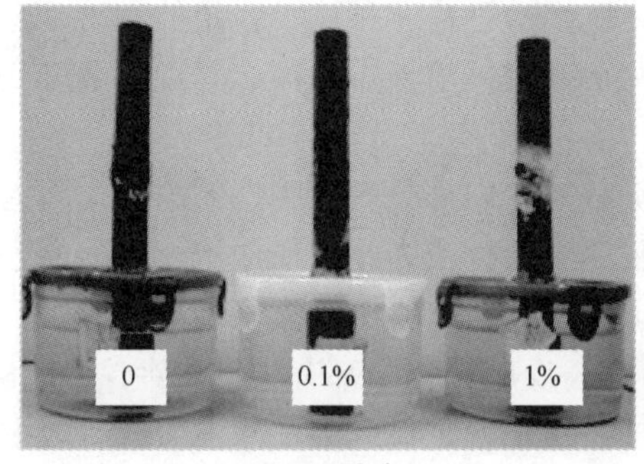

（a）NaCl溶液

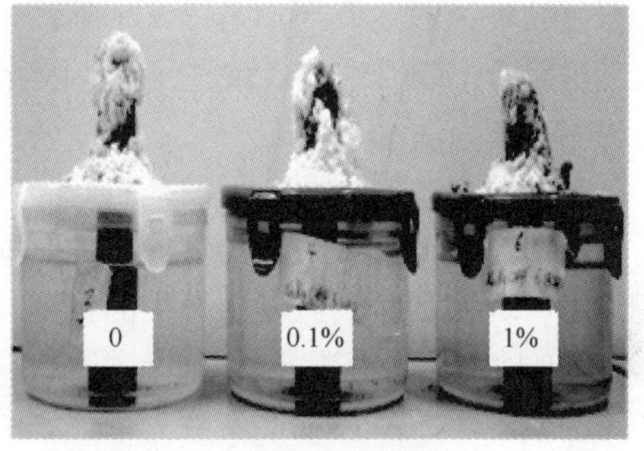

（b）Na_2SO_4溶液

图 4.40　$K_4Fe(CN)_6·3H_2O$ 对盐蚀结晶的影响

试验证明，结晶改性剂 $K_4Fe(CN)_6·3H_2O$ 阻止了结晶化的进程，延长了试件断裂时间，这与 Selwitz 等的结论是一致的[19]。

4.5　盐 蚀 机 理

盐类结晶膨胀造成的物理腐蚀是人们在研究化学腐蚀的过程中逐渐认识到的。除了环境水中硫酸盐和氯盐对橡胶水泥土的强烈化学作用之外，在结构的干湿变化部位，由于叠加了盐类结晶膨胀物理破坏的因素，大大加速了橡胶水泥土的破坏进程，成为橡胶水泥土破坏的最主要因素。

一般的硅酸盐水泥熟料的主要矿物组分有 C_3S、C_2S、C_3A、C_4AF。这几种矿物的水化决定了水泥的基本性能，下面是这几种主要矿物的水化方程式[20]。

（1）C_3S 水化方程式：

$$3CaO·SiO_2+nH_2O = xCaO·SiO_2·yH_2O+(3-x)Ca(OH)_2 \tag{4.17}$$

（2）C_2S 水化方程式：

$$2CaO·SiO_2+mH_2O = xCaO·SiO_2·yH_2O+(2-x)Ca(OH)_2 \tag{4.18}$$

（3）C_3A 水化方程式：

$$2(3CaO·Al_2O_3)+27H_2O = 4CaO·Al_2O_3·19H_2O+2CaO·Al_2O_3·8H_2O \tag{4.19}$$

（4）C_4AF 水化方程式：

$$4CaO·Al_2O_3·Fe_2O_3+4Ca(OH)_2 = 2[4CaO·(Al_2O_3·Fe_2O_3)·13H_2O] \tag{4.20}$$

在湿度、温度等条件变化时还可以继续反应生成 C_4AH_{13}、C_2AH_8、C_3AH_6 等不同形式的水化铝酸钙，由于水泥熟料中一般都要掺入少量的石膏，以起到调节水泥凝结时间的作用，水化铝酸钙又可以与石膏反应生成多硫型和单硫型的水化硫铝酸钙，这时候因为水泥尚处在塑性状态，所以钙矾石的生成并不会造成膨胀破坏，这与硫酸盐侵蚀中的水泥硬化后生成的钙矾石是不同的。

氯盐侵蚀的主要产物是三氯铝酸钙，三氯铝酸钙是一种比较稳定的物质，生成量也较少，或很难生成这种复盐，因此，NaCl 侵蚀溶液中水泥土表观和强度变化均不显著。

硫酸盐侵蚀的主要生成物是石膏和钙矾石，它们都具有膨胀性的产物，因为反应发生在水泥已经结晶硬化的时候，膨胀产生的拉应力足以造成水泥浆体的开裂破坏，这就是硫酸盐侵蚀发生的机理。水泥的水化产物中直接与硫酸盐侵蚀反应有关的是水化铝酸钙与氢氧化钙，C_3S 和 C_2S 反应产物中都有氢氧化钙，且 C_3S 产生的较多，C_3A 反应的产物为水化铝酸钙，这也就是说硅酸盐水泥中含有较多的 C_3S 和 C_3A 是胶凝材料发生硫酸盐侵蚀最主要原因。

由试验结果及分析可知，橡胶水泥土结晶膨胀腐蚀过程中，普通水泥土的耐盐蚀结晶能力最差，随着橡胶粉掺量的增大，耐盐蚀结晶能力增强。材料的宏观行为往往取决于其组成和内部结构。硬化的橡胶水泥土是由水泥土、界面过渡区和橡胶颗粒三个重要环节组成。橡胶水泥土的性质取决于上述三个环节各自的性质及其相互间的关系和整体的均匀性。硬化的水泥浆内部总会不可避免地存在许多孔隙，因为这些孔隙的存在，水泥土材料才具有渗透性，使得腐蚀性介质不限于停留在水泥土的表面，还能进入水泥土内部，从而造成更大的破坏。试验证明，影响水泥土渗透性的主要因素是体系中连通的毛细孔，该类孔的数量越多，水泥土的抗渗性越差。

橡胶粉细小颗粒能均匀分布于水泥颗粒之中，阻止了水泥颗粒的黏聚，有利于混合物的水化，因此，相应减少了用水量，提高了水泥土的密实性。这样，不但可以使水泥浆体变得更加致密，大大降低混凝土的孔隙率，而且改善了水泥石的孔隙结构，使大孔数量减少，小孔数量增加，并使孔与孔之间变得更加不连通。硬化的水泥土是由水泥浆体、界面过渡区和橡胶粉三个重要环节组成，水泥土界面过渡区的性质也得到较大的改善。

橡胶是弹性体，加入少量橡胶粉相当于加入大量的微气泡，占据了水泥土中的自由空间，破坏了毛细管的连续性，这样就使水泥土抗渗性能得到改善。当橡胶颗粒的掺量达到一定比例后，由于橡胶颗粒自身的吸水性，橡胶混凝土的抗渗性能开始表现为劣势，且随着橡胶掺量的增加而下降。

4.6 本章小结

本章通过试验研究了抗侵蚀渗透性能，得到如下结论：

（1）盐蚀结晶溶液的质量损失，随着橡胶粉掺量的增加逐渐减少，随着结晶改性剂的增加逐渐减少；Na_2SO_4 溶液质量损失低于 NaCl 溶液。

（2）Na_2SO_4 溶液对橡胶水泥土的侵蚀破坏能力大于 NaCl 溶液，在 Na_2SO_4 溶液侵蚀作用下，橡胶水泥土试件均断裂，而在 NaCl 溶液中则没有断裂；Na_2SO_4 溶液在橡胶水泥土中的渗透性能低于 NaCl 溶液。

（3）橡胶粉的掺入提高了水泥土的抗盐蚀能力，且橡胶粉掺量越高，抗盐蚀能力越强，但橡胶粉粒径的影响不是很明显。橡胶粉阻碍了石膏、钙矾石产生的体积膨胀对试件的影响，起到了软性弹性体的作用，缓和体积膨胀应力，减少内部裂纹的发生与发展，提高了水泥土的抗盐蚀性能。

（4）结晶改性剂 $K_4Fe(CN)_6 \cdot 3H_2O$ 阻止了结晶化的进程，延长了试件断裂时间。氯化盐对橡胶水泥土性能的影响试验结果不是很显著。

参考文献

[1] 张登良．加固土原理[M]．北京：人民交通出版社，1990．

[2] 宁宝宽．环境侵蚀下水泥土的损伤破裂试验及其本构模型[D]．沈阳：东北大学，2006．

[3] 陈四利，宁宝宽，刘一芳，等．化学侵蚀下水泥土的无侧限抗压强度试验[J]．新型建筑材料，2006（6）：40-42．

[4] 王晓荣，邬鑫．侵蚀性环境下水泥土的强度研究[J]．内蒙古科技与经济，2010（18）：99-100．

[5] 王涛．黄河三角洲咸水区水泥土深层搅拌桩复合地基承载与沉降特性研究[D]．济南：山东大学，2011．

[6] 黄新，杨晓刚，胡同安．硫酸盐介质对水泥加固土强度的影响[J]．工业建筑，1994（9）：19-23．

[7] 赵永强，白晓红，韩鹏举，等．硫酸溶液对水泥土强度影响的试验研究[J]．太原理工大学学报，2008，39（1）：79-82．

[8] 黄汉盛，鄢泰宁，兰凯．软土深层搅拌桩的水泥土抗腐蚀性室内试验[J]．地质科技情报，2005，24（增刊 1）：85-88．

[9] 土工试验方法标准：GB/T 50123—1999[S]．北京：中国计划出版社，1999．

[10] 建筑砂浆基本性能试验方法：JGJ/T 70—2009[S]．北京：中国建筑工业出版社，2009．

[11] B.B.金．水工建筑物中水泥和混凝土的腐蚀[M]．北京：水利电力出版社，1959．

[12] 亢景富．混凝土硫酸盐侵蚀研究中的几个基本问题[J]．混凝土，1995（3）：9-18．

[13] 刘芳，宋志刚，潘仁泉，等．用 Fick 第二定律描述混凝土中氯离子浓度分布的适用性[J]．混凝土与水泥制品，2005（4）：7-10．

[14] 水运工程混凝土试验规程：JTJ 270—1998[S]．北京：人民交通出版社，1999．

[15] 建筑结构检测技术标准：GB/T 50344—2004[S]．北京：中国建筑工业出版社，2004．

[16] 叶非．物理化学及胶体化学[M]．北京：中国农业出版社，2010．

[17] Rodriguez-Navarro C, Doehne E. Salt weathering: influence of evaporation rate, supersaturation and crystallization pattern[J]. Earth Surface Processes and Landforms, 2015, 24(3):191-209.
[18] 刘松玉，钱国超，章定文．粉喷桩复合地基理论与工程应用[M]．北京：中国建筑工业出版社，2006.
[19] Selwitz C, Doehne E. The evaluation of crystallization modifiers for controlling salt damage to limestone[J]. Journal of Cultural Heritage, 2002, 3(3):205-216.
[20] 高立强．混凝土硫酸盐侵蚀抑制措施及其机理研究[D]．成都：西南交通大学，2008.

5 橡胶水泥土的抗冻性能

水泥土是利用水泥材料作为胶凝材料强制搅拌，经物理、化学反应而使地基土硬结成具有整体性、稳定性和一定强度的复合体，其抗压强度、抗剪强度和变形模量等指标均优于天然软土。水泥土在寒冷地区应用时，冻融循环作用会使水泥土内部和表面的水冻结体积膨胀而产生结构性破坏[1,2]。水泥土的抗冻性问题是水泥土及其复合地基在东北地区推广中必须面临的问题。为了分析初期冻融对橡胶水泥土力学特性的影响，本章将通过试验着重探讨各种掺量（不同橡胶粉掺量 W_r、不同橡胶粉粒径 d）、初期受冻后不同养护龄期对橡胶水泥土力学效应的影响。

橡胶水泥土是将废弃橡胶轮胎粉碎成一定粒径的颗粒，以水泥替代料的形式直接添加到水泥土中形成的新型水泥土复合体。研究表明[3-5]，废弃橡胶轮胎粉碎后的橡胶颗粒物理、化学性能稳定且表面粗糙，与水泥基材料的黏结力高于纤维。橡胶粉的掺入提高了水泥土的弹性，能够使水泥土的裂纹数量明显减少[6]，对提高水泥土抗冻性能具有重要意义。为了改善混凝土的抗冻融循环性能，可以将废弃橡胶轮胎橡胶粉作为骨料添加到混凝土中，许多学者进行了橡胶混凝土快速冻融研究[7-9]，结果都表明橡胶粉能够改善混凝土的抗冻融性。

本次试验目的在于，针对工程应用中的实际情况，例如，冬季施工时橡胶水泥土成型初期后即受冻，待第二年春天解冻并养护，制定初期受冻后标准养护与初期标准养护两个对比试验方案，对比不同养护时长、养护过程对橡胶水泥土强度的影响。对橡胶水泥土进行无侧限抗压强度试验，同时采用万能压力机施加应力，得到了橡胶水泥土在环境影响下的应力–应变（σ-ε）曲线。对各种条件下的试验结果进行对比分析，并与同等试验条件下的水泥土试件对比，研究掺入橡胶粉对提高水泥土抗冻性能的影响，得到橡胶水泥土在初期受冻条件下的最佳抗冻配合比，并对初期受冻条件下橡胶水泥土的物理力学性能变化进行初步分析。

5.1 橡胶水泥土初期受冻

冬季施工中水泥土桩成型后初期受冻，待冬季过后，重新在自然条件下养护，其承载能力是否受到影响是一个值得关注的问题。黄新等[10]基于试验研究了北京室外自然低温对水泥加固土强度发展的影响。研究表明，水泥土成型之后，早期即置于负温环境下，其强度增长缓慢，但当养护温度恢复正常之后，强度会逐渐提高，最终得到标准养护的强度。杨志红等[11]的水泥土受冻试验也得到了强度没有明显降低的结论。

试验采用边长为70.7mm立方体试件[12-15]，水泥掺量W_c分别取10%、15%、20%和25%，橡胶粉掺量W_r分别取0、5%、10%、15%和20%，橡胶粉粒径d分别取550μm和250μm。试验分两类：初期受冻试验和冻融循环试验。初期受冻试验中，试件分成两组：一组称标养组，为正常标准养护，养护龄期为7d、28d和90d。另一组称冻养组，水泥掺量取20%，试件放入−20℃冷冻箱冷冻50d后取出，再放入标准养护箱养护7d、28d、60d和90d。冻融循环试验养护龄期为28d，温度区间为−20～20℃，冻结和融化时间均为12h，24h完成一次冻融循环，连续地完成3、6、9、15、21、27次冻融循环。试验采用智能数控万用压力机加载，加载速率取100～150N/s。通过分析及计算，确定橡胶水泥土试件各种掺量的试验质量，如表5.1所示。

表5.1　橡胶水泥土试件配合比及各种掺量的质量

序号	掺量配合比			试件组数/组	合计			
	W_c/%	W_r/%	d/μm		土/kg	水泥/g	橡胶粉/g	水/ml
1	20	0	0	7	11.9	2380	0	2856
2	20	10	550	7	11.55	2079	207.9	2767
3	20	10	250	7	11.55	2079	207.9	2767
4	20	20	550	7	11.55	1848	369.6	2754
5	20	20	250	7	11.55	1848	369.6	2754

5.1.1　冻后养护与标准养护抗压强度对比分析

1. *养护方式对抗压强度的影响*

表5.2是橡胶水泥土试件初期受冻与正常情况养护龄期为90d的无侧限抗压强度对比。从表中可以看出，橡胶水泥土在相同标养龄期时，初期受冻的90d强度略高于正常方式。当橡胶粉粒径为250μm，橡胶粉掺量为20%时，初期受冻后标养组抗压强度提高率为17.7%。同样情况下，橡胶粉掺量为10%时，提高率为3.53%。当橡胶粉粒径为550μm时，两种橡胶粉掺量的增长率相近，分别为8.89%和7.51%。橡胶粉掺量为0的普通水泥土两种情况的抗压强度基本相同。说明初期受冻虽然暂时延缓了水泥水化作用的进行，但后期标准养护时，水化反应并没有受到前期负温条件的影响。橡胶粉的掺入提高了水泥土的抗冻能力，粒径越小，掺量越大，90d标准养护后抗压强度提高得越多。冬季施工中水泥土桩成型后初期受冻，待冬季过后，重新在自然条件下养护，强度没有明显的降低。

表 5.2 标养龄期 **90d** 强度对比

序号	橡胶粉粒径/μm	橡胶粉掺量/%	初期受冻/MPa	正常/MPa
1	—	0	7.64	7.69
2	550	10	6.86	6.30
3	550	20	5.58	5.19
4	250	10	6.45	6.23
5	250	20	5.31	4.51

2. 养护龄期对抗压强度的影响

图 5.1 是橡胶水泥土无侧限抗压强度随养护龄期的变化规律。无论初期受冻还是正常养护，橡胶水泥土抗压强度随养护龄期的增加而增长，且呈现初期增长快、后期增长稍缓的趋势。

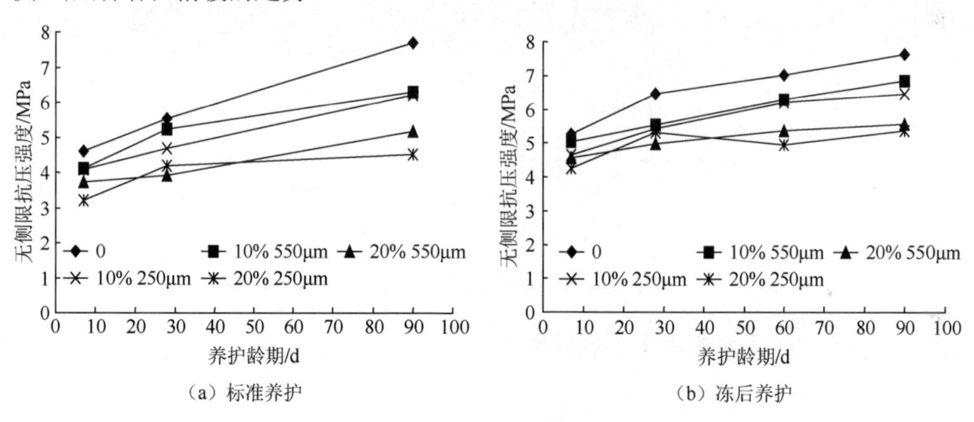

图 5.1 试件抗压强度随养护龄期的变化规律

表 5.3 是标准养护 90d 时，各配合比试件强度相对 28d 强度增长率。对比可知，初期受冻情况下橡胶水泥土强度增长率低于正常养护情况，且橡胶水泥土初期受冻情况的后期强度增长率接近或者低于水泥土。产生前一现象的原因在于，在负温阶段橡胶水泥土内部水化反应仍在继续，当从负温阶段转至标养阶段时，橡胶水泥土自身已经具有一定强度，致使初期受冻情况下强度增长率低于标养方式。而产生后一现象的原因在于橡胶水泥土抗冻能力强，低温期间强度增长快于普通水泥土。

表 5.3 养护 **90d** 强度增长率对照表

普通水泥土		550μm 橡胶水泥土				250μm 橡胶水泥土			
正常	初期受冻	正常，橡胶粉掺量 10%	初期受冻，橡胶粉掺量 10%	正常，橡胶粉掺量 20%	初期受冻，橡胶粉掺量 20%	正常，橡胶粉掺量 10%	初期受冻，橡胶粉掺量 10%	正常，橡胶粉掺量 20%	初期受冻，橡胶粉掺量 20%
0.39	0.18	0.21	0.24	0.32	0.12	0.33	0.19	0.08	0.01

3. 橡胶粉掺量对初期受冻情况下抗压强度的影响

图 5.2 是不同橡胶粉掺量对橡胶水泥土抗压强度影响曲线，随着橡胶粉掺量的增加，橡胶水泥土试件的抗压强度逐渐减小。橡胶粉掺量为 10%的橡胶水泥土在两种养护条件下抗压强度均高于橡胶粉掺量为 20%的，这与普通标准养护的橡胶水泥土的规律相同[8]。可见，初期受冻不影响橡胶粉掺量变化对橡胶水泥土抗压强度的影响规律。

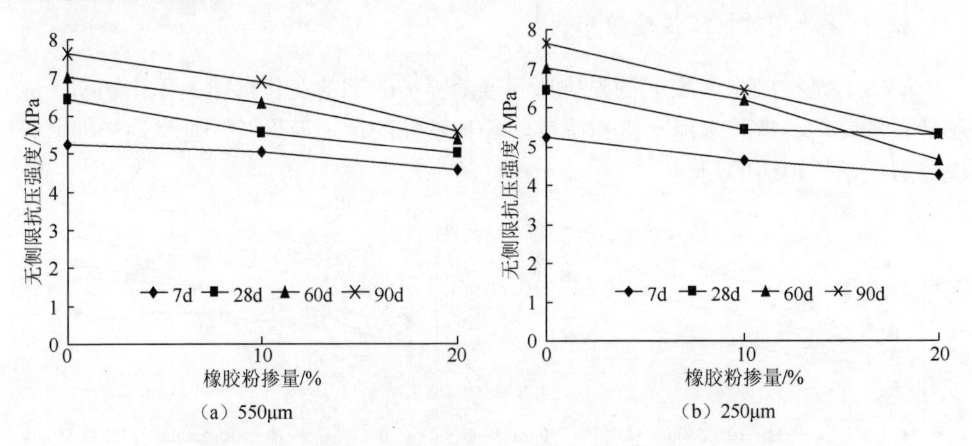

图 5.2　不同橡胶粉掺量对橡胶水泥土抗压强度影响曲线

4. 全龄期强度发展曲线滞后现象

试验表明，初期受冻情况的橡胶水泥土抗压强度高于相同养护天数下的标养情况。橡胶水泥土抗压强度的滞后现象如图 5.3 所示，图中将两种情况下的橡胶水泥土抗压强度按全龄期进行了直观的对比。所谓全龄期，就是指包含初期受冻的 50d。从图中可以看出，初期受冻后的橡胶水泥土强度曲线较普通标准养护的强度曲线有所“滞后”，滞后发生在初期受冻阶段。其原因在于橡胶水泥土在负温环境中，虽然其内部也存在水化反应，但反应速率要比普通标准养护缓慢得多。普通水泥土冷冻 50d 后的标养 90d 的强度与普通标准养护基本相同，因为两者最终的水化率基本相同。这一点，也可以从内维尔的试验得到验证[16]。

内维尔将制备好的水泥净浆试件立即置于−10℃环境下冻结，28d 后转入常温养护 28d，其最终的水泥水化率与常温养护 28d 的试件相比较，两者数值十分接近。而对于橡胶水泥土，普通标准养护 90d 的试件抗压强度与初期受冻 50d 再养护 60d（合计 110d）的抗压强度相近，这充分说明由于橡胶粉的掺入提高了水泥土的抗冻性，使其负温强度增长率高。图 5.3（a）与图 5.3（b）负温阶段强度增长率分别为 0.144、0.223。橡胶水泥土强度增长比普通水泥土要快，这是橡胶水泥土全龄期“滞后”现象弱于水泥土的原因。

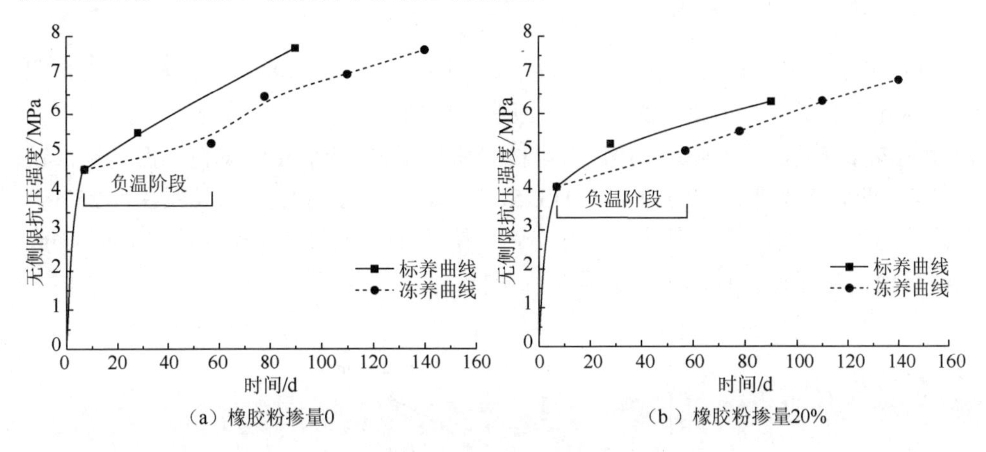

图 5.3　橡胶水泥土抗压强度的滞后现象

5.1.2　初期受冻后应力-应变曲线分析

通过橡胶水泥土试件在初期受冻条件下，环境的改变对其应力-应变关系的影响，进一步探讨初期受冻对橡胶水泥土的影响。

1. 橡胶粉掺量的影响

橡胶粉粒径 550μm，初期受冻 50d 后再进行标准养护 60d。橡胶粒径为 550μm，橡胶粉掺量分别为 0、10%、20%时，试件应力-应变关系曲线如图 5.4 所示。从图中可以看出，橡胶粉的掺入提高了水泥土的弹性，且随着橡胶粉掺量的增加，弹性亦增大。橡胶粉掺量为 10%时，其应变达到 0.03112，这一数值大于未掺入橡胶粉的水泥土的 0.02829 和橡胶粉掺量 20%的 0.02546。

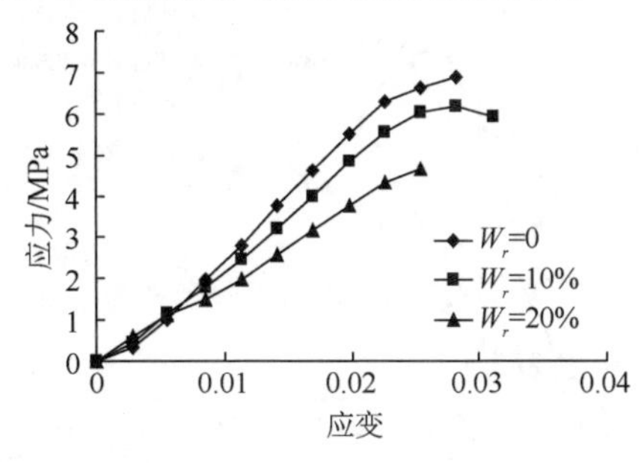

图 5.4　初冻后养护 60d 的试件应力-应变关系

可见，适量掺入橡胶粉不但可以提高水泥土的弹性，还能够增大橡胶水泥土的延性。橡胶粉过量时虽然能够增大橡胶水泥土的弹性，但试件的延性较小，未达到最佳应变，试件即被破坏。

2. 橡胶粉粒径的影响

图 5.5 是 550μm、250μm 粒径橡胶水泥土试件在橡胶粉掺量为 20%时，初期受冻 50d 后标准养护 60d，试件应力-应变对比曲线。如图 5.5 所示，橡胶粉粒径为 250μm 的橡胶水泥土试件弹性大于橡胶粉粒径为 550μm 的试件，但其延性较后者差，两者应变平均值分别为 0.03395、0.03678。主要原因是橡胶粒径为 250μm 的试件的胶粉过细，在试件内部过于分散，使试件内部水泥基骨料黏结不够充分，质地疏松，从而使弹性增大，并且延性降低。

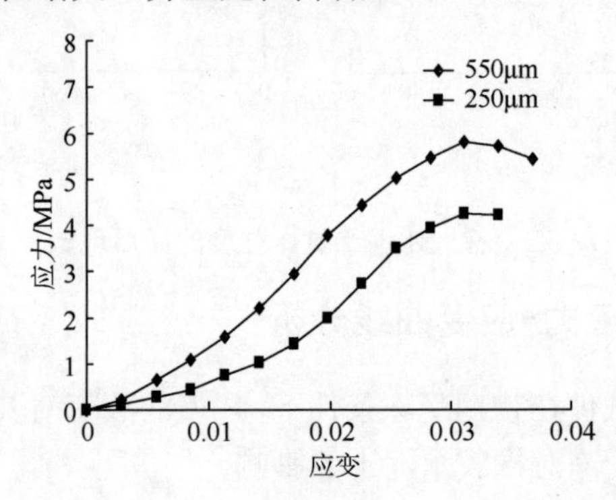

图 5.5　初冻后养护 60d 两种粒径应力-应变关系

3. 养护龄期的影响

图 5.6 是橡胶粉掺量分别为 10%、20%，橡胶粉粒径为 550μm 的橡胶水泥土试件在初期受冻后分别标准养护 60d、90d 时其应力-应变曲线对比图。如图 5.6 所示，养护 60d 的橡胶水泥土试件弹性大于养护 90d 的橡胶水泥土试件。

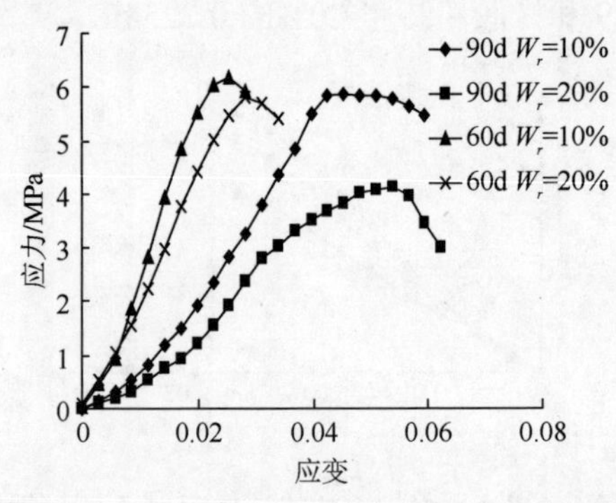

图 5.6　初冻后养护 60d 和 90d 的试件应力-应变关系

5.2 冻融循环对橡胶水泥土的影响

冻融循环试验养护龄期为28d，温度区间为-20～20℃，冻结、融化时间均为12h，24h完成一次冻融循环。连续地完成3、6、9、15、21、27次冻融循环[14,17]，得出一系列试验数据，并对这些数据进行合理分析，从而研究橡胶水泥土抗冻融循环破坏的性能。

5.2.1 橡胶粉掺量变化对强度的影响

橡胶粉掺量分别为0、5%、10%、15%、20%时，橡胶粉掺量变化是在水泥掺量分别为10%、20%两种情况下，橡胶粉粒径分别为550μm、250μm，侵蚀天数28d。通过试验测定橡胶粉掺量与橡胶水泥土试件的无侧限抗压强度关系，研究橡胶粉掺量对橡胶水泥土抗冻融破坏能力的影响。

图5.7是水泥掺量20%、冻融循环6次、橡胶粉粒径550μm，橡胶粉掺量依次为0、5%、15%、20%的橡胶水泥土试件表观图片。从图中可以明显看出，橡胶粉掺量为0时，即普通水泥土，试件表面横纵裂纹贯通，且因为裂纹较大较深，所以风干较快。橡胶粉掺量5%的试件裂纹少于普通水泥土试件，且风干速度相对普通水泥土试件较慢，试件颜色略深。这说明橡胶粉掺量为5%的橡胶水泥土试件裂纹深度、数量比水泥土试件减少。而橡胶粉掺量为20%的试件表面裂纹最少，且整个试件因水分含量较大而颜色深沉。

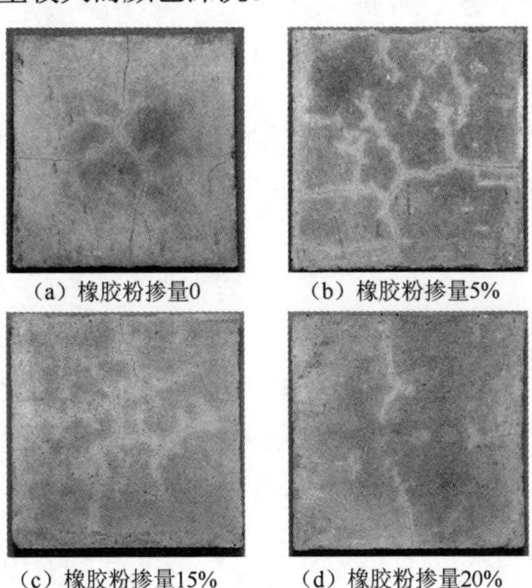

（a）橡胶粉掺量0　（b）橡胶粉掺量5%

（c）橡胶粉掺量15%　（d）橡胶粉掺量20%

图5.7　水泥掺量20%、冻融循环6次、橡胶粉粒径550μm，不同橡胶粉掺量橡胶水泥土表观裂纹

橡胶粉径粒为250μm时，仍能观察到相同现象。如图5.8所示，橡胶粉粒径为250μm的橡胶水泥土试件冻融循环6次时的表观裂纹图片，橡胶粉掺量从左至右依次为0、5%、15%，图中上下两个试件均为同组试件，即从同一试模三块试件中选取，橡胶粉掺量与水泥掺量均相同。从图中可以明显看出，随着橡胶粉掺量的增加，裂纹数量明显减少，宽度明显减小，试件表面较为平整。

图5.8　水泥掺量20%、冻融循环6次、橡胶粉粒径250μm，不同橡胶粉掺量橡胶水泥土表观裂纹

当各掺量均相同时，由橡胶粉粒径为550μm的橡胶水泥土与橡胶粉粒径为250μm的试件之间的对照比较，未发现明显差异，说明橡胶粉粒径的选择对试件冻融后表观裂纹改善作用影响不大。

5.2.2　冻融循环次数对强度的影响

冻融循环次数对橡胶水泥土强度的影响如图5.9所示。随着冻融循环次数的增加，抗压强度先增大后减小。

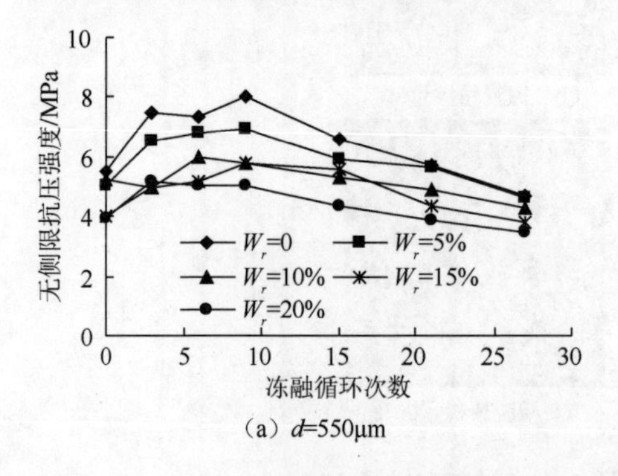

(a) d=550μm

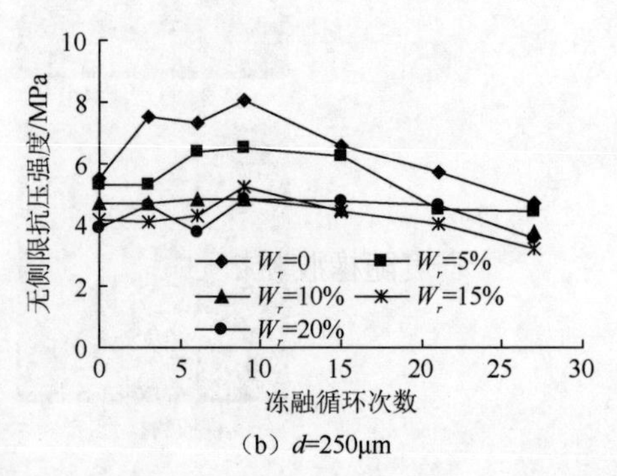

(b) d=250μm

图5.9　冻融循环次数对橡胶水泥土抗压强度的影响

冻融循环后的试件与未冻融试件的抗压强度相比，水泥土在 21 次和 27 次冻融循环时抗压强度增长率为 54%和 32%，而橡胶粉粒径为 550μm 橡胶水泥土在 W_r=5%和 W_r=15%时增长率分别为 60%、43%和 62%、46%，均高于普通水泥土。当 W_r=20%时，强度增长率与水泥土的强度增长率十分相近。橡胶粉粒径为 250μm，在 W_r=20%时强度增长率为 77%和 44%，高于普通水泥土。当冻融循环次数达到 27 次时，相对 21 次冻融循环的强度有下降趋势，抗压强度变化率如表 5.4 所示。水泥土强度降低率为 14%，除 d=250μm 橡胶粉 W_r=15%和 W_r=20%外，橡胶水泥土强度降低率均低于水泥土。

表 5.4 中的增长率按下式计算：

$$\eta_{9(27)}=\frac{p_{9(27)}-p_{0(9)}}{p_{0(9)}}\times 100\% \tag{5.1}$$

式中，p_0、p_9、p_{27}——冻融循环 0、9、27 次时橡胶水泥土的抗压强度。

表 5.4　抗压强度变化率 η_9、η_{27}　（单位：%）

W_r	d=550μm		d=250μm	
	η_9	η_{27}	η_9	η_{27}
0	45.5	−41.4	45.5	−41.4
5	37.2	−32.7	22.1	−32.1
10	11.1	−26.3	3.0	−21.9
15	42.6	−34.0	27.1	−38.2
20	27.2	−31.2	23.5	−25.3

5.2.3　橡胶粉掺量和水泥掺量对强度的影响

在冻融循环 6 次时，橡胶水泥土试件的抗压强度与橡胶粉掺量的关系如图 5.10 所示。随着橡胶粉掺量的增加，橡胶水泥土试件抗压强度降低。当 W_r<10%时，橡胶水泥土抗压强度降低很少。d=250μm 橡胶水泥土抗压强度随橡胶粉掺量增加的降低率低于 d=550μm，曲线平缓。随着水泥掺量的增加，橡胶水泥土抗压强度增高，这均与正常条件下规律一致[18]。当 W_c=15%时，两种粒径下的橡胶水泥土抗压强度随橡胶粉掺量的变化均表现为曲线平缓，说明冻融循环下，水泥掺量应在 15%为佳。

橡胶粉粒径对橡胶水泥土试件强度的影响如图 5.11 所示。d=550μm 的橡胶水泥土在各个循环次数时抗压强度均高于 d=250μm，故 d=550μm 橡胶粉在抗冻融循环中的作用优于 d=250μm 橡胶粉。

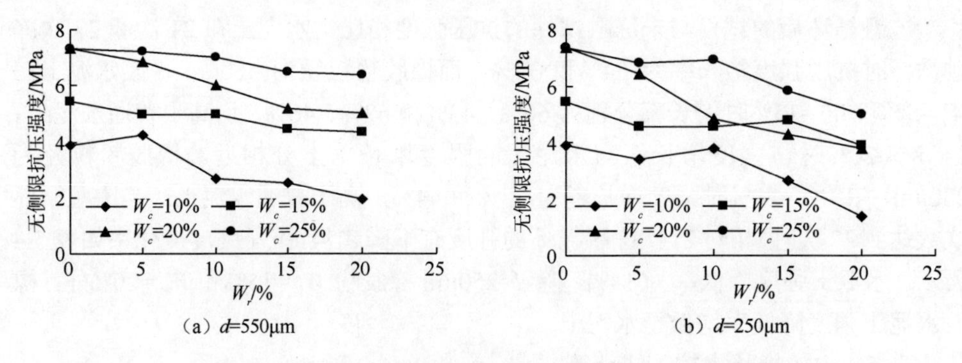

图 5.10　冻融循环 6 次时的抗压强度与橡胶粉掺量关系

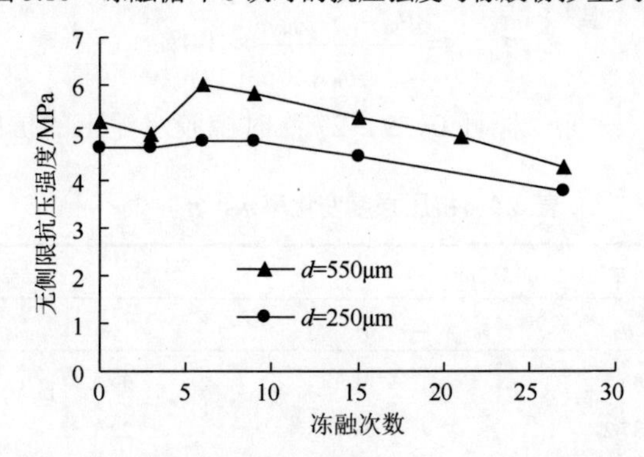

图 5.11　橡胶粉粒径对橡胶水泥土抗压强度的影响

5.3　冻融机理分析

1. 破坏机理

水泥土骨架结构的破坏过程示意图如图 5.12 所示。成型初期，水泥土基体不够密实，孔隙内部处于保水状态。随着养护龄期的增长，水化反应的不断进行，水泥土立体交错骨架结构开始形成并产生承载能力［图 5.12（a）］。冻融循环过程中，环境温度降低使孔隙水由液态转变为固态而产生体积膨胀［图 5.12（b）］。温度升高，环境中的水分向水泥土中侵入，孔隙水迁移而使孔隙再次充满。在多次循环下，骨架结构因挤压而密实。当冻胀应力超出骨架结构的承载能力时，骨架产生微裂缝［图 5.12（c）］，最后水泥土因微裂缝贯通而丧失承载能力［图 5.12（d）］。

由于初期冻胀应力使水泥土骨架密实，故试件的抗压强度产生先增大后减小的现象。而对于初期受冻，当孔隙水因温度降低而凝结时，产生受冻膨胀［图 5.12（b）］。但由于低温恒定后，冻胀应力基本稳定，水化作用缓慢进行。后期温度升高后，因冻胀没有破坏水泥土的骨架结构，甚至使骨架密实，因此，初期受冻水泥土恢复标准养护后抗压强度基本不变甚至略有提高。

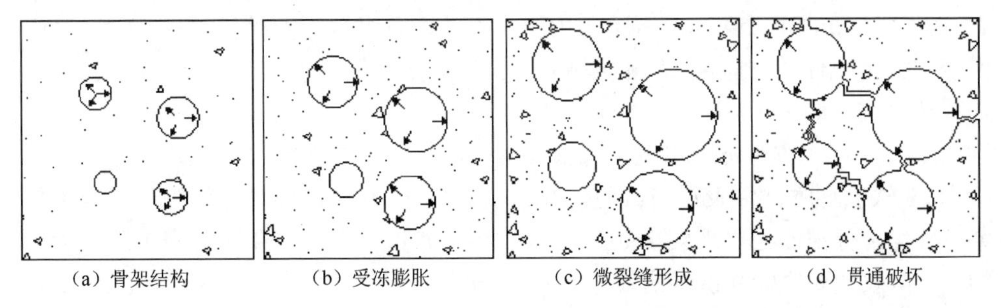

（a）骨架结构　（b）受冻膨胀　（c）微裂缝形成　（d）贯通破坏

图 5.12　水泥土骨架结构的破坏过程示意图

2. 橡胶粉的作用机理

橡胶粉的掺入改变了水泥土的冻融破坏过程如图 5.13 所示。橡胶水泥土中，橡胶粉均匀无序地分布在水泥土骨架中［图 5.13（a)］。从单个孔隙看，其四周分布着橡胶颗粒。当冻融循环开始时，孔隙水受冻膨胀［图 5.13（b)］。当膨胀力超过水泥土骨架自身的承受能力后，微裂纹产生［图 5.13（c)］。随着冻融循环次数的增加，微裂纹扩展，但其延展路径被橡胶粉所阻断［图 5.13（d)］。橡胶粉因自身弹性性质，水泥土骨架弹性得到提高，缓解了膨胀应力。当膨胀应力足够大时，微裂纹绕过橡胶粉继续延展直至贯通破坏［图 5.13（e)］。这是橡胶水泥土抗冻性能优于水泥土的原因。

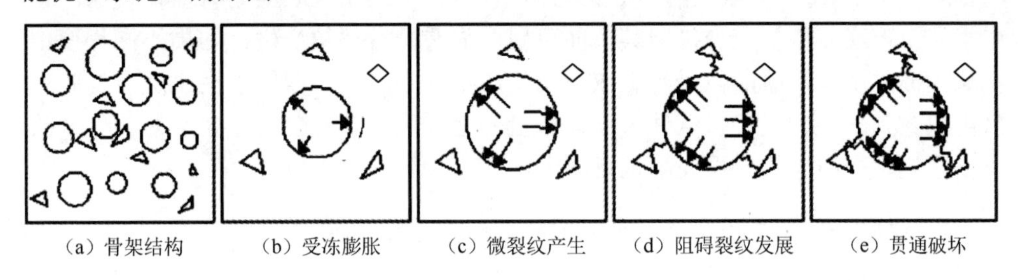

（a）骨架结构　（b）受冻膨胀　（c）微裂纹产生　（d）阻碍裂纹发展　（e）贯通破坏

图 5.13　橡胶粉的作用

5.4　盐蚀-冻融循环试验结果分析

1. 盐蚀-冻融循环对橡胶水泥土的影响

试验试件用边长 70.7mm 立方体钢试模制作，标准养护 28d。试件放入-20℃冷冻箱冷冻 12h 后取出，放回侵蚀溶液中融化 12h，24h 完成一次盐蚀-冻融循环（salt corrosion freeze-thaw，SCF）。如此连续地完成 3、9、15、21 次循环。试验侵蚀溶液为 Na_2SO_4，浓度 C 分别为 10%、20%，并与清水进行对照。橡胶粉由废弃橡胶轮胎制成，橡胶粉掺量 W_r 分别为 0、5%、10%、15%和 20%，橡胶粉粒径 d 分别为 550μm 和 250μm。试验采用正交设计，总组数为 60 组，每组 3 个试件。橡胶水泥土试件经过盐蚀-冻融循环后，在自然条件下静置 48h 再进行加载试验，加载速率取 100～150N/s。

SCF 循环次数对橡胶水泥土有很大影响，循环后的橡胶水泥土照片如图 5.14 所示。3 次循环时试件表观与试验前并无明显变化，9 次循环时试件表面已经不平整，棱角部分薄弱处出现较少缺损，15 次循环时试件表面与 9 次时表观现象大体相同，但破损现象较 9 次时明显。大约 18 次时，部分试件表面棱角处的土体受到轻微作用即可剥落，待 21 次循环时试件表皮已经开裂。在破坏程度上，250μm 粒径橡胶粉橡胶水泥土较 550μm 严重。

（a）3次循环　　（b）9次循环　　（c）21次循环

图 5.14　SCF 循环后的橡胶水泥土照片

对于浓度 10%和 20%的 Na_2SO_4 溶液，侵蚀后的试件表面均有盐析现象。普通水泥土表观盐析量较少，但其表面可以明显看见有裂纹产生，四周不同程度出现缺棱掉角现象，盐晶体沿着裂纹析出，质量损失严重。橡胶水泥土随着橡胶粉掺量从 0 到 20%的增加，试件表面盐析量先增大后减小。橡胶粉掺量为 10%时的质量损失率最小，其后损失率显著增大。

2. 橡胶粉掺量变化对橡胶水泥土的影响

图 5.15 是两种粒径橡胶水泥土 SCF 循环 15 次后的抗压强度与橡胶粉掺量的关系。从图中可以看出，在 Na_2SO_4 侵蚀溶液中，随着橡胶粉掺量的增加，抗压强度总体上呈先升后降趋势。溶液浓度越大，降低趋势越明显。Na_2SO_4 与水泥基材料作用会生成膨胀物质水化硫铝酸钙（钙矾石：$3CaO·Al_2O_3·3CaSO_4·31H_2O$）和石膏（$CaSO_4·2H_2O$），在水泥土内部产生膨胀内应力。适量的橡胶粉导致试件弹性增大，抵抗膨胀内应力能力增强。生成的膨胀物质提高了密实度，因此，初期强度增加。但增加度没有普通侵蚀情况下高，是因为冻胀的耦合作用。当橡胶水泥土因耦合膨胀力产生内部裂纹时强度降低。而清水条件下，随着橡胶粉掺量的增加，抗压强度呈降低趋势。

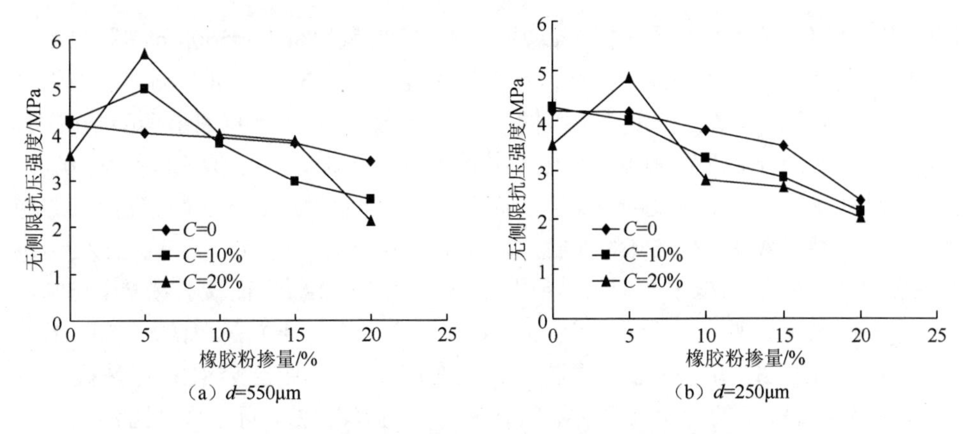

图 5.15 橡胶粉掺量对橡胶水泥土强度的影响

3. 盐蚀溶液浓度变化对橡胶水泥土的影响

Na_2SO_4溶液 SCF 循环 15 次时，溶液浓度改变对抗压强度的影响曲线如图 5.16 所示。从图中可以看出，随着溶液浓度的增加，水泥土试件抗压强度降低，而橡胶粉掺量 5%、15%的 d=550μm 橡胶水泥土和 5%、15%、20%的 d=250μm 橡胶水泥土强度却有所增加。

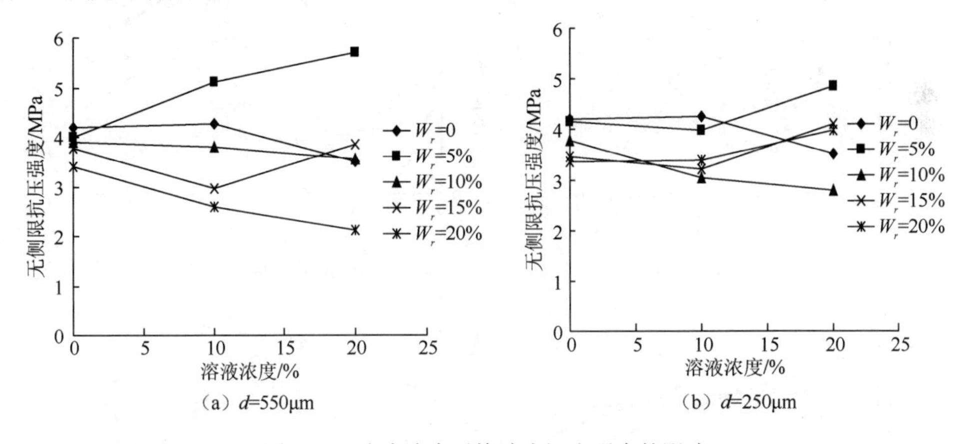

图 5.16 溶液浓度对橡胶水泥土强度的影响

未掺入橡胶粉的水泥土、d=250μm 橡胶水泥土和 d=550μm 橡胶水泥土在浓度 20%时相对清水中，其强度的降低率分别为 16%、27%和 9%。对比发现，d=550μm 橡胶水泥土降低率最低。这种现象也是由膨胀物质和冻融生成的内应力大小与裂纹产生所需的拉力关系决定的。

4. SCF 循环次数对橡胶水泥土的影响

图 5.17 是橡胶水泥土在不同 SCF 循环次数下的强度变化规律。各掺量试件抗

压强度呈总体递减趋势。图 5.17（a）中，橡胶粉掺量 5%的 d=550μm 橡胶水泥土试件抗压强度在未受侵蚀前的强度低于普通水泥土，而在 9 次 SCF 循环后的强度高于普通水泥土。且橡胶粉掺量 10%的 d=550μm 橡胶水泥土 9 次循环相对 0 次时的强度降低率为 5%，而普通水泥土 9 次循环相对 0 次时的强度降低率为 20%。在 21 次循环时，相对 0 次循环强度的降低率，普通水泥土、橡胶粉掺量 5%的橡胶水泥土和橡胶粉掺量 15%的橡胶水泥土强度降低率分别为 34.5%、12.5%、37.4%。可见，在多次 SCF 循环下，水泥土强度降低率较高，而橡胶粉掺量 5%～10%的橡胶水泥土则表现出良好的力学效应。图 5.17（b）是在溶液浓度 20%条件下的对比曲线，d=550μm 橡胶水泥土在高浓度侵蚀溶液 SCF 循环破坏条件下，依然保持较好的力学性能。图 5.17（c）、图 5.17（d）以相同方法对比 d=250μm 橡胶水泥土与水泥土的抗 SCF 循环特性，与 d=550μm 橡胶水泥土类似，表现出高浓度条件下，强度降低少的现象。SCF 循环 21 次后强度降低率如表 5.5 所示。可以初步判定，橡胶水泥土在 SCF 循环条件下，最佳橡胶粉掺量范围为 5%～10%。

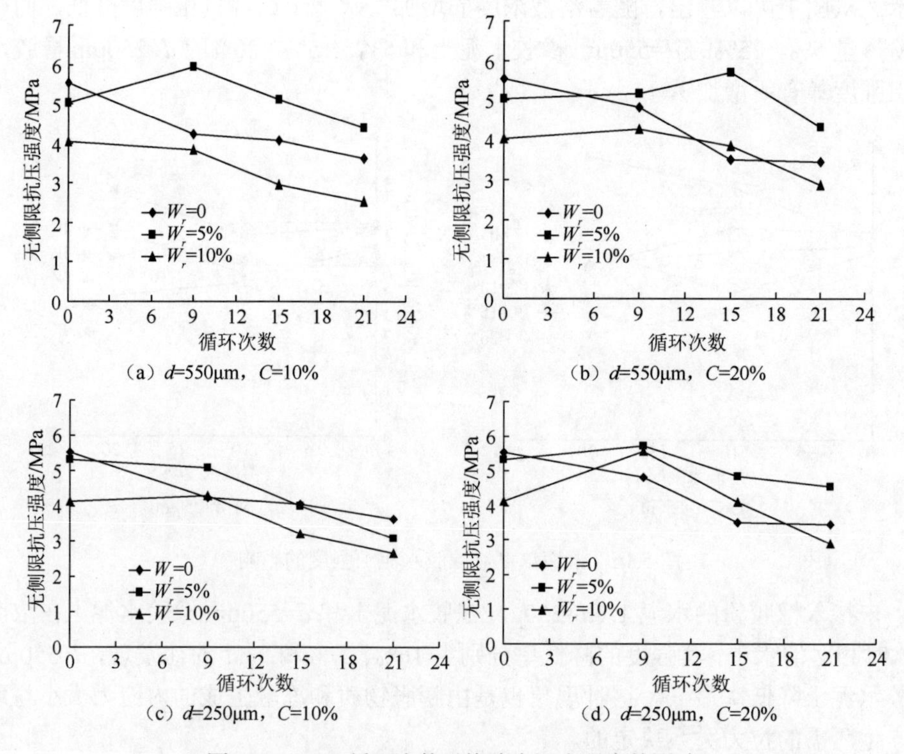

图 5.17　SCF 循环次数对橡胶水泥土强度的影响

表 5.5 SCF 循环 21 次后强度降低率 （单位：%）

W_r	d=550μm		d=250μm	
	C=10%	C=20%	C=10%	C=20%
0	35	38	35	38
5	13	14	42	14
15	37	29	36	30

5. 应力-应变曲线

橡胶粉掺量 5%、C=10%、d=550μm 橡胶水泥土 SCF 循环条件下的应力-应变曲线如图 5.18 所示。曲线可以分为初期压密阶段、弹性阶段、弹塑性阶段和破坏阶段。

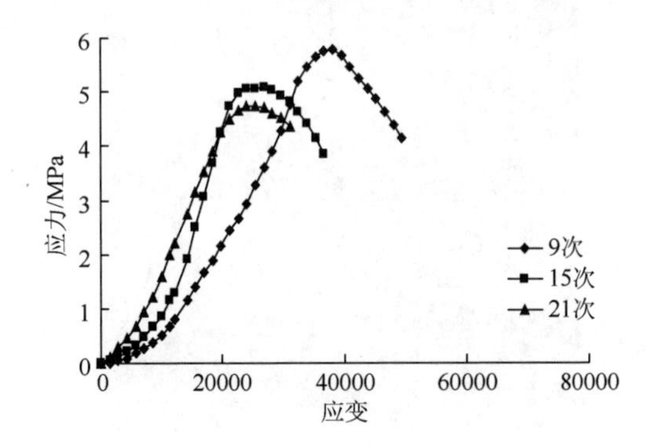

图 5.18 SCF 循环后橡胶水泥土应力-应变曲线

由图 5.18 可以看出，随着 SCF 循环次数的增加，橡胶水泥土弹性阶段逐渐减少，强度逐渐降低。主要原因是冻融循环试验中正负温度变化使试件内部水泥基胶凝骨架支撑体系不断牢固，并且有盐离子侵入试件内部形成 Na_2SO_4 盐晶体，填充试件中原有空隙，试件在 SCF 循环初期结构密实，从而使试件弹性发生改变。随着循环次数增加，耦合膨胀力破坏了水泥土骨架。各组试验的应力-峰值应变关系对比如表 5.6 所示。对比可知，随着 SCF 循环次数增多或溶液浓度的增大，橡胶水泥土与普通水泥土的峰值应力均逐渐降低，峰值应变逐渐减小，应力-应变曲线变陡，材料脆性增加。5%橡胶水泥土的峰值应力降低速率低于水泥土，说明掺入橡胶粉提高了水泥土的抗 SCF 循环性能。

表 5.6 SCF 循环应力-峰值应变对照关系

W_r /%	C/%	SCF 循环次数		
		9	15	21
0	10	4.18MPa/0.0523	3.76MPa/0.0353	3.40MPa/0.0283
5	10	5.79MPa/0.0382	5.09MPa/0.0269	4.74MPa/0.0255
15	20	4.22MPa/0.0438	3.76MPa/0.0382	2.84MPa/0.0283

6. SCF 循环机理分析

图 5.19 是 d=550μm 橡胶粉掺量 15%、溶液浓度 C=20%时，SCF 循环 15 次后橡胶水泥土的破坏断面。

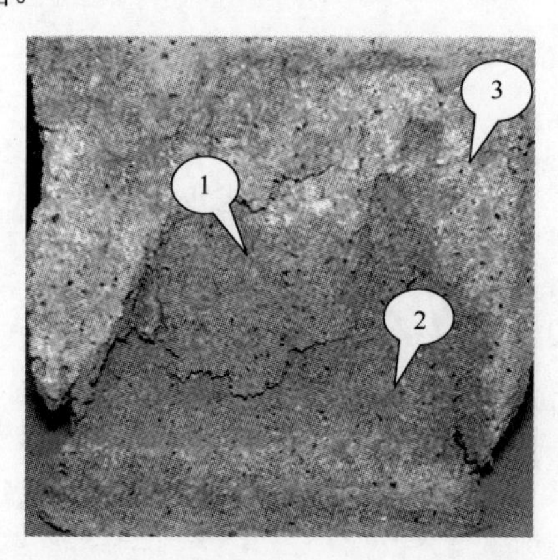

图 5.19 SCF 循环 15 次后破坏断面

1. 中间层；2. 内层；3. 外层

内部基本被分成三个层：内层、中间层、外层。内层试件密实，膨胀物质生成极少，肉眼很难分辨。中间层试件质感稀疏适中，可见少量反应生成物。外层试件产生大量反应生成物，质地疏松，稍加外力即可使试件外皮剥落。在 SCF 循环初期，Na_2SO_4 盐侵蚀是由外向内侵蚀试件，在试件外层，Na_2SO_4 盐逐渐积聚增多，反应生成物多，使孔隙率降低，水分子流动性降低，当达到饱和时便不再向内扩散。当试件在正负温变化时，外部 Na_2SO_4 盐反应生成物连同水泥基骨架一同膨胀，收缩产生胀缩应力，试件中间层及内层不断密实，使试件强度增大。而普通水泥土试件弹性低，内部抵抗胀缩应力能力低，在耦合膨胀力作用下骨架易于破坏。掺入橡胶粉后试件弹性增大，抵抗耦合膨胀力能力强，膨胀物质导致自身密实度加大，提高了自身强度。当结构骨架因 SCF 循环耦合膨胀而破坏，试件强度降低。SCF 循环、过高掺量的橡胶粉成为骨架进一步破坏的促进因素。

5.5　本章小结

本章对橡胶水泥土初期受冻、抗冻融循环破坏作用、抗盐蚀-冻融循环破坏性能进行了较为周密细致的试验研究，研究了水泥掺量、橡胶粉掺量、橡胶粉粒径、盐冻侵蚀溶液及浓度、冻融循环次数、初期受冻后养护龄期对橡胶水泥土无侧限抗压强度的影响，并相应地配合应力-应变曲线分析得出以下结论。

初期受冻对橡胶水泥土的影响研究：①随着橡胶粉掺量的增加，橡胶水泥土试件的抗压强度逐渐减小。初期受冻不影响橡胶粉掺量变化对橡胶水泥土强度变化的影响规律。②无论初期受冻还是正常养护，橡胶水泥土抗压强度随养护龄期的增加而增长，且呈现初期增长快、后期增长稍缓的趋势。③初期受冻后进行标准养护的试件与未受冻并且正常养护条件下的强度增长方式相同。④普通标准养护 90d 的试件强度与初期受冻 50d 再养护 60d 的橡胶水泥土抗压强度相近。橡胶粉的掺入提高了水泥土的初期抗冻性。

冻融循环对橡胶水泥土影响试验研究：①橡胶水泥土在冻融循环试验中产生的裂纹明显比水泥土少。②在冻融循环过程中，橡胶水泥土强度随冻融循环次数的增多而先增大后减小。

盐溶液侵蚀与冻融循环双重破坏作用对橡胶水泥土影响试验研究：①橡胶水泥土试件在试验过程中质量增加量明显高于普通水泥土试件。②盐蚀-冻融循环破坏作用下，5%左右橡胶粉掺量为最佳掺量。③橡胶水泥土同普通水泥土一样，强度会随着盐蚀-冻融循环次数增加而降低。④对本次试验中的两种粒径橡胶水泥土进行比较，橡胶粉粒径 550μm 的橡胶水泥土抗盐蚀-冻融破坏性能优于 250μm。⑤NaCl 溶液侵蚀冻融表观现象不明显，产生极少量盐析现象。强度变化规律与 Na_2SO_4 溶液侵蚀规律相同。

参考文献

[1] 胡昕，闵紫超，洪宝宁. 温度变化对水泥土强度特性和破坏性状的影响[J]. 防灾减灾工程学报，2007，27（3）：339-343.

[2] 宁宝宽，陈四利，刘斌. 冻融循环对水泥土力学性质影响的研究[J]. 低温建筑技术，2004（5）：10-12.

[3] Siddique R, Naik T R. Properties of concrete containing scrap-tire rubber—an overview[J]. Waste Management, 2004, 24(6):563-569.

[4] Segre N, Joekes I. Use of tire rubber particles as addition to cement paste[J]. Cement and Concrete Research, 2000, 30(9):1421-1425.

[5] Huang B, Li G, Pang S S, et al. Investigation into waste tire rubber-filled concrete[J]. Journal of Materials in Civil Engineering, 2004, 16(3):187-194.

[6] 王凤池，刘涛，李庆兵，等. 有害离子对橡胶水泥土抗侵蚀性能的影响研究[J]. 新型建筑材料，2009，36（10）：50-53.

[7] Savas B Z, Ahmad S, Fedroff D. Freeze-thaw durability of concrete with ground waste tire rubber[J]. Transportation Research Record: Journal of the Transportation Research Board,1996,1574:80-88.

[8] 王凤池，叶霄鹏，赵俭斌，等．橡胶水泥土初期受冻试验[J]．济南大学学报（自然科学版），2010，24（1）：25-28.

[9] 陈波，张亚梅，陈胜霞，等．橡胶混凝土性能的初步研究[J]．混凝土，2004（12）：37-39.

[10] 黄新，杨晓刚，胡同安．低温对水泥加固土强度发展的影响[J]．工业建筑，1994（9）：13-18.

[11] 杨志红，郭忠贤．施工中负温和拌合料放置时间对夯实水泥土桩强度的影响[J]．建筑技术，2007，38（3）：173-175.

[12] 岩土工程勘察规范：GB 50021—2001[S]．北京：中国建筑工业出版社，2004.

[13] 工业建筑防腐蚀设计标准：GB/T 50046—2018[S]．北京：中国计划出版社，2008.

[14] 土工试验方法标准：GB/T 50123—1999[S]．北京：中国计划出版社，1999.

[15] 建筑砂浆基本性能试验方法：JGJ/T 70—2009[S]．北京：中国建筑工业出版社，2009.

[16] 内维尔．混凝土的性能[M]．刘数华，冷发光，李新宇，等，译．北京：中国建筑工业出版社，2011.

[17] 普通混凝土长期性能和耐久性能试验方法：GB/T 50082—2009[S]．北京：中国建筑工业出版社，2009.

[18] 王凤池，燕晓，刘涛，等．橡胶水泥土强度特性与机理研究[J]．四川大学学报（工程科学版），2010，42（2）：46-51.

6 橡胶水泥土的电阻率

自石油测井工程师 G. E. Archie 利用电阻率法研究饱和砂岩微观结构特征以来，许多学者对岩石、土及水泥土电阻率进行了理论与试验研究[1]。McCarter 对夯实黏土电阻率进行研究，发现在含水率一定的情况下夯实土电阻率随孔隙率变化而变化[2]；Kalinski 等研究表明，可通过电阻率测定土壤硬度[3]；Abu-Hassanein 等[4]对膨润土进行室内试验研究指出，膨润土混合物阻导率可以反映土壤中膨润土含量；Seaton 等[5]应用二维电阻率方法对破碎结晶岩体进行了评价；Anandarajah 等[6]利用对现场土壤电学特性测量反映细粒土应力-应变关系；Giao 等[7]收集了全球 20 多个地区的土样对其电阻率进行测量和对比，重点研究釜山黏土电阻率特性；文献[8]～文献[10]通过试验研究水泥土电阻率与龄期、无侧限抗压强度、水泥掺量关系，对其工程应用进行了探讨，得出许多有益结论与方法。橡胶水泥土是作者借鉴橡胶混凝土和水泥土提出的一个全新水泥土复合体，本章研究影响橡胶水泥土电阻率的因素，探讨了橡胶水泥土电阻率与水泥土无侧限抗压强度的关系。

6.1 电阻率法的基本原理

当电流垂直通过边长为 1m 的立方体时材料的电阻称为电阻率，它是衡量材料导电性的基本参数，电阻率值越低导电性越好，反之则越差。

6.1.1 土的电阻率计算模型

土可看成由两相介质组成，其电阻率是由土粒的电阻率与孔隙水的电阻率并联而得到的，土的电阻率计算模型如图 6.1 所示。

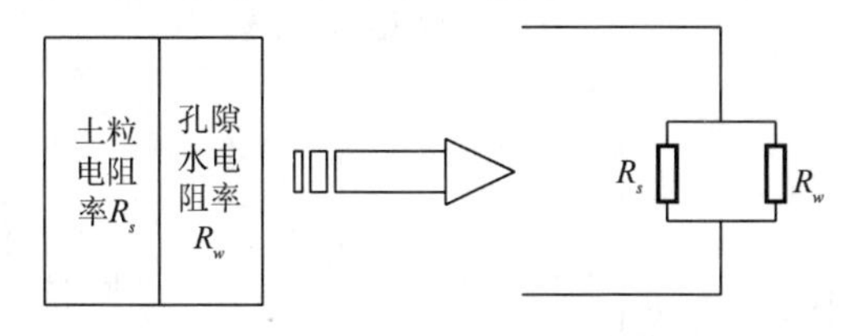

图 6.1 土的电阻率计算模型

不同的土体由于土颗粒本身的电阻和孔隙水的含量不同而具有不同的电阻率。土的电阻率可表示为[11]

$$\rho = \frac{1}{\frac{1}{\rho_s}.\frac{1}{1+e} + \frac{1}{\rho_w}.\frac{e}{1+e}} \quad (6.1)$$

式中，ρ、ρ_s、ρ_w——土、土粒和孔隙水的电阻率；

e——土的孔隙比。

土的电阻率除了与其成分有关，还与土的构造、孔隙度及含水量等因素有关。由式（6.1）可以看出，孔隙比越小，电阻率越大。著名的 Archie 第一定律将土体的电阻率和孔隙水的电阻率比值定义为电阻率结构因子 F，有

$$F = A_0 \frac{\rho}{\rho_w} = A_0 n^{-f} \quad (6.2)$$

式中，A_0——常数，由土、岩石类型决定；

ρ、ρ_w——土、孔隙水电阻率；

n——孔隙率；

f——胶结系数。

F 值反映了土的结构（构成）、孔隙情况等，与土的颗粒形状、长轴方向、孔隙比、胶结指数及饱和度等有关。

6.1.2 水泥土的电阻率计算模型

水泥土是水泥与土强制搅拌后形成的，由于土粒（固相）是不可压缩的，所以水泥所占的体积是原来土孔隙体积的一部分，因此孔隙体积减小。水泥土的电阻率由水泥土电阻率串联和并联模型（图 6.2、图 6.3）和式（6.3）～式（6.5）计算。

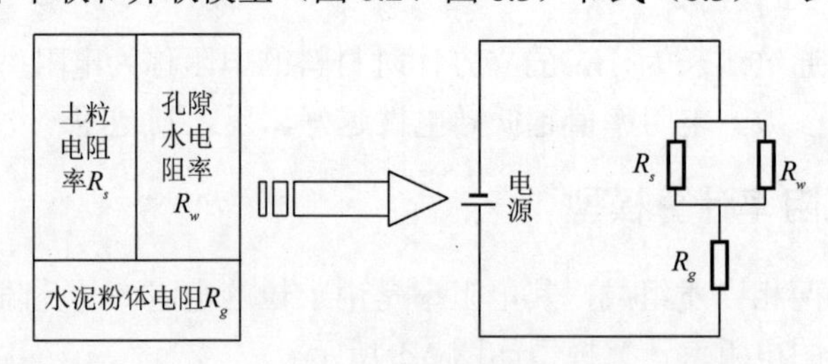

图 6.2　水泥土电阻率串联模型

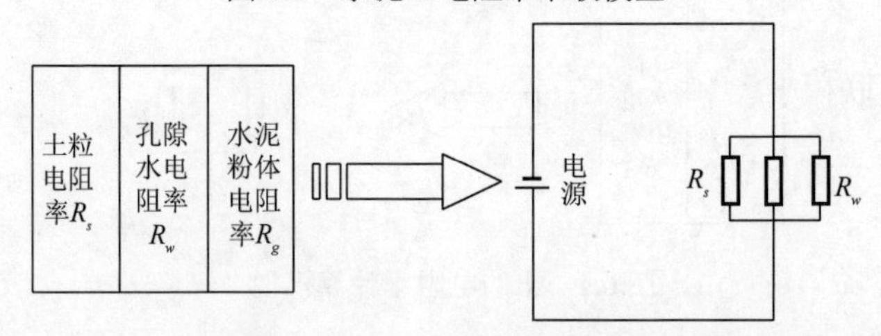

图 6.3　水泥土电阻率并联模型

$$\rho_{sg}=\frac{1}{\frac{1-\sigma}{\rho_{sgs}}+\frac{\sigma}{\rho_{sgp}}} \tag{6.3}$$

水泥土电阻同时由串联模型与并联模型组成，水泥土中并联模型所占比例为σ，则按照水泥土的串联定律得到式（6.3）。

$$\rho_{sgs}=\frac{1}{\frac{1}{(1+e)\left(1-\frac{W_c}{100}\right)^2}\cdot\frac{1}{\rho_s}+\left[\frac{1}{\left(1-\frac{W_c}{100}\right)}-\frac{1}{(1+e)\left(1-\frac{W_c}{100}\right)^2}\right]\cdot\frac{1}{\rho_w}}+\frac{W_c}{100}\rho_g \quad \text{（串联）} \tag{6.4}$$

$$\rho_{sgp}=\frac{1}{\frac{1}{(1+e)}\cdot\frac{1}{\rho_s}+\left(\frac{e}{1+e}-\frac{W_c}{100}\right)\cdot\frac{1}{\rho_w}+\frac{W_c}{100}\cdot\frac{1}{\rho_g}} \quad \text{（并联）} \tag{6.5}$$

式中，ρ_{sg}、ρ_{sgs}、ρ_{sgp}——水泥土电阻率、串联模型水泥土电阻率和并联模型水泥土的电阻率；

ρ_s、ρ_g、ρ_w——土粒、水泥粉体、孔隙水的电阻率；

e——孔隙比；

W_c——水泥掺量，

$$W_c=\frac{n}{100}\cdot\frac{\alpha}{100}\times 100 \tag{6.6}$$

n——孔隙率；

α——水泥粉所占孔隙中的体积比。

董晓强[12]对水泥土的电学模型进行了修正，通过对水泥土的微观结构进行观测和分析，提出以下三种假设：

（1）水泥土搅拌后土颗粒不可压缩，体积不变。

（2）水化产物只占孔隙水的一部分空间，因此掺入水泥后孔隙比减小。

（3）水化产物的生成量等于水泥的掺入量，即水泥水化前后体积未变。

图 6.4 是修正后水泥土电阻率模型。

修正后串联模型为

$$\rho_{sgs}=\frac{1}{\frac{1}{(1+e)\left(1-\frac{W_c}{100}\right)^2\rho_s+(1+e)\frac{W_c}{100}\left(1-\frac{W_c}{100}\right)^2\rho_g}+\frac{1}{\frac{(1+e)\left(1-\frac{W_c}{100}\right)\rho_w}{e-(1+e)\frac{W_c}{100}}}} \tag{6.7}$$

修正后并联模型为

$$\rho_{\text{sgp}} = \frac{1}{\frac{1}{(1+e)} \cdot \frac{1}{\rho_s} + \left(\frac{e}{1+e} - \frac{W_c}{100} \right) \cdot \frac{1}{\rho_w} + \frac{W_c}{100} \cdot \frac{1}{\rho_g}} \tag{6.8}$$

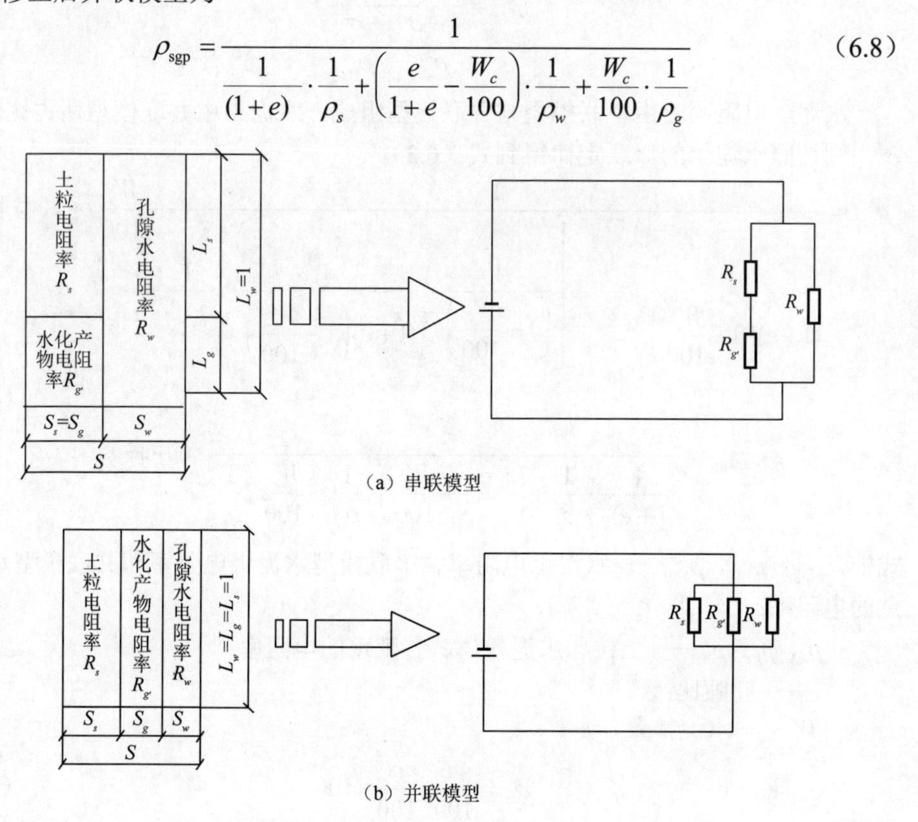

（a）串联模型

（b）并联模型

图 6.4　水泥土电阻率电学模型

橡胶水泥土中，水泥与橡胶粉代替了一部分土体，由于土颗粒不可压缩，水泥、橡胶粉的压缩变形所占的空间只能是土中孔隙体积的一部分，因此橡胶水泥土比天然土的孔隙比减小。由于水泥与橡胶粉掺量的不同，橡胶水泥土的电阻率会有所变化，特别是类绝缘体橡胶粉的加入，会对水泥土电阻率产生较大的影响。

6.2　电阻率测量的基本方法

6.2.1　按电路分类

1. 伏安法

当电流 I 通过土样 R_x 时，R_x 形成电压 U。电源 E 的电压为 U，利用电流表测量通过 R_x 的电流。根据欧姆定律得出土样电阻为 $R_x = \dfrac{U}{I}$，而电阻率 $\rho = R_x \dfrac{S}{L}$，则

$\rho=\frac{U}{I}\frac{S}{L}$，其中，$S$ 为土样的横截面积，L 为土样的长度。伏安法测量简单，思路简单易懂，且便于连续测试。如果电流表内阻太高，则会引起分压而造成误差。实际试验中推荐使用高精度、小内阻数字电流表，同时使用高精度、高内阻数字电压表直接测试试件两端电压，即保证了读数的精确性，又减小了误差。具体伏安法测试图如图 6.5 所示[13]。

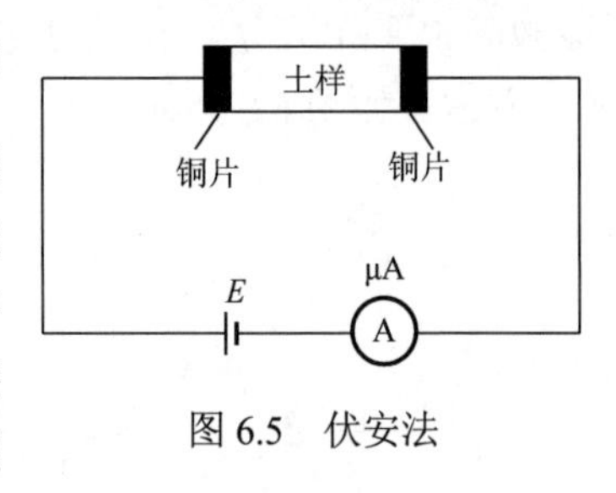

图 6.5 伏安法

2. 电桥法

如图 6.6 所示，电桥法电路由标准电阻 1、标准电阻 2、可调电阻、检流计、电源、土样组成。土样 R_x 为桥臂，R_1/R_2、$R_{可调}/R_x$ 实际上构成两个分压器，即 $R_x=R_{可调}\times R_1/R_2$ 时，检流计不发生偏转，成为电桥平衡。此时可以求出 R_x 的数值。电桥法电路简单，只需一个电桥即可。但由于土的特殊性质，检流计往往调不到零位，而在零位附近来回摆动，随着时间的增长，可能向一个方向漂移，需反复调试，具体操作比较麻烦，由此增大了误差。在实际使用中检流计可以使用机械表或数显表[14]。

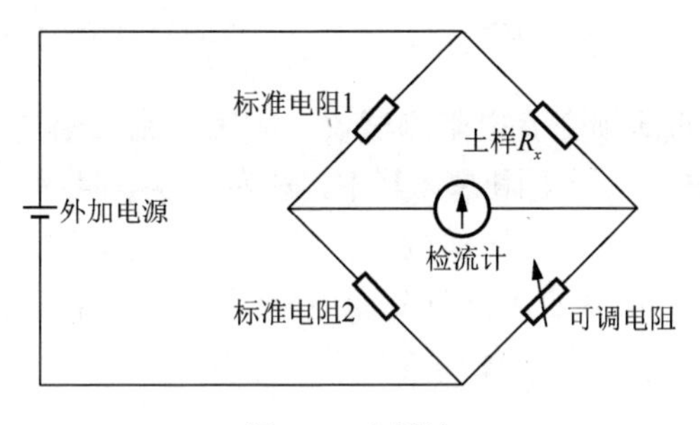

图 6.6 电桥法

6.2.2 按电极数量分类

1. 二相电极法

二相电极法示意图如图 6.7 所示。二相电极法分为两大类：一类用两线电极法测得土样电阻率 R，再由公式 $\rho=RS/l$ 求出土样电阻率。其中，ρ 为土样电阻率（$\Omega\cdot$m），R 为土样电阻（Ω），S 为电流通过图样的横截面积（m^2），l 为电极片之间的距离（m）。另一类用高阻抗电压表测得土样两端电位差，用电流表测得回路电流强度，再由公式 $\rho=\frac{\Delta U}{I}\frac{S}{L}$ 计算获得电阻率。其中，ρ 为土样的电阻率（$\Omega\cdot$m），ΔU 为土样两端电位差（V），I 为电流强度（A），S 为电流通过土样的横截面积（m^2），L 为电极片距离即土样长度（m）。二相电极法电阻率测试装置（长方体）如图 6.8 所示。

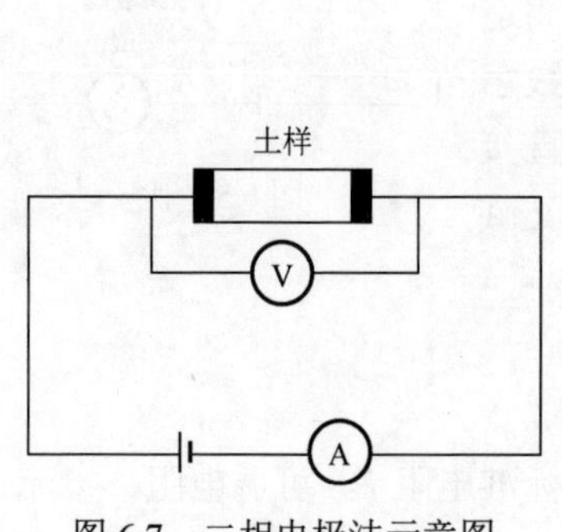

图 6.7　二相电极法示意图

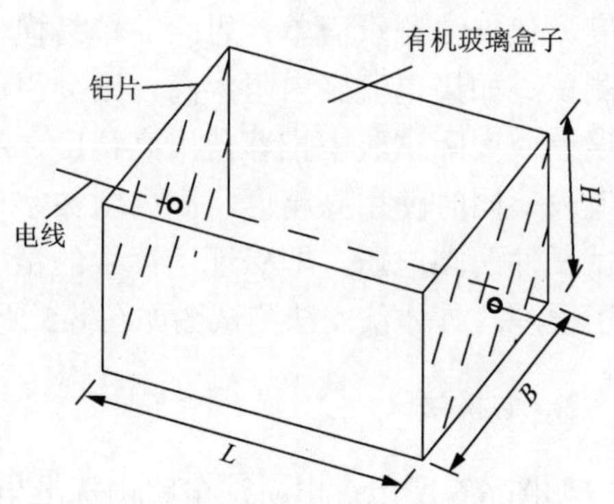

图 6.8　电阻率测试装置（长方体）

2. 四相电极法

四相电极法的测试装置常用于常规土工试验中，如三轴试验、压缩试验，比二相电极法要复杂。其原因在于，试验在装置土样，安插其中的金属环或探针、铜棒时，会不可避免地扰动土样。同时在进行土样的常规压缩、三轴试验，如果采用四相电极法求取土样电阻率变化，公式 $\rho = \dfrac{\Delta U}{I}\dfrac{S}{L}$ 中的 L 不好确定。东南大学岩土工程研究所研制的低频交流电阻测试仪，应用交流二相电极测得土样电阻 R，再由公式 $\rho = RS/l$ 求得土样电阻率。其中，ρ 为土样电阻率（$\Omega\cdot$m），R 为土样电阻（Ω），S 为电流通过土样的横截面积（m^2），l 为电极片之间的距离（m）。另外，依据电桥原理，仪器应用低频交流电阻测试仪。四相电极法常用测试原理如图 6.9 所示，电阻率测试装置如图 6.10 所示[15]。

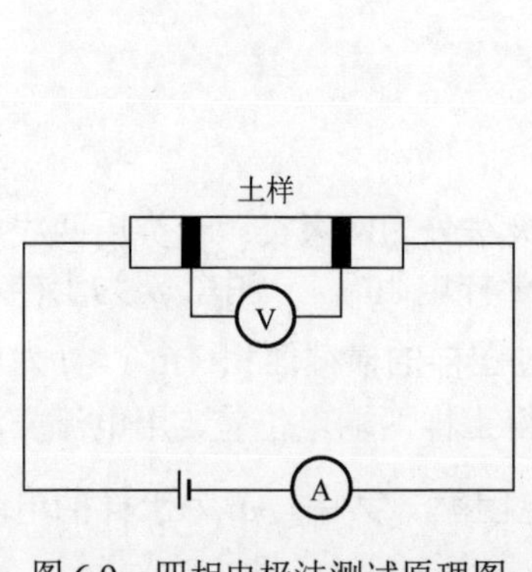

图 6.9　四相电极法测试原理图

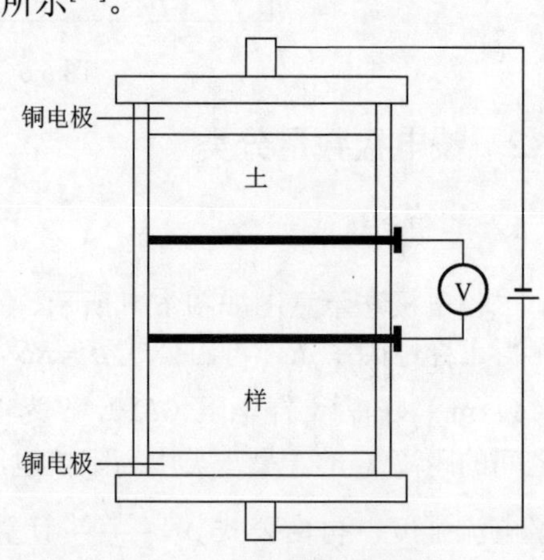

图 6.10　电阻率测试装置

6.3　橡胶水泥土电阻率的影响因素

试验选用尺寸为70.7mm×70.7mm×70.7mm的砂浆试模，参照土工试验及砂浆试验等相关规程进行，考察水泥掺量、橡胶粉掺量、橡胶粉粒径等三个主要因素对橡胶水泥土无侧限抗压强度与电阻率的影响。水泥掺量分别为7%、15%、20%、25%，橡胶粉掺量分别为0、5%、10%、15%和20%。橡胶粉粒径选550μm与250μm两种。

用电子秤量取各种比例橡胶水泥土所需的水泥、橡胶粉和风干黏土（直径小于2mm），放在橡胶盆里搅拌充分，向干搅拌的混合物中加入定量的水再进行充分搅拌，将搅拌好的混合物装入试模，分三层捣实。24h后拆模，放入标准养护箱中养护90d至试验龄期待用。

1. 水泥掺量对橡胶水泥土电阻率的影响

在研究水泥掺量对橡胶水泥土电阻率的影响时，对比分析橡胶粉掺量分别为0、10%、20%并固定不变，水泥掺量依次为7%、15%、20%、25%时橡胶水泥土的电阻率变化情况。试件的养护天数均为90d。

图6.11与图6.12分别是不同水泥掺量对550μm与250μm橡胶水泥土电阻率的影响曲线。

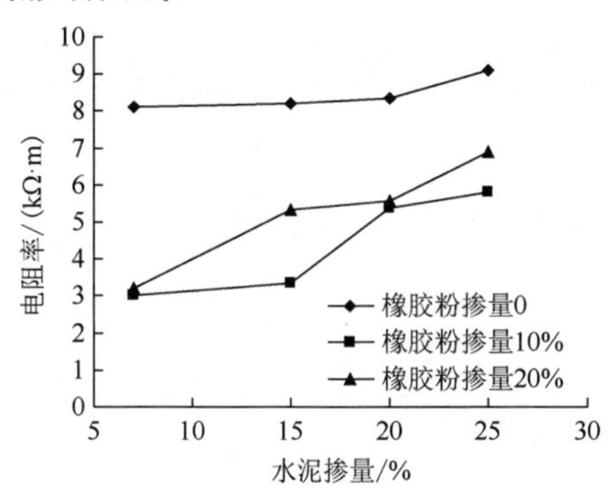

图6.11　550μm橡胶水泥土电阻率-水泥掺量影响曲线

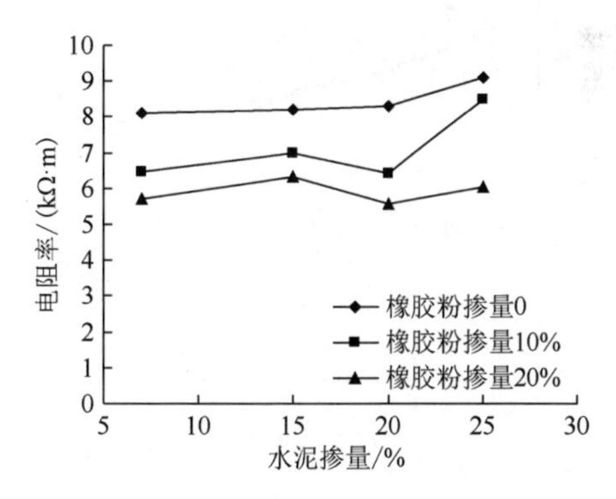

图6.12　250μm橡胶水泥土电阻率-水泥掺量影响曲线

250μm橡胶水泥土在橡胶粉掺量为10%和20%、水泥掺量为25%时电阻率是水泥掺量为7%时的1.26倍和1.05倍，而550μm的分别为1.9倍和2.1倍。当橡胶粉掺量为0、水泥掺量为25%时橡胶水泥土电阻率仅是7%时的1.1倍。可见，在橡胶粉掺量一定的情况下，随着水泥掺量的增加，橡胶水泥土的电阻率随之增加。可以用水泥土电阻率随水泥掺量变化的原因来解释这种现象[16-20]。当水泥掺量增大时，胶结作用逐渐增强，水泥与更多的土颗粒胶结在一起，使试件的孔隙比减小。同时，由于水泥掺量的增加，水泥与孔隙水发生了一系列的物化反应，试件的含水率减小。橡胶水泥土导电性由土颗粒、水泥、橡胶粉和孔隙水导电性组成，孔隙水的导电性要远远高于橡胶粉、土颗粒和水泥的导电性，所以橡胶水泥土的电导性将由含水率和孔隙的连通情况所决定。当水泥掺量增大时，橡胶水泥土孔隙比减小而连通性变差，含水量减少而导电性减弱，因此电阻率升高。

随着水泥掺量的增加，橡胶粉掺量为 0 时的水泥土电阻率的变化很小；而当有橡胶粉掺入，水泥掺量对橡胶水泥土的电阻率的影响比较明显。这是因为橡胶粉本身是类绝缘体，其电阻率较水泥的电阻率要高很多，而且很难与孔隙水发生物化反应，所以试件内部的孔隙率增大。同时，随着水泥掺量的增加，试件的含水率减小，因此，水泥掺量的变化对橡胶水泥土的电阻率影响比较明显。

2. 橡胶粉掺量对橡胶水泥土电阻率的影响

在研究橡胶粉掺量对橡胶水泥土电阻率的影响时，本试验对比分析当水泥掺量分别为 7%、20%并固定不变时，橡胶粉掺量分别为 0、5%、10%、15%、20%时橡胶水泥土电阻率的变化情况。试件养护天数均为 90d。

图 6.13 与图 6.14 分别是不同橡胶粉掺量对 550μm 与 250μm 橡胶水泥土电阻率的影响曲线。

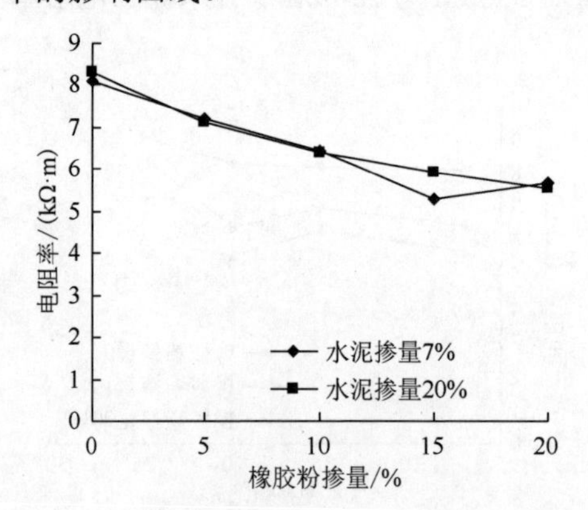

图 6.13　250μm 橡胶水泥土电阻率-橡胶粉掺量影响曲线

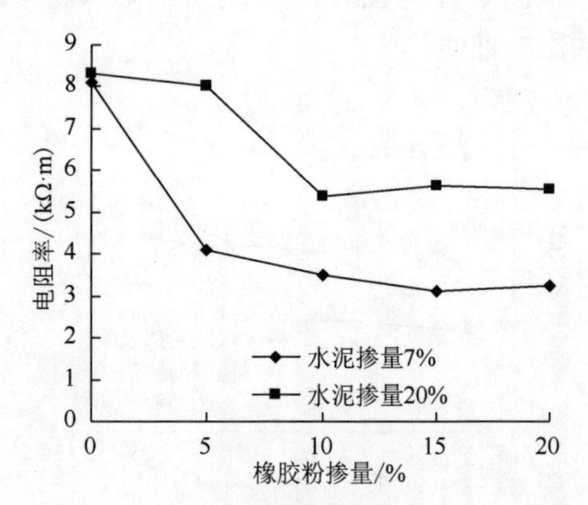

图 6.14　550μm 橡胶水泥土电阻率-橡胶粉掺量影响曲线

250μm 橡胶水泥土在水泥掺量为 7%和 20%、橡胶粉掺量为 0 时电阻率是橡胶粉掺量为 20%时的 1.4 倍和 1.5 倍，而 550μm 的则分别为 2.5 倍和 1.5 倍。在水泥掺量一定的情况下，随着橡胶粉掺量的增加橡胶水泥土的电阻率逐渐减小。橡胶粉与水泥间的胶结作用比较弱，橡胶粉、土和水泥胶结的过程中产生较多的孔隙，使得试件的孔隙比增加。橡胶粉的掺入减少了水泥与孔隙水的物化反应，使橡胶水泥土的含水量增加，导致橡胶水泥土的导电性变弱，电阻率降低。

当采用 250μm 橡胶粉时（图 6.13），随着橡胶粉掺量的增加，水泥掺量 7%与 20%的橡胶水泥土电阻率的变化基本相同。而采用 550μm 橡胶粉时（图 6.14），当水泥掺量为 7%时、橡胶粉掺量为 0 时的电阻率是 20%时的 2.5 倍，而水泥掺量为 20%时只有 1.5 倍。这是因为将橡胶粉与水泥、土强制搅拌在一起时，250μm 橡胶粉要比 550μm 橡胶粉更容易与水泥胶结在一起。550μm 橡胶粉的颗粒较大，在水泥掺量一定的情况下，随着橡胶粉掺量的增加，主要影响试件孔隙比的因素是橡胶粉掺量。橡胶粉掺量越大孔隙比越大，则含水率越高，从而橡胶水泥土的电阻率值就越来越低。可见，大粒径橡胶粉对于橡胶水泥土电阻率的影响要大于小粒径橡胶粉。

3. 橡胶水泥土电阻率与无侧限抗压强度的关系

无侧限抗压强度是橡胶水泥土的重要工程指标，它随着水泥掺量的增加而增加，随着橡胶粉掺量的增加而减小。图 6.15 是橡胶水泥土抗压强度与电阻率的关系。可见，橡胶水泥土电阻率与无侧限抗压强度具有很好的相关性。橡胶水泥土的电阻率随着无侧限抗压强度的增加而增长，可以通过测试橡胶水泥土的电阻率来反映其无侧限抗压强度。

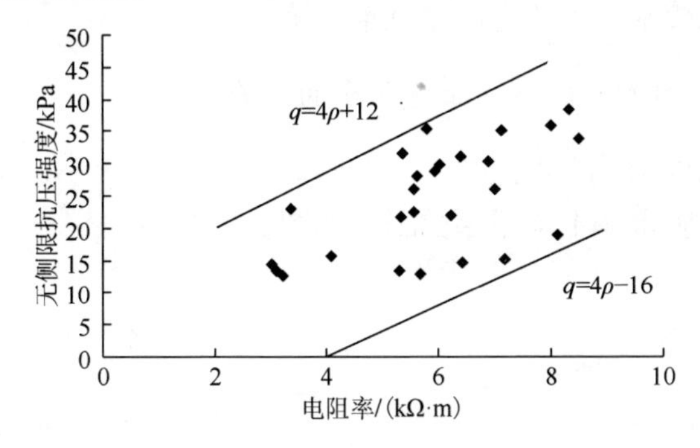

图 6.15　橡胶水泥土抗压强度与电阻率的关系

6.4　盐蚀下橡胶水泥土的电阻率

本次试验考虑试件制作中的水泥掺量 7%、15%、20%、25%；橡胶粉粒径 550μm、250μm；橡胶粉掺量 0、7%、15%、20%；NaCl 和 $NaSO_4$ 两种侵蚀溶液，侵蚀溶液浓度 5%、10%、15%、20%。试件养护 90d 后，按照试验方案，进行侵蚀试验，研究侵蚀后的橡胶水泥土试件的电阻率。

1. 橡胶粉掺量对橡胶水泥土电阻率的影响

当侵蚀溶液为 10%的 Na_2SO_4 溶液、水泥掺量为 7%时，550μm 橡胶水泥土电阻率与橡胶粉掺量的关系如图 6.16 所示。

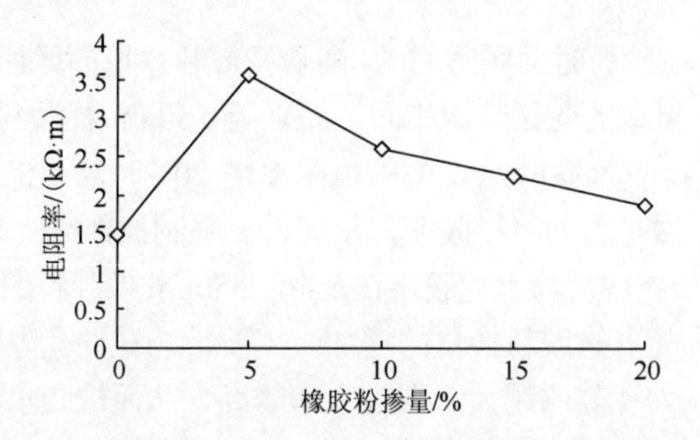

图 6.16　盐蚀下橡胶水泥土电阻率与橡胶粉掺量的关系

在侵蚀溶液作用下，橡胶水泥土的电阻率均随着橡胶粉掺量的增加呈先升高后减小的趋势。橡胶水泥土含有橡胶粉，橡胶粉具有两个相互制约的作用：一是橡胶粉与水泥、土强制搅拌后，橡胶粉很难被离子侵蚀，从而减少了渗透通道，阻碍了侵蚀离子在橡胶水泥土中的扩散，称之为“正向作用”；二是橡胶粉很难与水泥胶结，加大了橡胶水泥土内部的连通性，称之为“反向作用”。橡胶粉掺量低时，正向作用占主导，故曲线呈现先增高趋势；但随着橡胶粉掺量的增加，反向作用逐渐增强，橡胶水泥土的电阻率逐渐下降。

2. 侵蚀溶液浓度对橡胶水泥土电阻率的影响

当橡胶粉掺量为 10%、水泥掺量为 20%时，在 NaCl 和 Na_2SO_4 侵蚀溶液作用下，溶液浓度对橡胶水泥土电阻率的影响如图 6.17 所示。

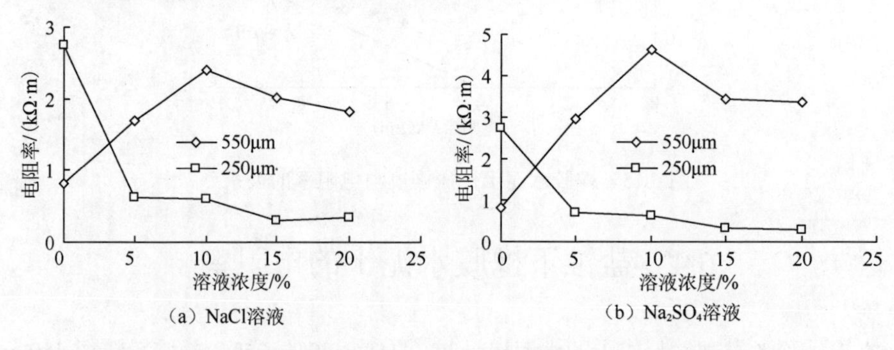

图 6.17　盐蚀下橡胶水泥土电阻率随溶液浓度变化情况

随着溶液浓度的增加，550μm 橡胶水泥土的电阻率呈先上升后下降的趋势，而 250μm 橡胶水泥土则呈下降的趋势。当溶液浓度为 5%时，橡胶水泥土的电阻率为普通水泥土的 4.35 倍。550μm 橡胶粉在与水泥强制搅拌后胶结能力小于 250μm 橡胶粉，这样导致其孔隙率大于 250μm，随着溶液浓度的不断增加，与水泥水化产物发生物化反应所产生的膨胀物质也不断增加，填充在空隙中，导致孔隙率减小，当溶液浓度达到 10%时电阻率达到峰值。当溶液浓度继续增加时，溶液中离子的数量也在不断地增加，这时离子渗透在孔隙水中，使得孔隙水的电阻率减小，孔隙水的电阻率起到主导橡胶水泥土电阻率的作用，因此，电阻率开始随着溶液浓度的增加而减小。而 250μm 橡胶粉的颗粒较小，与水泥可以很好地胶结，其电阻率取决于孔隙离子的浓度。随着孔隙侵蚀溶液浓度的增加，电阻率呈下降趋势。

6.5 普通冻融循环下橡胶水泥土的电阻率

1. 橡胶粉掺量对橡胶水泥土电阻率的影响

当水泥掺量为 20%，冻融循环次数分别为 15、21、27 次时，橡胶粉掺量对橡胶水泥土电阻率的影响如图 6.18 所示。

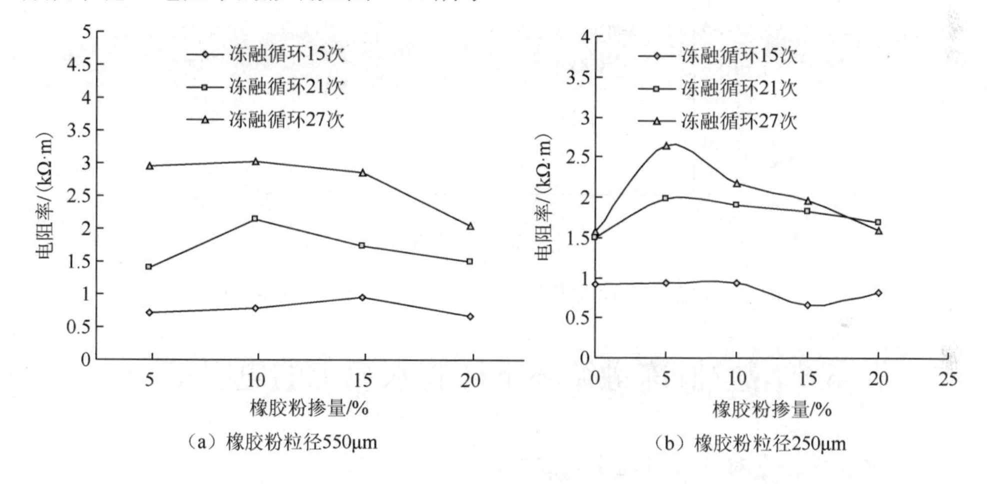

图 6.18 普通冻融循环后橡胶水泥土电阻率随着橡胶粉掺量变化情况

由图 6.18 可知，冻融循环后，橡胶水泥土的电阻率随着橡胶粉掺量的增加呈先升高后降低趋势，当 550μm 橡胶水泥土在冻融循环 21 次与 27 次时，电阻率最大值出现在橡胶粉掺量为 10%时；而当冻融循环为 15 次时，最大值出现在橡胶粉掺量为 15%时。250μm 橡胶水泥土的电阻率在冻融循环 21 次与 27 次时，当橡胶粉掺量为 5%时达到最大值；当冻融循环 15 次、橡胶粉掺量为 10%时，橡胶水泥土的电阻率达到最大值。由于试件是在被水浸泡后进行冻融循环的，故认为试件的空隙充满水，处于饱水状态。最初电阻率出现上升段是因为试件在冻融的过程中，孔隙水结成冰的过程体积会增大，这时产生一定的膨胀力，而橡胶是弹性体，可以缓解一部分膨胀力，在融化的过程膨胀的体积会回弹一部分。因此，当橡胶粉掺量不大于某一个值时，可以充分地起到缓解膨胀力的作用，这时其电阻率值会因为孔隙水的减少而升高。当橡胶粉掺量继续增加时，其与水泥的胶结作用逐渐减弱，导致孔隙率越来越大，这时橡胶粉虽然可以缓解一部分压力，但是经过几次冻融循环后，试件内部膨胀力过大、开始产生细小的裂纹，连通性变强，孔隙水增加，从而导致试件的电阻率开始下降。冻融循环次数少时，电阻率变化比较缓慢，变化最为突出的是 250μm 橡胶水泥土在冻融 27 次的情况下，橡胶粉掺量为 5%时的电阻率是橡胶粉掺量为 0 时的 1.65 倍，这说明橡胶粉的掺入缓解了水结冰时的膨胀力，在融化时减小了孔隙率。

2. 橡胶水泥土电阻率与无侧限抗压强度的关系

当水泥掺量为 20%、冻融循环 15 次时，橡胶水泥土的电阻率与无侧限抗压强度的关系如图 6.19 所示。拟合方程为 $\rho= 0.2912q-0.2919$，相关系数 $R^2 = 0.8398$，线性相关性良好。

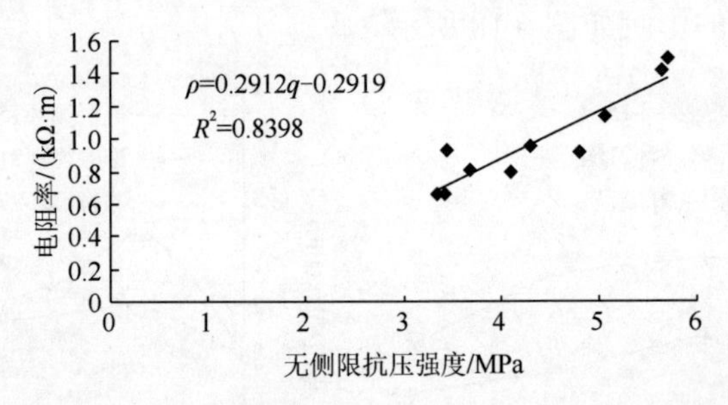

图 6.19　冻融循环下橡胶水泥土电阻率与无侧限抗压强度的关系

6.6　盐蚀-冻融循环下橡胶水泥土的电阻率

1. 橡胶粉掺量对橡胶水泥土电阻率的影响

当水泥掺量为 20%、冻融循环 15 次时，橡胶粉掺量与电阻率的关系如图 6.20 所示。

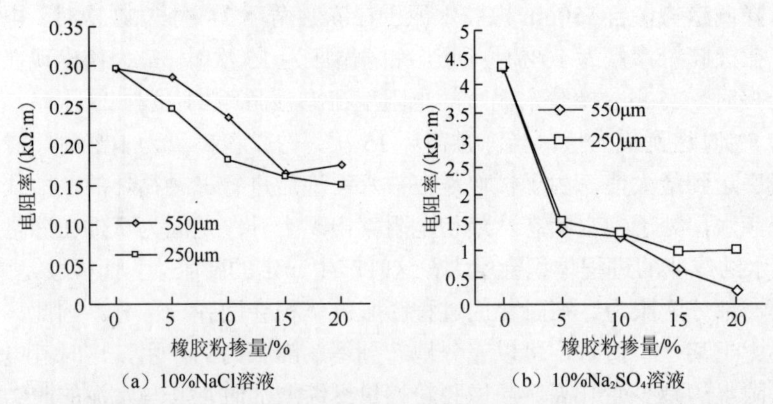

图 6.20　盐蚀-冻融循环下橡胶水泥土电阻率随橡胶粉掺量变化规律

由图 6.20（a）可知，当 NaCl 溶液浓度为 10%时，橡胶水泥土冻融后电阻率随着橡胶粉掺量的增加呈降低趋势，且 550μm 橡胶水泥土电阻率略高于 250μm。孔隙水的电阻率、含量是盐蚀-冻融循环作用下起主要作用的两个因素。盐蚀-冻融循环破坏是一个复杂的过程，是试件内部发生物理及化学反应的过程。试件冻融循环的过程中，结冰膨胀率主要影响试件孔隙水的含量，NaCl 溶液侵蚀橡胶水泥土的过程中产生的膨胀物质较少。随着橡胶粉掺量的增加，试件的空隙率随之增加，并且由于橡胶粉的胶结作用较差，橡胶粉的含量越多，盐溶液侵蚀后的冻胀破坏越严重，从而导致橡胶水泥土的内部骨架更容易被破坏，增强了试件内部的连通性，使侵蚀溶液更加容易地渗透到试件内部，因此，橡胶水泥土的电阻率在 10%NaCl 溶液侵蚀冻融情况下随着橡胶粉掺量的增加而减小。

由图 6.20（b）可知，在浓度为 10%的 Na_2SO_4 侵蚀溶液作用下，冻融循环 15 次后，橡胶水泥土的电阻率随着橡胶粉掺量的增加而减小，550μm 与 250μm 橡胶水泥土在橡胶粉掺量 0 时的电阻率分别为橡胶粉掺量 20%时的 18.04 倍、4.41 倍。试件内部发生的破坏主要由冻融过程水结冰产生的膨胀力作用、Na_2SO_4 与水泥水化产物发生反应产生的晶状体及膨胀物质导致的。随着橡胶粉掺量的增加，橡胶粉与水泥、土的胶结作用减弱，试件内部产生了较大的孔隙。经过冻融与侵蚀的共同破坏，橡胶粉掺量越多的试件孔隙率越大，孔隙水的含量也越多，导致电阻率也越低。

2. 橡胶水泥土电阻率与无侧限抗压强度的关系

当侵蚀溶液浓度为 10%的 Na_2SO_4 溶液时，盐蚀-冻融循环后橡胶水泥土的无侧限抗压强度与电阻率的关系如图 6.21 所示。

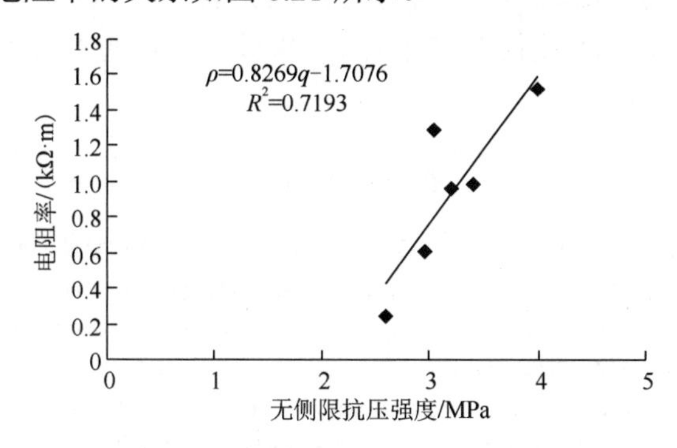

图 6.21 Na_2SO_4 侵蚀溶液作用下，橡胶水泥土电阻率与无侧限抗压强度的关系

从图 6.21 中可以看出，在盐蚀与冻融循环的共同作用下，当侵蚀溶液的浓度一定、冻融循环次数相同时，在 Na_2SO_4 侵蚀溶液作用下，橡胶水泥土的电阻率与无侧限抗压强度呈现较好的线性相关性。

6.7 本章小结

橡胶水泥土是借鉴橡胶混凝土和水泥土提出的一个全新的水泥土复合体，其电阻率特性随着组分与环境的不同呈现不同的变化规律。本章主要利用二相电极法进行了大量的试验并进行了分析研究，得到的主要结论有以下几点：

（1）综述了电阻率法在国内外的发展现状及应用现状、电阻率的不同测试方法及原理分析。

（2）橡胶粉掺量、水泥掺量、橡胶粉粒径等因素对橡胶水泥土电阻率的影响关系：①橡胶水泥土的电阻率随着水泥掺量的增加而增加，随橡胶粉掺量的增加而降低；②橡胶粉的粒径对橡胶水泥土电阻率有一定的影响，550μm 橡胶粉较 250μm 橡胶粉的影响大；③无侧限抗压强度随着橡胶水泥土的电阻率增加而增加。

（3）盐蚀作用下橡胶水泥土的电阻率特性：①在侵蚀溶液作用下，橡胶水泥土的电阻率均随着橡胶粉掺量的增加呈先升高后减小的趋势；②随着溶液浓度的增加，550μm 橡胶水泥土的电阻率呈先上升后下降的趋势，而 250μm 橡胶水泥土则呈下降的趋势。

（4）普通冻融循环作用下橡胶水泥土电阻率特性：①普通冻融循环后，橡胶水泥土的电阻率随着橡胶粉掺量的增加呈先升高后降低的趋势；②橡胶水泥土的电阻率与无侧限抗压强度具有很好的线性相关性，并建立了拟合公式。

（5）盐蚀-冻融循环共同作用下橡胶水泥土的电阻率特性：①橡胶水泥土的电阻率在浓度为10%的 NaCl 和 Na_2SO_4 侵蚀溶液冻融循环作用下随着橡胶粉掺量的增加而减小；②在 Na_2SO_4 侵蚀溶液作用下，橡胶水泥土的电阻率与无侧限抗压强度呈现较好的线性相关性。

参考文献

[1] 刘国华，王振宇，黄建平．土的电阻率特性及其工程应用研究[J]．岩土工程学报，2004，26（1）：83-87.

[2] McCarter W J. The electrical resistivity characteristics of compacted clays[J]. Geotechnique, 1984,34(2):263-267.

[3] Kalinski R J, Kelly W E. Electrical-resistivity measurements for evaluating compacted-soil liners[J]. Journal of Geotechnical Engineering, 1994, 120(2):451-457.

[4] Abu-Hassanein Z S, Benson C H, Wang X, et al. Determining bentonite content in soil-bentonite mixtures using electrical conductivity[J]. Geotechnical Testing Journal, 1996, 19(1):51-57.

[5] Seaton W J, Burbey T J. Evaluation of two-dimensional resistivity methods in a fractured crystalline-rock terrane[J]. Journal of Applied Geophysics, 2002, 51(1):21-41.

[6] Anandarajah A, Meegoda N J, Arulanandan K. Electrical in situ measurements for predicting behavior of soils[C]. Use of In Situ Tests in Geotechnical Engineering, 2015:376-388.

[7] Giao P H, Chung S G, Kim D Y, et al. Electric imaging and laboratory resistivity testing for geotechnical investigation

of Pusan clay deposits[J]. Journal of Applied Geophysics, 2003, 52(4):157-175.
[8] 缪林昌，刘松玉，严明良．水泥土的电阻率特性及其工程应用研究[J]．岩石力学与工程学报，2001，20（1）：126-130.
[9] 刘松玉，韩立华，杜延军．水泥土的电阻率特性与应用探讨[J]．岩土工程学报，2006，28（11）：1921-1926.
[10] 于小军，刘松玉．电阻率测试技术在水泥土深层搅拌法工程中的应用研究[J]．岩土力学，2003，24(4)：592-597.
[11] 缪林昌，刘松玉，严明良，等．水泥土的电阻率特性研究[J]．工程勘察，2000（5）：32-34.
[12] 董晓强．污染对水泥土电阻率特性影响的试验与理论研究[D]．太原：太原理工大学，2008.
[13] Komine H. Evaluation of chemical grouted soil by electrical resistivity[J]. Proceedings of the ICE-Ground Improvement, 1997, 1(2):101-113.
[14] 严明良．电阻率法在岩土工程中的应用[J]．水利水电科技进展，2004，24（2）：39-40.
[15] Abuhassanein Z S, Benson C H, Blotz L R. Electrical resistivity of compacted clays[J]. Journal of Geotechnical Engineering, 1996, 122(5):397-406.
[16] 缪林昌，刘松玉，阎长虹．电阻率法在粉喷桩质量检测中的应用[J]．建筑结构，2001（8）：63-65.
[17] 刘松玉，钱国超，章定文．粉喷桩复合地基理论与工程应用[M]．北京：中国建筑工业出版社，2006.
[18] 于小军，缪林昌，刘松玉．水泥土电阻率特性及其在粉喷桩工程中的应用研究[J]．建筑科学，2002，18（3）：38-41.
[19] 刘志彬，刘松玉，经绯，等．水泥土搅拌桩桩身质量的电阻率分析[J]．岩土力学，2008，29（增刊1）：625-630.
[20] 席培胜，刘松玉，张八芳．水泥土搅拌桩搅拌均匀性的电阻率评价方法[J]．东南大学学报（自然科学版），2007，37（2）：355-358.

7 橡胶水泥土的动力特性

7.1 动强度的测定

目前为止，对于土类的动强度还没有一个统一的定义，但是土的动强度与土样的破坏标准选择有着非常密切的关系，如果所选的土样破坏标准不同，则相应的动强度也不同，因此，合理的土样破坏标准是研究和确定动强度问题的基础。水泥土桩复合地基已经得到了广泛的工程应用，水泥土的动力性能也有许多研究。Sitar 等[1]指出，低应变条件下的水泥土动力特性参数是水泥土反应分析的主要参数；文献[2]～文献[5]分别针对不同成分的土体进行了动三轴试验研究；徐望国等[6]通过对低掺量水泥改良后的黏土进行动三轴试验研究，得到了水泥改良土的非线性动力本构关系的 Hardin-Drnevich（H-D）模型，为低掺量水泥土路基动力数值计算提供了参数；曾国红等[7]通过对灰土增强体复合试件进行动三轴试验，研究了动荷载作用下，围压、灰土置换率、初始干密度及初始含水量对灰土增强体复合试件动弹模量的影响趋势；蔡袁强等通过动三轴试验[8,9]，研究了水泥土复合试件的动弹性模量和阻尼比的变化，主要考虑了置换率和围压的影响，对试验数据进行归一化并给出了 $E/E_{d\max}$、$\lambda/\lambda_{d\max}$ 和应变 ε 的拟合公式。

本章所说的动强度是选定橡胶水泥土复合试件在预定振次的振动作用下，复合试件产生一定动应变所显示的动应力。具体来说，本试验采用逐级加载的方案，即对每一个复合试件选择施加估计的动应力，使复合试件破坏时的振动次数分布在预定振动周次附近。动强度是指试件在动荷载作用下达到破坏时所对应的动应力值。然而，如何定义“破坏”的标准则是需要根据动强度试验的目的与对象而定。通常的法则是以某个极限（破坏）应变值为准则，如采用 5%作为破坏应变值。土的破坏应变是随动应力大小而改变的，如果土样在一组大小不等的动应力下产生动变形，则得到的极限动应变将呈现非线性变化。试验中，首先使土样固结，再在不排水条件下施加静轴向荷载，其大小等于土的静强度的一个指定百分数，等变形稳定后再施加循环轴向荷载，其幅值也等于土的静强度的一个指定的百分数。随着循环次数增加，轴向变形也增加，直到达到破坏标准。

初始阶段施加的单调静剪应力用于模拟地震前土中的静应力状态，例如，斜坡场地中土单元的应力状态，后续阶段施加的循环荷载模拟地震运动作用下土中的循环剪应力。为了确定各种土的动强度，至今中外学者已进行了数种动力试验。

根据试验的荷载加载方式，可分为四种类型，如图 7.1 所示。单调加载试验[10]

的加荷载速率是可变的。传统的静力加载试验一般采用恒定的加载速率，试件会在几分钟内达到破坏。

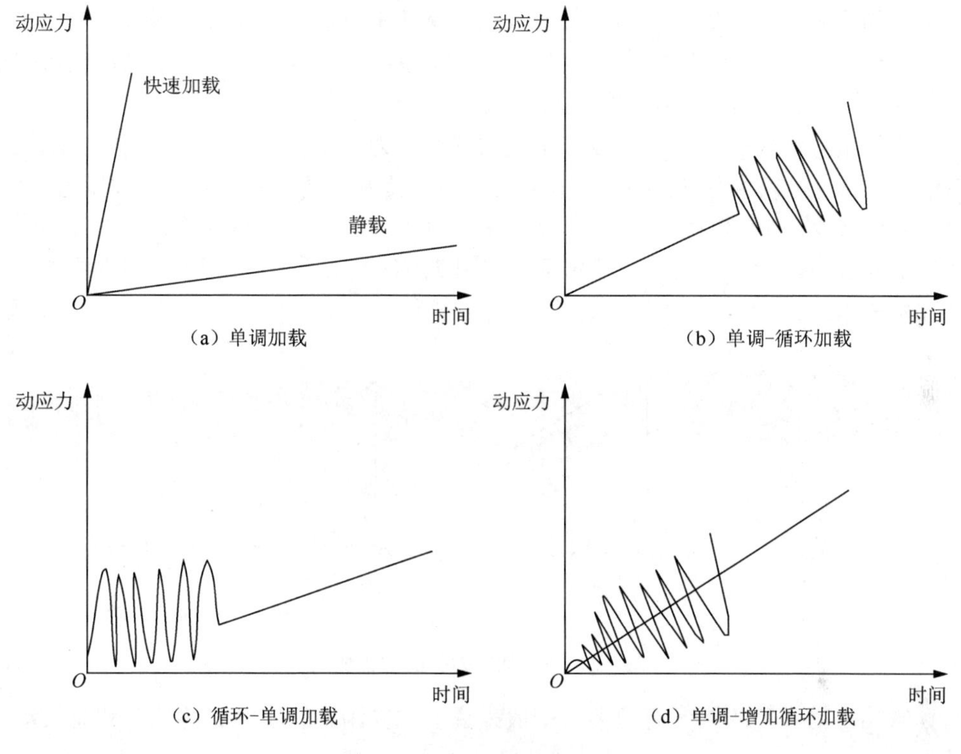

图 7.1 动力试验的加载方式

如图 7.1（a）所示的单调加载试验的加荷载速率控制在使试件达到破坏的时间小于数秒时，此类加载类型也称为快速加载试验。快速加载试验或瞬时加载试验用于确定土在爆炸荷载作用下的强度。

如图 7.1（b）所示的动荷载加载方式是单调-循环加载，主要用于确定土在地震运动作用下的强度。

如图 7.1（c）所示的动荷载加载方式循环-单调加载，主要用来研究地震运动作用下土的强度和刚度的衰减或降低。在若干次循环荷载结束后，土样变得软弱，土的静强度和变形性能与加循环荷载前的初始状态不一样。因此，这种试验的土体性能可用于地震后土坝或路堤的稳定性分析。

如图 7.1（d）所示的加载方式单调-增加循环加载，有时用于研究受到振动影响的土的静强度。地基中靠近桩或板桩的土体，由于受到打桩引起的振动的影响，土的静强度可能会有所降低。在这种情况下土的动强度，可采用土样放在振动台上施加得到。

用振动三轴仪进行动强度试验[11]，需制备不少于三个相同的土样试件，并在同样压力下固结，然后在三个大小不等的动应力 σ_{d1}、σ_{d2}、σ_{d3} 下，分别测得相应的动应变值，动应变值与振动次数 N 有关，因此，可将测得的数据绘成不同动应力下的动应变如图 7.2（a）所示的曲线组，从图中求取在一定应变限值的动应力 $\sigma_{d\text{-}1.3}$、$\sigma_{d\text{-}2.3}$、$\sigma_{d\text{-}3.3}$，作出如图 7.2（b）所示的 σ_d-lg$N$ 关系曲线，再根据试验数据中的振动次数 N，可确定相应的动强度数值。

为了求得在模拟的振动次数 N 范围内的动应力与动应变的关系及相应的动抗剪强度指标，可以由图 7.2（a）绘出图 7.2（c），其方法是改变试件的周围压力 σ_3，分别求得在 σ_3'、σ_3'' 和 σ_3''' 下的 σ_d-lg$N$ 曲线。于是，在给定的振动次数下，可求得相应的动应力，即可绘出三个莫尔圆，如图 7.2（c）所示，则 c_d 和 φ_d 即为所求土的动强度指标。

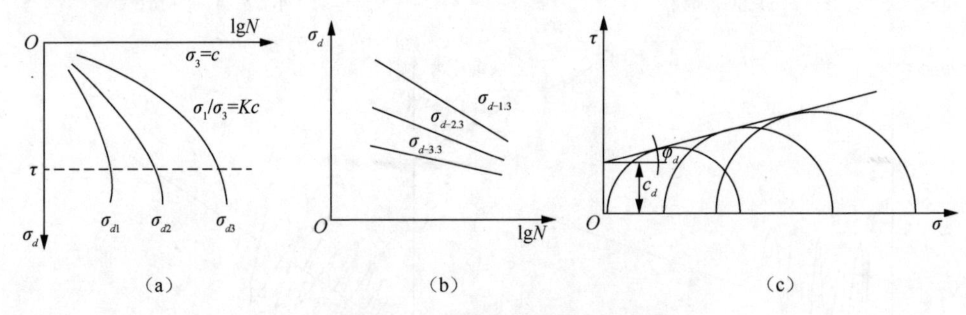

图 7.2　不同动应力下的动应变

影响土动强度的因素有很多，一般来说，主要因素有土性、静应力状态及动荷载[12]。

土性对动强度的影响主要表现在土的粒度、密实度、结构性、成分组成和含水量等方面，快速加荷载时，土的动强度增长随含水量的增大而愈加明显。干燥时，快速加荷载和慢速加荷载所得的内摩擦角几乎一样。快速加荷载时原状土的强度大于扰动土的强度。在周期荷载作用下，密室的饱和粗粒土一般不会产生液化，而疏松的饱和细砂、粉砂则极易丧失承载力，导致液化。

静应力状态对动强度的影响主要反映在动静应力组合等方面，例如 H. B. Seed 等对三个原状饱和粉质黏土试件进行单向循环荷载试验，得出了轴向应变与应力循环次数之间的关系，并且得到动应力越大，相同破坏振次数下的应力越小，振次越大动应力越小的结论[13]。

7.2　试 验 方 案

7.2.1　试件分组和试验方案

本试验设备主要采用由美国 GCTS 公司生产的 STX-50 振动三轴仪测试系统，

该仪器由加载组件、压力室、数字控制系统和计算机自动控制系统四个主要部分组成。

根据试验目的，本次试验考虑橡胶水泥土置换率、围压、橡胶粉掺量三个主要因素对橡胶水泥土复合试件动强度的影响，经过优化设计后，完成复合试件的分组情况。复合试件配合比详细分组如表 7.1 所示。

表 7.1 试验配合比分组

试件	配合比	围压/kPa
水泥土芯	m=10.4%，W_r=0，W_c=20%	100、200、300
橡胶水泥土芯 1	m=10.4%，W_r=10%，W_c=20%	100、200、300
橡胶水泥土芯 2	m=10.4%，W_r=20%，W_c=20%	100、200、300
橡胶水泥土芯 3	m=20.8%，W_r=10%，W_c=20%	100、200、300

表 7.1 中，m 为橡胶水泥土置换率，W_r 为橡胶粉掺量，W_c 为水泥掺量。

橡胶粉掺量 W_r 依旧表示为

$$W_r=\frac{\text{掺入橡胶粉的质量}}{\text{掺入水泥的质量}}\times 100\% \tag{7.1}$$

水泥掺量 W_c 的定义依旧表示为

$$W_c=\frac{\text{掺入水泥的质量}}{\text{被加固软土的质量}}\times 100\% \tag{7.2}$$

橡胶水泥土动强度的试验方案：每组配合比中，橡胶水泥土试件在一个固结比下，分别选择 100kPa、200kPa 和 300kPa 三个不同围压，每个侧向压力下用 3 个复合试件，选择 10 周、50 周、100 周、200 周四个不同的振动周次。

橡胶水泥土动弹性模量和阻尼比的试验方案：每组配合比中，橡胶水泥土复合试件在一个固结比下，选择 100kPa、200kPa 和 300kPa 三个不同围压，每个侧向压力下用 1～3 个复合试件进行动三轴试验。

7.2.2 试件制备过程

土样的准备：橡胶水泥土试件中的土、水泥、橡胶粉、水，按照质量配合比各掺量的计算，设一组试件所需土的质量为 K_s（单位：kg）。

水泥的掺量 L（单位：kg）计算：

$$L=K_s\times W_c\times(1-W_r) \tag{7.3}$$

橡胶粉的掺量 M（单位：g）计算：

$$M=L\times W_r\times 1000 \tag{7.4}$$

水的掺量 N（单位：ml）计算：

$$N=\left(K+L+\frac{M}{1000}\right)\times 0.2\times 1000 \tag{7.5}$$

将基本风干的试验土样放入烘干机中进行烘干，烘干温度控制在 100℃，24h 后取出。将烘干后的黏土土样用质量较重的磙子碾碎。为保证试验所用黏土颗粒的均匀性，土样用直径 1mm 的筛子进行过筛，再烘干后备用。用电子秤量取各种比例橡胶水泥土所需的水泥、橡胶粉和黏土土样，利用量筒量取试验所需要的水。将水泥、黏土和橡胶粉干料放在橡胶盆里搅拌均匀，向干搅拌的混合物中加入定量的水再进行充分搅拌，使橡胶粉、水泥和黏土均匀混合在一起。

目前，在国内外，由于橡胶水泥土还没在工程上被广泛推广，所以试验采用《土工试验规程》（SL 237—1999）[14]来制作橡胶水泥土复合试验试件。市场中还没有专门的针对本试验试件的制作工具，因此，需特意制作出适合本试验的工具。复合试件制作示意图如图 7.3 所示。

图 7.3　复合试件制作示意图

橡胶水泥土复合试件的具体尺寸如图 7.4 所示，复合试件直径 D=62mm，高度 H=120mm，其制备过程如下：

（1）复合土芯的制备：加工两个内径分别为 2.0cm、2.8cm，壁厚为 0.1cm 的不锈钢模具，将细磨过筛后的黏土和橡胶粉、水泥土均匀搅拌倒入盆中，加水后再均匀搅拌，装入模具中。

（2）复合土样的制备：特制一种击打设备，中间位置分别挖出 2.3cm 和 3.1cm 的孔，把装有橡胶水泥土的模具放入其中，然后在外圈加重塑土，重塑土按《土工试验规程》（SL 237—1999）中规定的标准制作，分 7 次成型。试件成型后，均匀用力、匀速缓慢地拔出模具，同时用特制的钢棒把模具中的橡胶水泥土挤压到重塑土中，完成后即为本试验的橡胶水泥土复合试件。

（3）试件完成后，放入保鲜袋中，为防止水与复合试件直接接触，养护试件时，套用两个保鲜袋，放入水中养护 180d。将试件切开检验，橡胶水泥土芯的上下直径比较均匀，且与黏土接触良好。

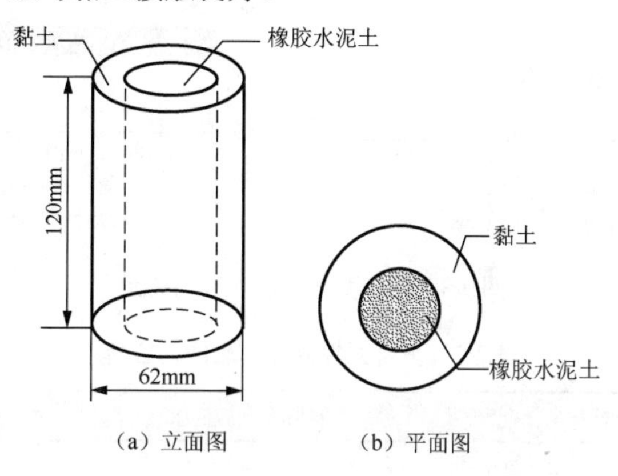

图 7.4 复合试件立面图和平面图

7.3 动强度试验结果分析

7.3.1 轴向动应变与振动次数的关系

图 7.5 是橡胶水泥土复合试件轴向动应变与振动次数的关系。从图中可以看出，不同的橡胶粉掺量和不同的置换率，即无论橡胶粉掺量为 0.1%还是 20%，橡胶水泥土芯的置换率 m 为 10.4%还是 20.8%，复合试件动应变与振动次数的关系曲线大致上是相同的：当振动次数达到一定数值之前，动应变 ε 在一定区域内（$0.01<\varepsilon<0.02$）来回波动。此时，假定复合试件的变形在弹性变形范围内，当振动次数达到一定数值之后，动应变 ε 急剧增大，复合试件即为破坏。表 7.2 给出了橡胶水泥土复合试件破坏时的动应变。

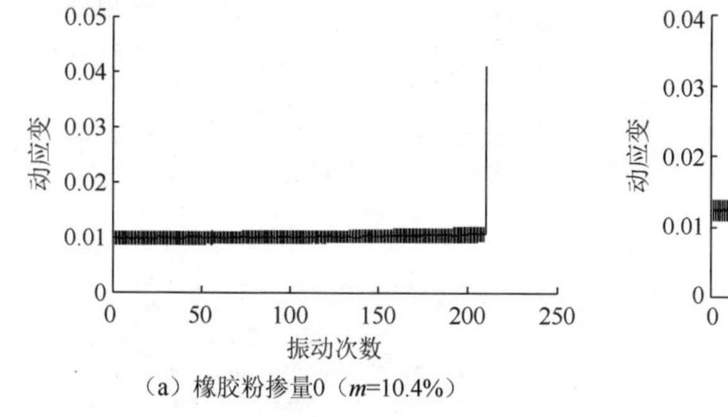

（a）橡胶粉掺量0（m=10.4%）

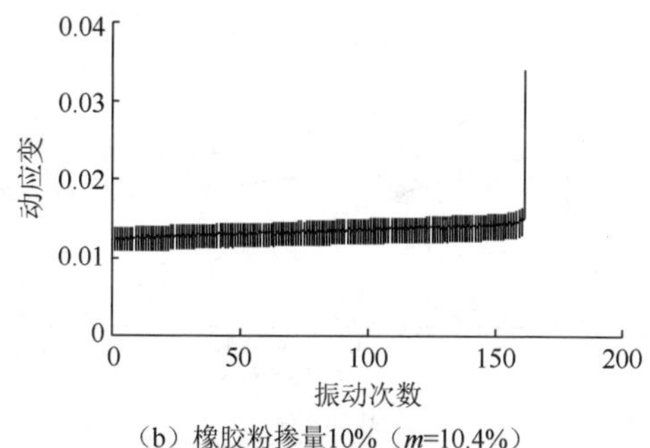

（b）橡胶粉掺量10%（m=10.4%）

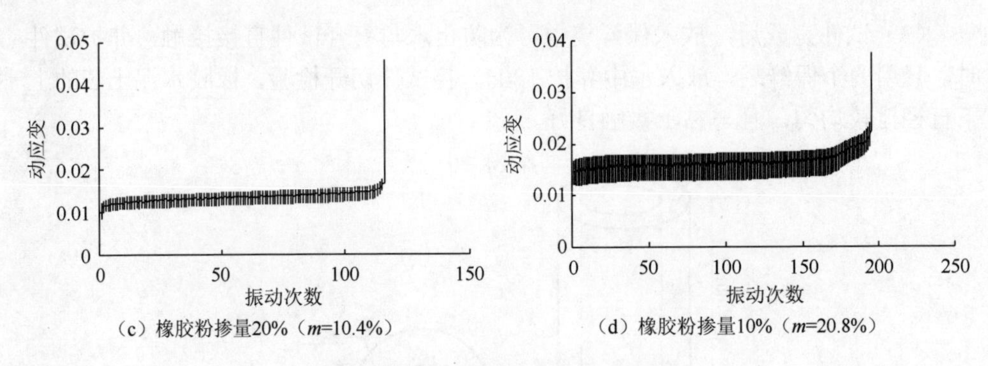

（c）橡胶粉掺量20%（m=10.4%）　（d）橡胶粉掺量10%（m=20.8%）

图 7.5　动应变与振动次数的关系

表 7.2　复合试件破坏前后的动应变

复合试件	破坏前动应变/%	破坏后动应变/%
m=10.4%，W_r=0，W_c=20%	1.312	3.411
m=10.4%，W_r=10%，W_c=20%	1.778	4.125
m=10.4%，W_r=20%，W_c=20%	1.866	4.579
m=20.8%，W_r=10%，W_c=20%	2.011	3.776

7.3.2　围压的影响

图 7.6 给出了橡胶水泥土复合试件在各种橡胶粉掺量和置换率的条件下，围压分别为 100kPa、200kPa、300kPa 时，复合试件动强度 σ 与振动次数 N 的关系曲线。从图中可以看出，橡胶水泥土复合试件随着围压的增大，其动强度也增大，当围压 σ_3=300kPa 时动强度最大，σ_3=100kPa 时动强度最小。

表 7.3～表 7.6 给出了当围压为 200kPa 和 300kPa 相对于围压为 100kPa 时，复合试件破坏时动强度的提高程度。

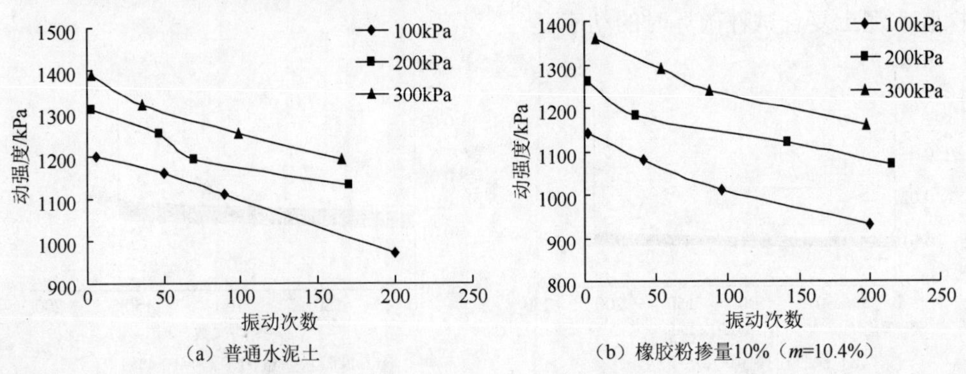

（a）普通水泥土　（b）橡胶粉掺量10%（m=10.4%）

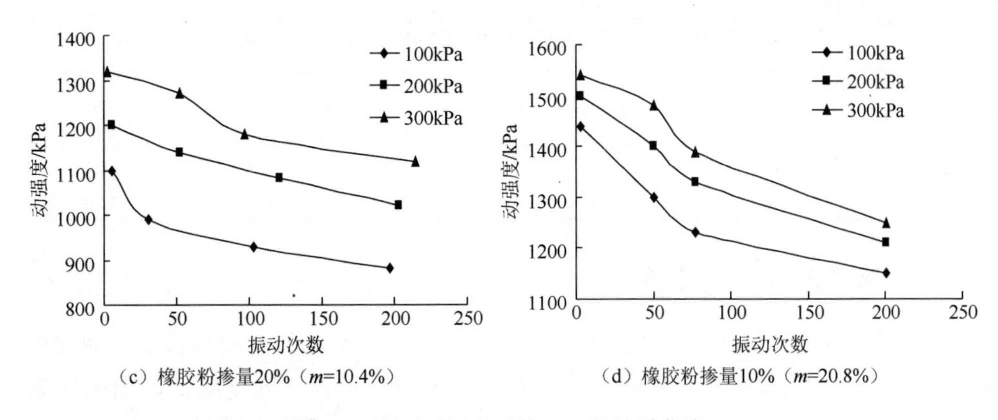

（c）橡胶粉掺量20%（m=10.4%） （d）橡胶粉掺量10%（m=20.8%）

图 7.6 围压对复合试件 σ-N 的关系曲线

表 7.3～表 7.6 中 σ_{100}、σ_{200}、σ_{300} 分别代表复合试件动强度在围压为 100kPa、200kPa、300kPa 时的值。表中振动次数一栏中的 5、50、100、200 代表的是振动次数大约在 5 次、50 次、100 次、200 次的一个相近范围内，因为在动三轴试验中，复合试件的破坏次数不是人为随意控制的。例如，试验中希望复合试件在振动 100 次时破坏，但实际上试件未到振动 100 次就破坏了，或者大于 100 次才破坏，因此，本章选用试验希望的振动周次代替复合试件实际破坏周次的一个大致范围。

表 7.3 W_r=0、不同围压时动强度的提高程度（m=10.4%）

围压比	振动次数			
	5	50	100	200
$\sigma_{200}/\sigma_{100}$ /%	9.12	7.76	7.21	16.5
$\sigma_{300}/\sigma_{100}$ /%	15.83	13.79	12.61	28.87

表 7.4 W_r =10%、不同围压时动强度的提高程度（m=10.4%）

围压比	振动次数			
	5	50	100	200
$\sigma_{200}/\sigma_{100}$/%	10.5	9.26	10.89	15.05
$\sigma_{300}/\sigma_{100}$/%	19.30	19.44	22.77	24.73

表 7.5 W_r =20%、不同围压时动强度的提高程度（m=10.4%）

围压比	振动次数			
	5	50	100	200
$\sigma_{200}/\sigma_{100}$/%	9.10	15.16	16.13	15.91
$\sigma_{300}/\sigma_{100}$/%	20.00	28.31	26.88	27.28

表 7.6 W_r=10%、不同围压时动强度的提高程度（m=20.8%）

围压比	振动次数			
	5	50	100	200
$\sigma_{200}/\sigma_{100}$/%	4.17	7.69	8.13	5.21
$\sigma_{300}/\sigma_{100}$/%	6.94	13.84	13.01	8.70

7.3.3 橡胶粉掺量的影响

从图 7.7 中可以看出，在围压不变的情况下，橡胶粉掺量对复合试件动强度的影响：随着橡胶粉掺量的增大，橡胶水泥土复合试件动强度降低，当围压为100kPa 时，橡胶粉掺量对复合试件动强度的影响较大，而当围压为 300kPa 时，橡胶粉掺量对复合试件动强度的影响最小。当围压分别为 100kPa、200kPa 和300kPa 时，橡胶粉掺量对复合试件动强度的影响程度如表 7.7 和表 7.8 所示。

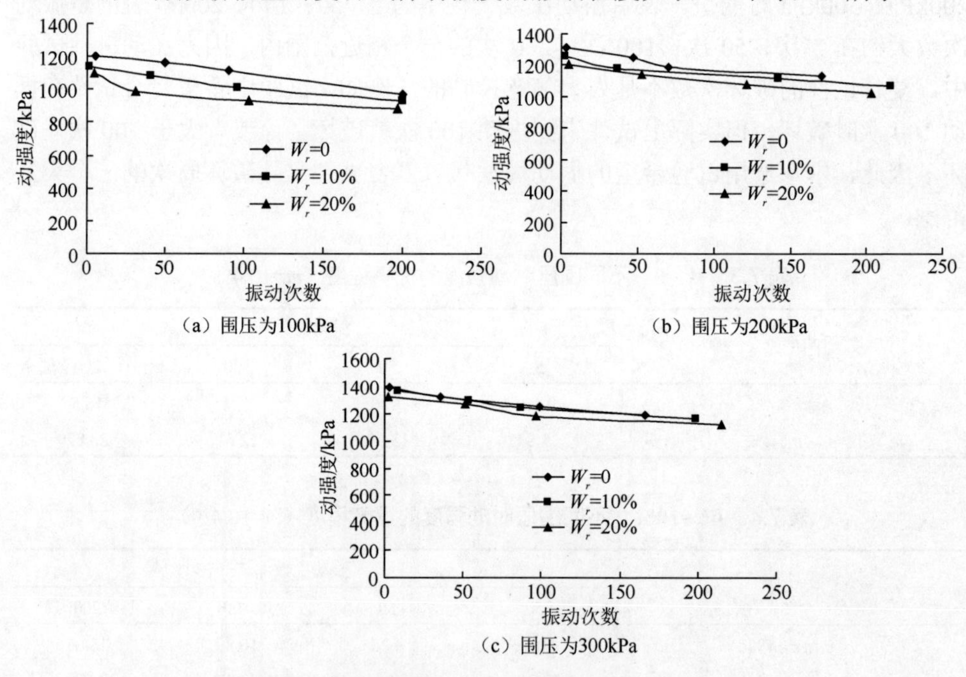

图 7.7 橡胶粉掺量对复合试件 σ-N 的关系曲线

表 7.7 橡胶粉掺量不同时动强度的提高程度（m=10.4%）

围压比	振动次数			
	5	50	100	200
$\sigma_{200}/\sigma_{100}$/%	4.17	7.69	8.13	5.21
$\sigma_{300}/\sigma_{100}$/%	6.94	13.84	13.01	8.70

表 7.8 橡胶粉掺量不同时动强度的提高程度（m=10.4%）

围压比	振动次数			
	5	50	100	200
$\sigma_{200}/\sigma_{100}$/%	4.17	7.69	8.13	5.21
$\sigma_{300}/\sigma_{100}$/%	6.94	13.84	13.01	8.70

7.3.4 置换率的影响

一般来说，在复合地基中，一根桩和它所承担的桩间的土体为复合地基单元。在这一复合地基单元中，桩的断面面积 A_p 和其复合土体单元面积 A（复合地基桩间土的面积与其桩的断面面积之和）之比，称为面积置换率，复合地基的一般模式和本试验试件的模式如图 7.8 和图 7.9 所示，并用 m 表示为

$$m = \frac{A_p}{A} \tag{7.6}$$

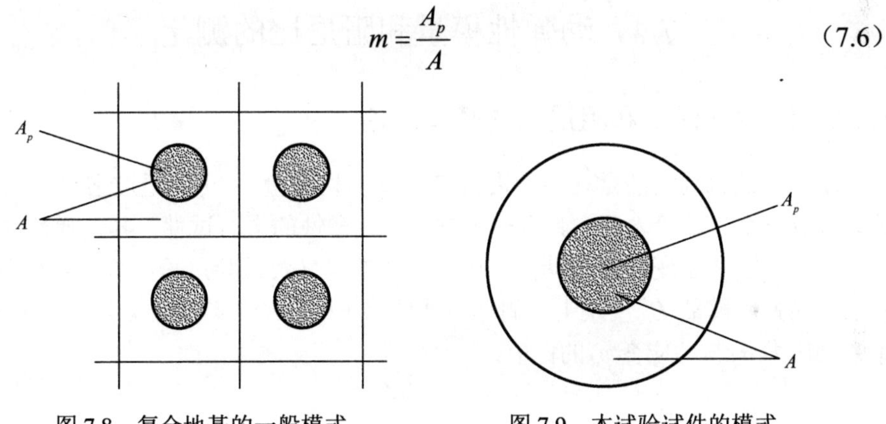

图 7.8 复合地基的一般模式　　图 7.9 本试验试件的模式

本试验选取 m=10.4%和 m=20.8%两种置换率相比较。

图 7.10 是橡胶粉掺量对复合试件动强度的关系曲线。从图中可以看出，在围压不变的情况下，随着置换率的增大，橡胶水泥土复合试件动强度提高。当围压为 100kPa 时，置换率对复合试件动强度的影响较大，而当围压为 300kPa 时，橡胶粉掺量对复合试件动强度的影响最小。

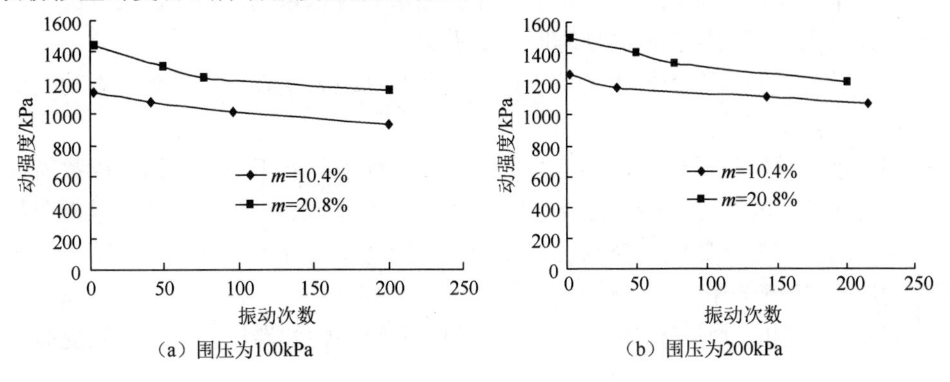

（a）围压为100kPa　　（b）围压为200kPa

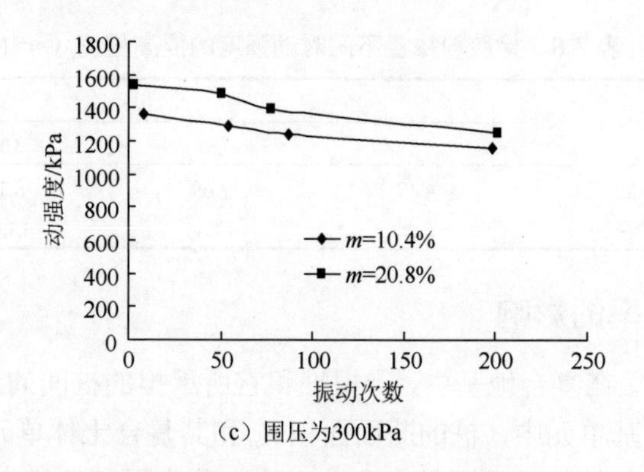

（c）围压为300kPa

图 7.10　置换率对复合试件 σ-N 的关系曲线

7.4　动弹性模量和阻尼比的测定

7.4.1　动弹性模量和阻尼比的基本理论

动三轴试验测定的是动弹性模量 E_d，动剪切模量 G_d 可以通过它与 E_d 之间的关系换算出来。试验表明，具有一定黏滞性或塑性的岩石试件，其动弹性模量 E_d 是随着许多因素而变化的，动弹性模量[15-17]的含义及试验过程比静弹性模量更为复杂。动弹性模量 E_d 反映土在周期荷载作用下弹性变形阶段的动应力-动应变关系为动应力 σ_d 与动应变 ε_d 的比值：

$$E_d = \frac{\sigma_d}{\varepsilon_d} \tag{7.7}$$

然而，对于具有一定黏滞性的土样，其动弹性模量 E_d 是随着许多因素而变化的，最主要的影响因素是主应力量级、主应力比和固结应力条件等。为了使所测得的动弹性模量具有与其定义相应的物理条件，试验时可采取下列措施：

（1）试验前，将试件在模拟现场实际应力或设计荷载条件下固结，固结程度一般达到基本稳定，即试件的变形或承压孔隙水的排水量基本稳定。根据经验，对一般黏性土及无黏性土，固结时间不少于 12h。

（2）动力试验应在不排水条件下进行，即在动应力条件下，试验产生动应变时，尽量不掺杂塑性的固结变形部分。

（3）动力试验应从较小的动应力开始，并连续观测若干周。此循环周数需视模拟动力对象、试件的软硬程度及结构性大小而定，一般在 10～50 周，以便观测振动次数对动应变的影响，然后在逐渐加大动应力的条件下，求得不同动应力作用下的应力-应变关系。

在每一级别的动应力作用下，可以得到应变滞后性和滞回曲线，动应变曲线如图 7.11（a）所示。如果试件是理想的弹性体，则动应力与动应变的两条波形线必然在时间上是同步对应的，即动应力作用时，动应变随即产生。但土样实际上并不是理想的弹性体，因此，它的动应力与相应的动应变波形在时间上并不是同步的，而是动应变波形线较动应力波形线有一定的时间滞后。如果把每一周期的振动波形，按照同一时刻的 σ_d 与 ε_d 值，一一对应地描绘到 σ_d-ε_d 坐标系上，则可以得到如图 7.11（b）所示的滞回曲线。根据定义可知，动弹性模量 E_d 应为此滞回环的平均斜率。

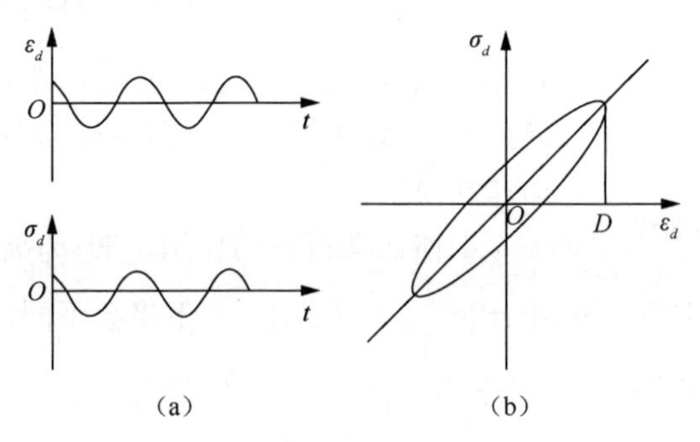

图 7.11　应变滞后性和滞回曲线

另外，动弹性模量 E_d 还与振动次数 N、动应力 σ_d 的大小密切相关。为了求得合适的动弹性模量 E_d 值，需要结合工程设计给定前提条件：确定动应力 σ_d 值及实际的振动周数 N 值，或者确定适当的动应变 ε_d 值。应尽量采用非线性应力-应变模型推求动弹性模量 E_d 值，用线性应力-应变关系来确定动弹性模量 E_d 值有一定的欠缺。

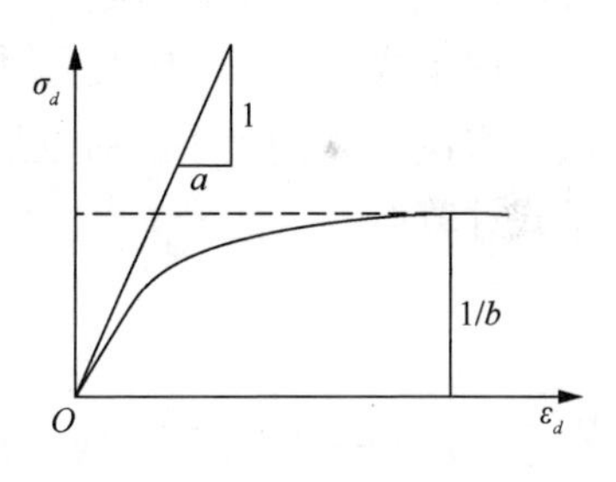

图 7.12　σ_d-ε_d 双曲线模型

描述土的非线性应力-应变特性有很多模型，双曲线模型是最常用的一种（图 7.12），其 σ_d-ε_d 关系可用式（7.8）或式（7.9）表示。

$$\sigma_d = \frac{\varepsilon_d}{a + b\sigma_d} \tag{7.8}$$

或

$$E_d = \frac{\sigma_d}{\varepsilon_d} = \frac{1}{a + b\varepsilon_d} \tag{7.9}$$

式中，σ_d——动应力，通常可用大主应力（kPa）；

ε_d——与 σ_d 相应的动应变；

E_d——动弹性模量（MPa）；

a、b——常数（MPa^{-1}）。

式（7.9）也可以表达成另一种形式为

$$\frac{1}{E_d}=a+b\varepsilon_d \tag{7.10}$$

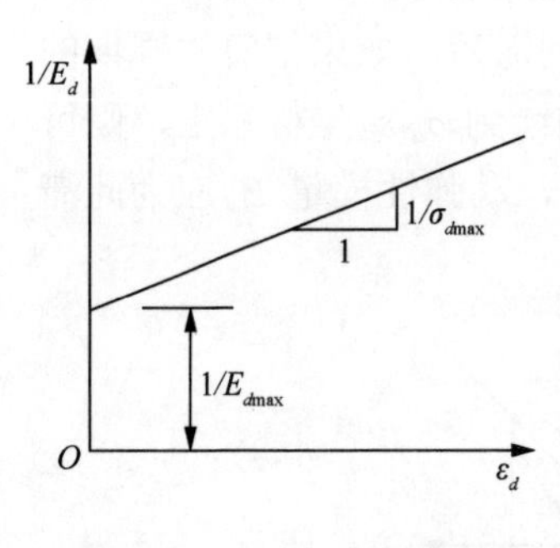

图 7.13　σ_d-E_d关系曲线

于是，式（7.10）可用图 7.13 表示，应力-应变关系为一条直线，该关系曲线的纵坐标为动弹性模量 E_d，横坐标为 ε_d，则直线截距为 a，斜率为 b。显然，当 σ_d=0 时，$\frac{1}{a}=E_{d\max}$，即该直线的截距为室内最大动弹性模量 $E_{d\max}$（$E_{d\max}$ 也记为 E_0，称为初始动弹性模量），由此直线求出 a、b 值，则可由式（7.9）求出动弹性模量。

土体在动荷载的作用下的 σ_d-ε_d 曲线关系，在不同的平均有效固结主应力σ_3'［$\sigma_3'=\frac{1}{3}(\sigma_{1c}'+2\sigma_{3c}')$］下将会不同，因此，试验常数 a、b 与σ_m'有关。试验表明，对于不同的σ_m'，可以得到

$$E_{d\max}=K(\sigma_m')^n \tag{7.11}$$

式中，K、n——试验常数。

由于式（7.11）中 $E_{d\max}$ 和$(\sigma_m')^n$ 的因次不同，K 将是个有因次系数，它的因次又取决于 n 的大小，所以最大动弹性模量 $E_{d\max}$ 与周围固结压力 σ_3 的关系可按下式计算：

$$E_{d\max}=KP_a\left(\frac{\sigma_3}{P_a}\right)^n \tag{7.12}$$

式中，P_a——大气压力（kPa）。

与动弹性模量 E_d 相应的动剪切模量 G_d 可按下式计算：

$$G_d=\frac{E_d}{2(1+\mu)} \tag{7.13}$$

式中，μ——泊松比，饱和砂土可取 0.5。

阻尼比 λ_d 是阻尼系数 c 与临界阻尼系数 c_{cr} 的比值，用振动三轴试验测定的阻尼比 λ_d 表示每振动一周能量的耗散，又称为土的等效黏滞阻尼比。

图 7.14 的应力-应变滞回曲线已表明土的黏滞性对应力-应变关系的影响。这种影响的大小可以从滞回环的形状来衡量，如果黏滞性越大，滞回曲线的形状就越趋于宽厚，反之则趋于扁薄。这种黏滞性实质上是一种阻尼作用，试验证明，其大小与动力作用的速率成正比，因此，可以说是一种速度阻尼。上述阻尼作用可用等效阻尼比来表征，其值可从滞回曲线求得，即

$$\lambda_d = \frac{A_h}{4\pi A_S} \tag{7.14}$$

式中，A_h——滞回圈的面积（cm^2），即阻尼耗能（图 7.14）；

A_S——三角形 OAE 的面积（cm^2），即等效应变能。

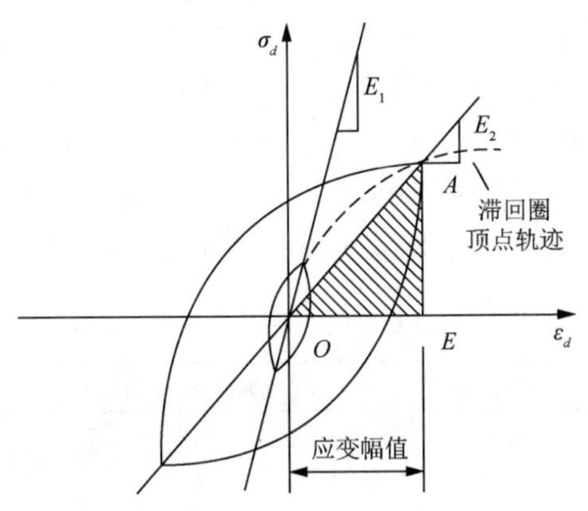

图 7.14　应力-应变滞回曲线

由于土的动应力-应变关系是随振动次数和动应变的幅值而变化的，因此，当根据应力-应变滞回曲线确定阻尼比 λ_d 时，也应与动弹性模量相对应，通常采用双曲线模型，则阻尼比与动弹性模量的关系为

$$\lambda_d = \lambda_{\max}\left(1 - \frac{E_d}{E_{d\max}}\right) \tag{7.15}$$

滞回曲线是取自一定的振动循环周次 N，N 值应视模拟的振动对象而定。通常在模拟强震时，可取 N=10～15 次，相当于 7 级或 7.5 级地震时的等效振次；如果考虑动力机器作用，则可适当增加 N 值，甚至可采用 N=50～100 次，但必须把 N 值限定在不产生试验破坏的程度。

7.4.2　动弹性模量和阻尼比的试验结果

影响土体动弹性模量和阻尼比的主要因素有很多，例如，平均有效主应力、动应变幅值、超固结比、循环周数、孔隙比、塑性指数、初始应力比、饱和度、初始主应力方向角、初始主应力系数、八面体剪应力、振动频率、时间效应、颗粒特征、土的结构、土的温度等，其中动应变幅值、固结压力、初始应力和孔隙比是四个主要影响因素，这还不包括试验仪器、制样、操作熟练程度、整理分析方法等带来的误差。

在本次试验过程中，采取如下措施以控制测量误差：

（1）严格要求复合试件的制作过程，使同一批复合试件的上下面平整、侧面光滑。

（2）装样时，应避免复合试件水分的挥发，同时应避免装样时人为失误对复合试件的破损。

（3）试验选择在不排水条件下进行，即在动应力下复合试件所产生的动应变尽量不掺杂塑性固结变形成分。

（4）装样后，使活塞与复合试件轴向接触，轴向位移计产生橡胶水泥土复合试件轴心变形的读数，做完每个复合试件后，将轴向位移计读数调整到零，以此来消除试件的端部接触误差。

（5）数据采集时，从较小的动应力开始，然后逐级加大动应力。

表 7.9～表 7.12 给出了橡胶水泥土动弹性模量和阻尼比的试验数据。

表 7.9　W_r=0 时复合试件的试验数据（m=10.4%）

围压/kPa	动应变/%	动弹性模量/MPa	阻尼比/%
100	0.0280	65.4	8.24
	0.1114	43.9	12.44
	0.1953	32.7	15.48
	0.3014	24.7	21.68
	0.3266	23.5	23.48
200	0.0254	78.6	7.16
	0.1067	51.5	9.24
	0.1685	45.6	11.80
	0.2532	31.6	17.04
	0.325	27.7	21.01
300	0.0214	93.3	5.88
	0.0718	75.6	7.56
	0.1529	56.2	9.76
	0.2198	43.3	12.44
	0.3154	33.8	17.72

表 7.10　W_r=10%时复合试件的试验数据（m=10.4%）

围压/kPa	动应变/%	动弹性模量/MPa	阻尼比/%
100	0.0295	53.9	8.36
	0.0646	40.9	11.12
	0.1431	31.0	14.76
	0.2234	26.9	18.48
	0.3152	22.4	25.02

续表

围压/kPa	动应变/%	动弹性模量/MPa	阻尼比/%
200	0.0295	67.6	8.61
	0.0745	46.8	9.12
	0.1111	35.9	10.76
	0.2087	29.2	15.61
	0.3169	25.8	21.68
300	0.0262	76.2	6.96
	0.0912	53.9	8.64
	0.1504	39.8	10.56
	0.2101	35.1	13.08
	0.3231	31.5	19.24

表 7.11　W_r =20%时复合试件的试验数据（m=10.4%）

围压/kPa	动应变/%	动弹性模量/MPa	阻尼比/%
100	0.0125	46.3	9.12
	0.0493	37.1	10.36
	0.1066	30.5	13.24
	0.1821	24.9	16.56
	0.3115	19.8	27.48
200	0.0267	49.2	8.56
	0.0995	33.2	10.12
	0.1626	26.9	14.32
	0.2329	24.3	16.44
	0.3154	21.3	23.68
300	0.0327	61.1	7.56
	0.0768	52.1	8.56
	0.1333	36	10.24
	0.1792	30.6	12.21
	0.3031	27.9	19.92

表 7.12　W_r =10%时复合试件的试验数据（m=20.8%）

围压/kPa	动应变/%	动弹性模量/MPa	阻尼比/%
100	0.0107	196.4	6.16
	0.0511	105.6	7.56
	0.1078	63.6	9.92
	0.1478	45.5	12.21
	0.2878	36.8	18.92

续表

围压/kPa	动应变/%	动弹性模量/MPa	阻尼比/%
200	0.0064	311.3	5.08
	0.0611	165.5	6.36
	0.1225	99.1	9.12
	0.1786	74.8	12.93
	0.2951	61.2	12.93
300	0.0118	340.1	3.81
	0.0632	194.9	5.32
	0.1104	122.5	7.42
	0.1592	92.8	9.64
	0.2974	77.7	16.52

7.5　橡胶水泥土动弹性模量的影响因素

7.5.1　应变

图 7.15 给出了各种橡胶水泥土复合试件在不同围压情况下，复合试件动弹性模量与动应变的关系曲线。

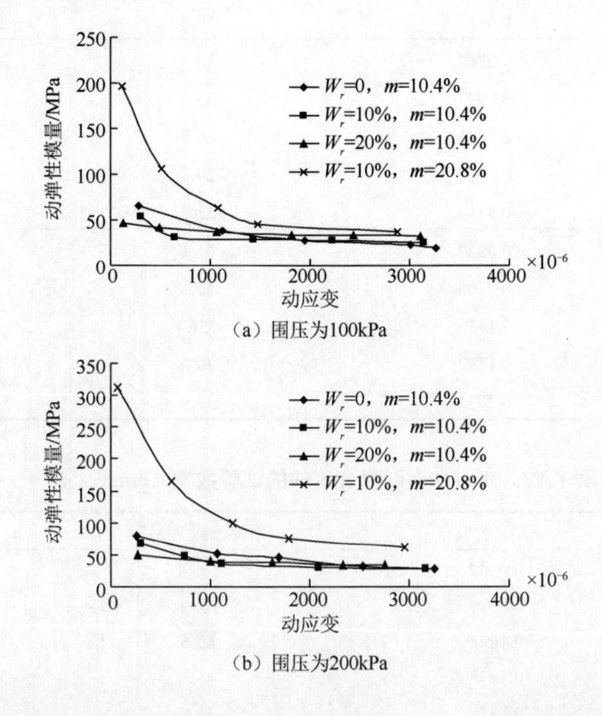

（a）围压为100kPa

（b）围压为200kPa

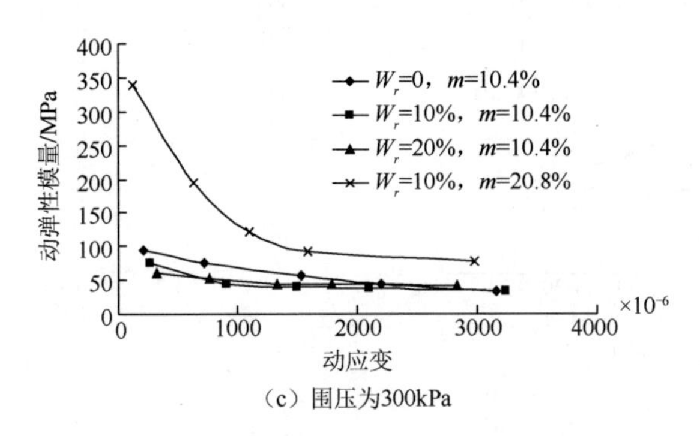

（c）围压为300kPa

图 7.15 应变对复合试件 E_d-ε 的关系曲线

从图 7.15 中可以看出，不论橡胶粉掺量是否相同，置换率是否相同，橡胶水泥土复合试件的动弹性模量随动应变的变化趋势大体都是一致的。而且，橡胶水泥土复合试件的动弹性模量随动应变的变化趋势和水泥土的变化趋势也是一致的。

橡胶水泥土复合试件的动弹性模量随着动应变的增大而减小，曲线基本呈现双曲线。当动应变较小时，复合试件的动弹性模量减小的速率大；当应变较大时，复合试件的动弹性模量减小的趋势趋于平稳。当 ε 小于 1.0×10^{-3} 时，动弹性模量减小的速度较快；当 ε 大于 3.0×10^{-3} 时，复合试件的动弹性模量则趋于平稳。这是因为橡胶水泥土复合试件的土颗粒相对于周围颗粒产生相对滑动时，在加载阶段储藏的应变能大于在卸载阶段释放的应变能。当应变较大时，复合试件的土颗粒产生更多的相对滑动和更大范围的重新排列。

7.5.2 围压

图 7.16 给出了不同围压下，橡胶水泥土复合试件在不同配合比和不同置换率的情况下动弹性模量随动应变的关系曲线。从图中可以看出，在不同的围压下，复合试件的动弹性模量的变化趋势大致是一样的。围压为 300kPa 时，复合试件的动弹性模量最大；围压为 100kPa 时，复合试件的动弹性模量最小。可见，当其他条件不变时，橡胶水泥土动弹性模量随着围压的增大而增大。这与水泥复合土试件的相关曲线趋势基本一致。其原因在于，当围压增大时，橡胶水泥土颗粒之间的接触更加紧密，橡胶水泥土复合试件表现为土体变硬，则动弹性模量增大。

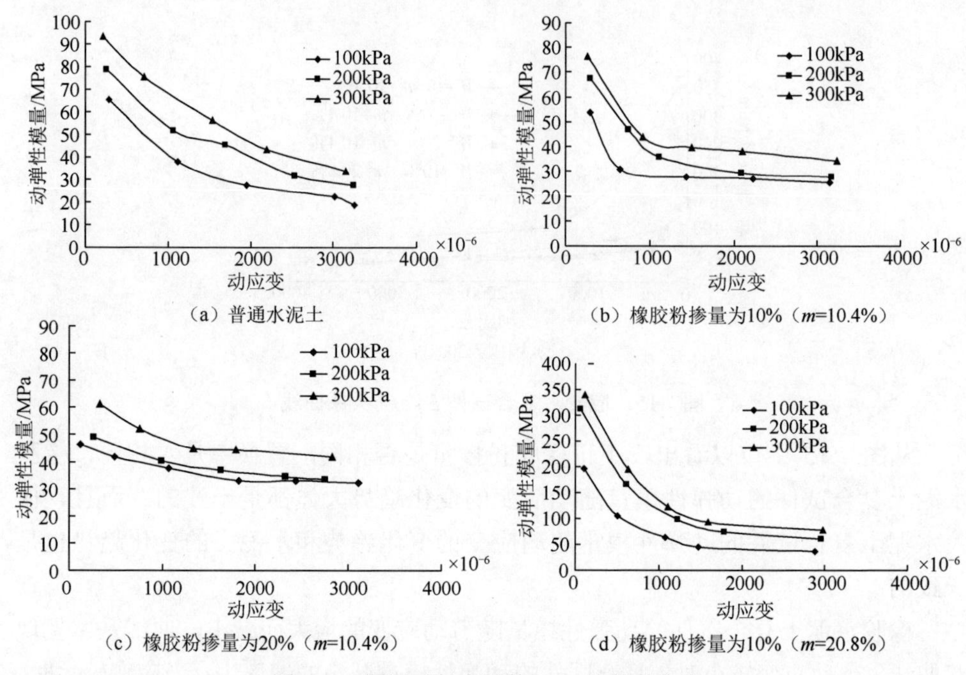

（a）普通水泥土　（b）橡胶粉掺量为10%（m=10.4%）

（c）橡胶粉掺量为20%（m=10.4%）　（d）橡胶粉掺量为10%（m=20.8%）

图 7.16　围压对复合试件 E_d-ε 的关系曲线

7.5.3　橡胶粉掺量

橡胶粉掺量对复合试件动弹性模量与动应变的关系曲线如图 7.17 所示。从图中可以看出，随着橡胶粉掺量的不同，橡胶水泥土复合试件的动弹性模量 E_d 逐渐减小。围压一定，当 ε 小于 2.0×10^{-3} 时，橡胶粉掺量对动弹性模量的影响较大，动弹性模量的下降趋势较为明显；当 ε 大于 2.0×10^{-3} 时，橡胶粉掺量对动弹性模量的影响则较小，动弹性模量 E_d 值曲线趋于平稳。橡胶粉具有低刚度和高回弹特性，这在很大程度上改善了土体的弹性变形特性和界面状态，因此，随着橡胶粉掺量的增加，橡胶水泥土复合试件的动弹性模量呈现较明显的降低趋势。

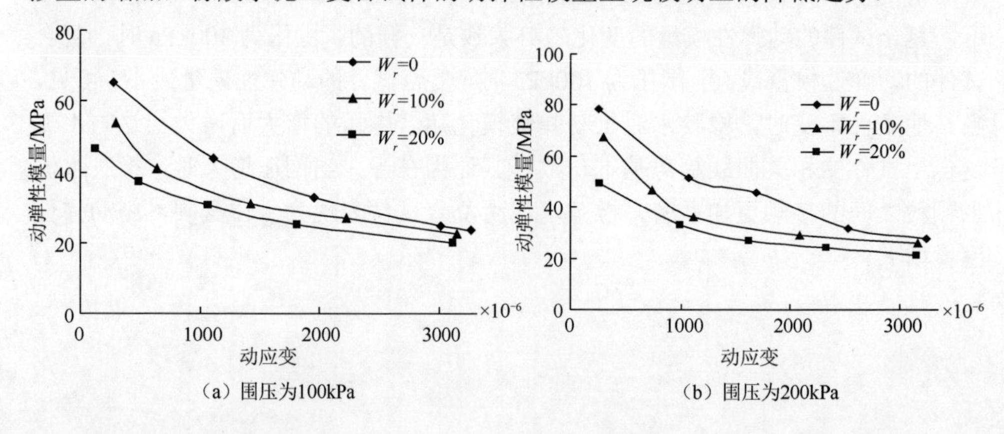

（a）围压为100kPa　（b）围压为200kPa

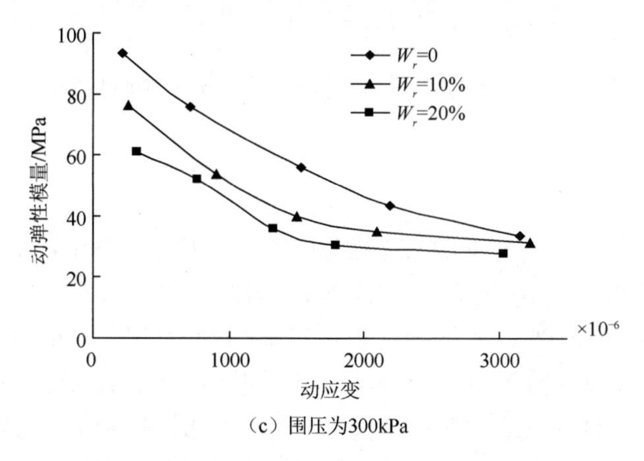

（c）围压为300kPa

图 7.17　橡胶粉掺量对复合试件 E_d-ε 的关系曲线

7.5.4　置换率

置换率对复合试件动弹性模量与动应变的关系曲线如图 7.18 所示。从图中可以看出，当橡胶粉掺量和水泥掺量都不变时，橡胶水泥土复合试件动弹性模量随着橡胶水泥土置换率的增大而增大。应变越小，复合试件动弹性模量增大的程度越大。在橡胶水泥土复合试件中，橡胶水泥土芯的动弹性模量远大于周围黏土的动弹性模量。当置换率增加时，橡胶水泥土芯动弹性模量在复合土体变形中发挥作用的比例增大，从而使复合土体的整体动弹性模量增大。

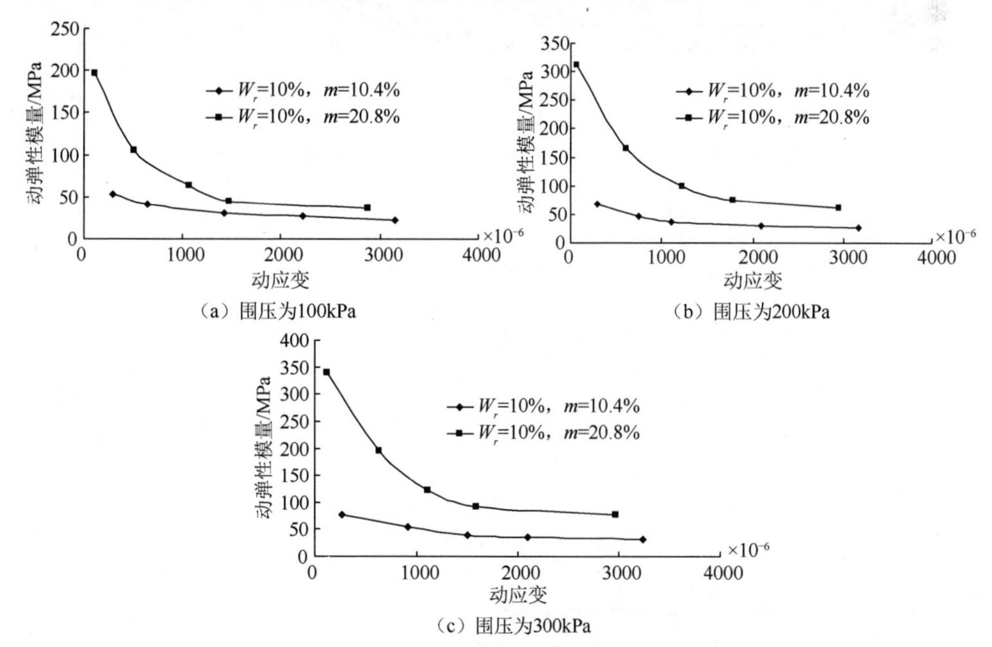

（a）围压为100kPa

（b）围压为200kPa

（c）围压为300kPa

图 7.18　置换率对复合试件 E_d-ε 的关系曲线

7.6　橡胶水泥土阻尼比的影响因素

7.6.1　应变

复合试件阻尼比与动应变的变化趋势如图 7.19 所示。图中，复合试件 1 代表橡胶粉掺量 W_r=0，水泥掺量 W_c=20%，橡胶水泥土置换率 m=10.4%；复合试件 2 代表橡胶粉掺量 W_r=10%，水泥掺量 W_c=20%，橡胶水泥土置换率 m=10.4%；复合试件 3 代表橡胶粉掺量 W_r=20%，水泥掺量 W_c=20%，橡胶水泥土置换率 m=10.4%；复合试件 4 代表橡胶粉掺量 W_r=10%，水泥掺量 W_c=20%，橡胶水泥土置换率 m=20.8%。从图中可以看出，不论橡胶粉的掺量是否相同，置换率是否相同、复合试件的阻尼比与动应变的变化趋势基本一致。当动应变较小时，复合试件的阻尼比增大的速率小，阻尼比当 ε 小于 1.5×10^{-3} 时增长的速度较慢，当 ε 大于 1.5×10^{-3} 时增长的速度较快，这一点与动弹性模量随应变的变化相同。

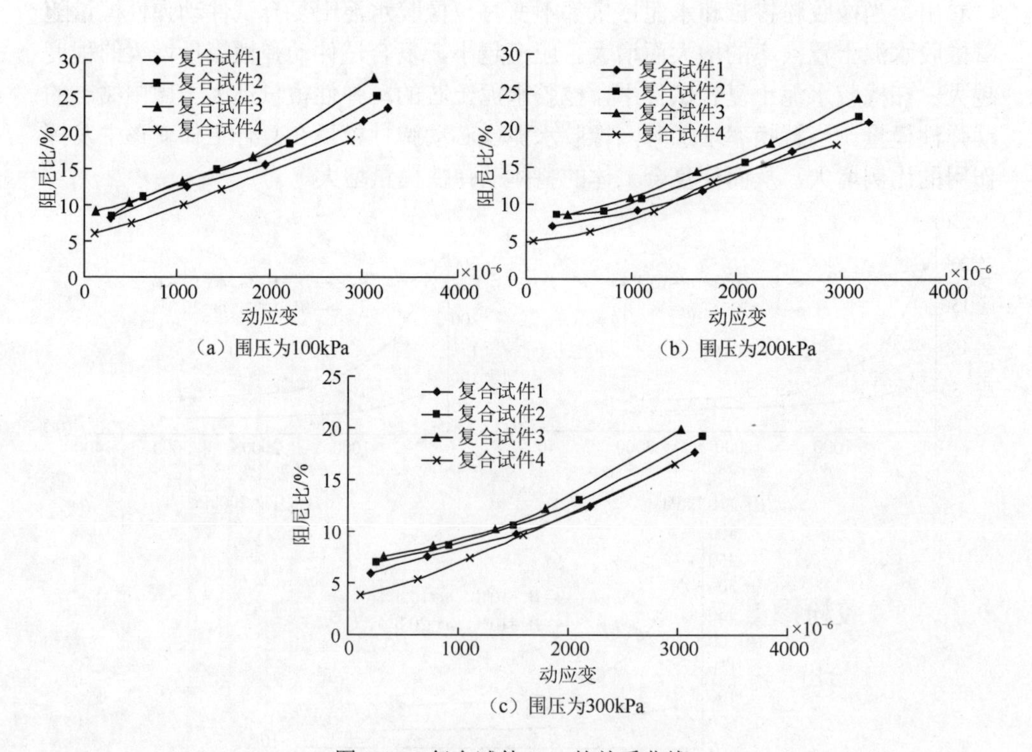

（a）围压为100kPa

（b）围压为200kPa

（c）围压为300kPa

图 7.19　复合试件 λ_d-ε 的关系曲线

7.6.2　围压

图7.20给出了围压对复合试件阻尼比与动应变的关系曲线。从图中可以看出，在相同动应变的条件下，橡胶水泥土复合试件的阻尼比随着动应变的增大而减小，这与水泥复合土试件的相关曲线趋势基本一致。并且，在动应变较大时（大约$\varepsilon>2.0\times10^{-3}$），围压对橡胶水泥土复合试件阻尼比的影响要大于动应变较小时（大约$\varepsilon<2.0\times10^{-3}$）的值。当围压增大时，橡胶水泥土颗粒之间的接触更加紧密，波在土体中的传播路径也随着围压的增大而增多，因而波在土体的传播途径中，能量的损耗也将会减少，橡胶水泥土复合试件表现为土体变硬，因此表征能量损耗的阻尼比将减小。

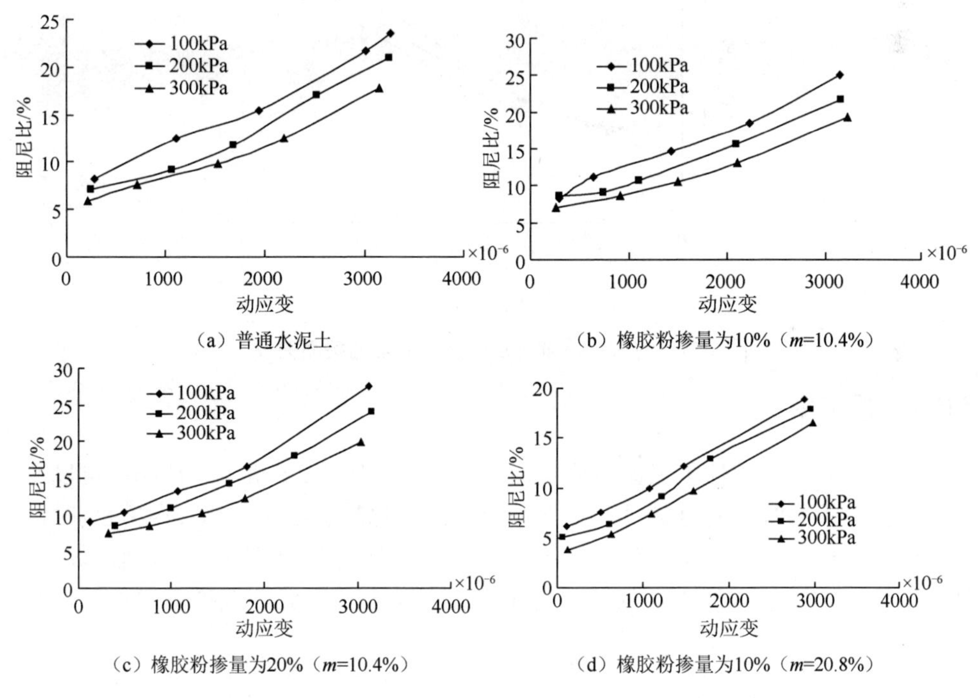

（a）普通水泥土　（b）橡胶粉掺量为10%（m=10.4%）

（c）橡胶粉掺量为20%（m=10.4%）　（d）橡胶粉掺量为10%（m=20.8%）

图 7.20　围压对复合试件 λ_d-ε 的关系曲线

7.6.3　橡胶粉掺量

图 7.21 给出了橡胶粉掺量对复合试件阻尼比与动应变的关系曲线。从图中可以看出，随着橡胶粉掺量的不同，其阻尼比与动应变的变化趋势大体是一致的。但随着橡胶粉掺量的增加，阻尼比随之增大。同时也可以看出，当围压一定，ε小于2.0×10^{-3}时，橡胶粉掺量对阻尼比的影响较大。当ε小于2.0×10^{-3}时，橡胶粉掺量的影响较小；当ε大于2.0×10^{-3}时，橡胶粉掺量的影响则相对明显。

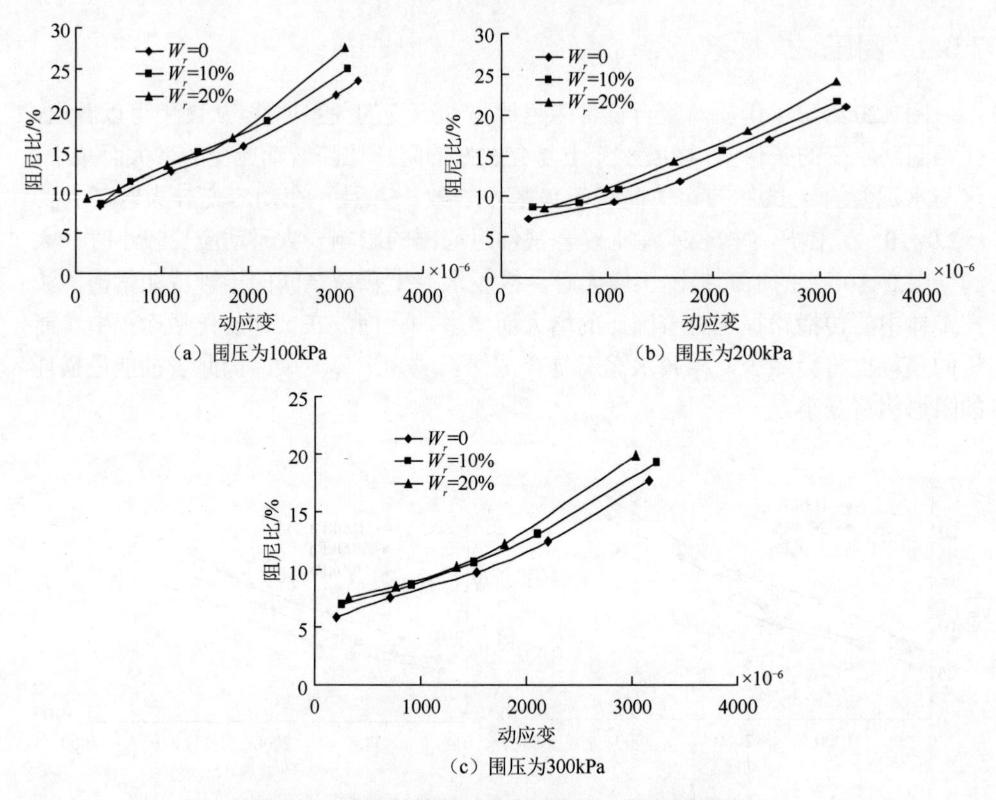

图 7.21 橡胶粉掺量对复合试件 λ_d-ε 的关系曲线

7.6.4 置换率

置换率对复合试件阻尼比与应变的关系曲线如图 7.22 所示。从图中可以看出，置换率不同时，复合试件阻尼比与应变的变化趋势相同。当 m=20.8%时，复合试件的阻尼比比较小，而当 m=10.4%时，其阻尼比比较大。在橡胶水泥土复合试件中，橡胶水泥土芯的阻尼比小于周围黏土，因此，置换率增加时，其阻尼比减小。

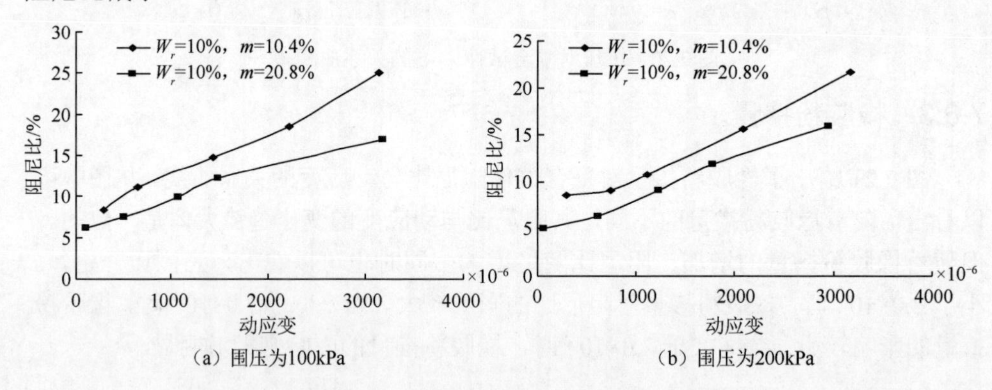

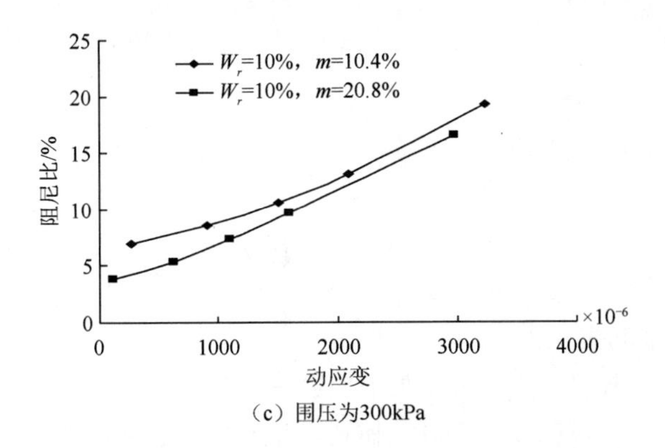

（c）围压为300kPa

图 7.22　置换率对复合试件 λ_d-ε 的关系曲线

7.7　最大动弹性模量和阻尼比的确定

7.7.1　最大动弹性模量和阻尼比的计算方法

在工程中，土体的最大动弹性模量常常作为一个重要的参考指标。Hardin 等 [18]认为，砂土的剪应力与剪应变关系呈近似的曲线关系。当应变增加时，其应力-应变曲线的斜率减小，即剪切模量会随着应变振幅的增加而减小。微小应变下的剪切模量 G 通常可用波动法（测定土中的波速）或共振法来测定[19]。对于砂性土而言，当剪切应变低于 10^{-3} 时，剪切模量趋于最大值，其值可有如下的关系式：

$$G_{\max} = A \times F(e) \times (\sigma_m)^n \tag{7.16}$$

$$F(e) = \frac{(2.97 - e)^2}{1 + e} \tag{7.17}$$

式中，A、n——垂直截距和斜率，均为常数，与剪应变的大小有关；

$F(e)$——孔隙比函数；

σ_m——平均有效主应力。

对于黏性土，不少学者也给出了各种类似的表达式，Hardin 等建议[20,21]，对于未扰动的高岭土用式（7.16），而对蒙脱土则有

$$G_{\max} = 45\frac{(4.4 - e)^2}{1 + e}(\sigma_0')^{0.5} \tag{7.18}$$

过去的试验表明，黏性土的最大剪切模量除了与孔隙比、周围固结压力和初始剪应力有关外，还与周期荷载的试验频率、塑性指数、稠度状态及其固结比密切相关。有些学者认为，也可以通过原位波速测试技术，按照弹性波的计算试件的公式求取试件的最大模量值，即

$$G = \rho \upsilon_s^2 \tag{7.19}$$

式中，ρ——试件的质量密度；

υ_s——试件的弹性剪切波。

Seed 等[22]提出另一个表达式：

$$G_{\max} = 220(K_2)_{\max}(\sigma_m')^{0.5} \tag{7.20}$$

式中，$(K_2)_{\max}$——最大剪切模量参数；

σ_m'——有效平均主应力。

对于极松的砂土取$(K_2)_{\max}$=30；对于极紧密的砂土取$(K_2)_{\max}$=75；对于比较紧密的砾石，$(K_2)_{\max}$一般在 80～180 范围内。试验研究表明，沙砾材料的相对密度大小会对$(K_2)_{\max}$有显著的影响。随着剪应变振幅的增大，剪切模量会相应减小，试验资料的统计表明：沙砾的$G/G_{\max}$-γ关系有比较好的规律，不同的砂土相差性不大，而黏性土的$G/G_{\max}$-γ关系相比沙砾性质的土则相差很大。

Hardin[23]给出下列经验公式用来考虑固结比的影响，即

$$G_{\max} = 326\frac{(2.97-e)^2}{1+e}(\text{OCR})^2(\sigma_m')^{0.5} \tag{7.21}$$

式中，e——孔隙比；

(OCR)——超固结比。

本试验采用橡胶水泥土复合试件，试件土芯是橡胶水泥土，外围是黏性土，因此在确定此复合试件的最大剪切模量时，选用式（7.20）。围压采用等效固结，σ_m'选取围压σ_3，选取(OCR)=1。

黏性土的动弹性模量可用下式求得

$$G = \frac{E}{2(1+\mu)} \tag{7.22}$$

式中，μ——泊松比。

在用式（7.22）进行估算时，必须用到试件泊松比μ，Lambe 等[24]认为对于大多数岩土工程的项目来说，μ对动剪模量G的影响很小。对于完全饱和的土，μ=0.5；对于低饱和的土，μ=0.35。有关文献指出[25,26]：对于用石灰处理后的黏性土（非复合试件），μ取 0.31。Hitcher 等[26]对试验纯黏土的μ取值为 0.3（饱和度不低于 90%），蔡袁强等[8]对水泥土的μ取值为 0.4。第 3 章研究了橡胶水泥土复合试件的μ一般为 0.25～0.45，大于普通水泥土，并随着橡胶粉掺量的增加而增大。综合上述研究取μ=0.4。

在一定的应变范围内，利用图 7.23 所给的轴向动应力幅值与动应变关系图，可以倒推求得橡胶水泥土复合试件不同情况时的最大动弹性模量。表 7.13 是各种情况下的复合试件的最大动弹性模量。

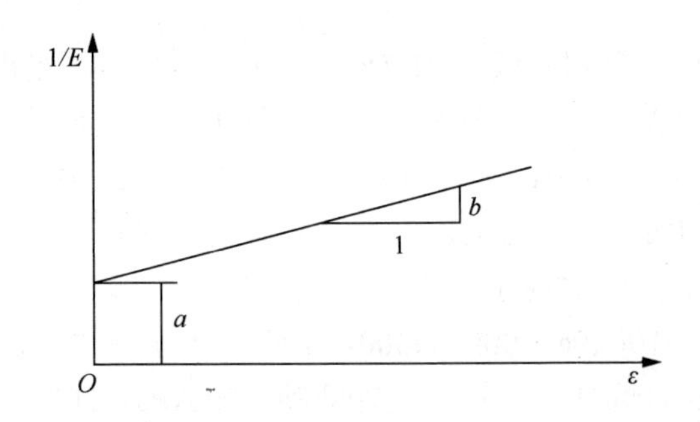

图 7.23 轴向动应力幅值与动应变关系曲线

表 7.13 各种试件的最大动弹性模量 （单位：MPa）

围压	普通水泥土	复合试件 1	复合试件 2	复合试件 3
σ_1=100kPa	234	183	164	459
σ_2=200kPa	309	229	186	486
σ_3=300kPa	436	290	244	544

把表 7.13 中普通水泥土的最大动弹性模量值代入式（7.20）中，得到纯水泥土试件的最大剪切模量 G_{max} 分别为 $G_{max1}=84$MPa 、$G_{max2}=110$MPa 、$G_{max3}=155$MPa 。而利用式（7.18）计算出的纯黏土的最大剪切模量 G_{max} 分别为 46MPa、65MPa、80MPa。有试验数据得出的最大剪切模量 G_{max} 值约为由理论计算出来的数值的 1.7～1.9 倍，根据蔡袁强等[8]对水泥土复合试件试验得出的有关结论，水泥土复合试件最大剪切模量的试验值是理论计算值的 1.7～1.9 倍是正确的，因此，本试验橡胶水泥土复合试件最大动弹性模量的方法还是比较准确的。

一般情况下，最大阻尼比 $\lambda_{d\max}$ 可通过如下两种方式求取：

（1）由经验公式求取：通过国内外文献提出的计算阻尼比 $\lambda_{d\max}$ 的理论和公式 [8]，例如 H-D 经验公式等求取。但由于每个学者在提出自己的公式时，常常是在学者自己特定的土类条件下推出的，往往由于土性差别而产生较大误差。

（2）试验数据确定：当对土试件进行动力试验，当应变较小时，滞回圈面积一般较小，此时计算的 λ_d 值误差很大，具有离散性；而当试件应变较大时，足够大的滞回圈的面积可以较为精确地计算出 λ 值，此时的 λ 值可以作为最大阻尼比 $\lambda_{d\max}$。

7.7.2 橡胶粉掺量对最大动弹性模量和最大阻尼比的影响

橡胶粉掺量 W_r 对 $E_{d\max}$ 和 $\lambda_{d\max}$ 的影响如表 7.14、图 7.24 和图 7.25 所示，可以看出，当橡胶水泥土置换率为 10.4%，当橡胶粉掺量为 10%时，在 σ_1=100kPa、σ_1=200kPa、σ_1=300kPa 三种情况下，复合试件的最大动弹性模量比纯水泥土复合试件的最大动弹性模量分别降低了 21.7%、25.9%、33.5%。当橡胶粉掺量为 20%时，橡胶水泥土复合试件的最大动弹性模量比纯水泥土复合试件的最大动弹性模量的降低程度，在 σ_1=100kPa、σ_1=200kPa、σ_1=300kPa 三种情况下，分别降低了 30.0%、39.8%、44.1%。而在阻尼比方面，当其他条件都相同的情况下，橡胶水泥土复合试件的 $\lambda_{d\max}$ 值比纯水泥土复合试件相比，都有不同程度的提高。当 W_r=10%时，σ_3 分别为 100kPa、200kPa、300kPa 时，复合试件的 $\lambda_{d\max}$ 值提高了 6.5%、3.5%、8.6%；当 W_r=20%时，σ_3 分别为 100kPa、200kPa、300kPa 时，复合试件的 $\lambda_{d\max}$ 值则分别提高了 14.9%、15.0%、11.8%。故橡胶粉可视为非常粗糙、质量轻且容易变形的软性弹性体，能提高水泥土吸收能量的能力，增大动阻尼比。因此，采用橡胶水泥土作为地基处理的材料时，能够比普通水泥土吸收更多的地震能量，起到减震的作用。

表 7.14　橡胶粉掺量不同时复合试件的 $E_{d\max}$ 和 $\lambda_{d\max}$

橡胶粉掺量	100kPa		200kPa		300kPa	
/%	$E_{d\max}$/MPa	$\lambda_{d\max}$/%	$E_{d\max}$/MPa	$\lambda_{d\max}$/%	$E_{d\max}$/MPa	$\lambda_{d\max}$/%
0	234	23.48	309	20.94	436	17.72
10	183	25.01	229	21.68	290	19.24
20	164	26.98	186	24.08	244	20.94

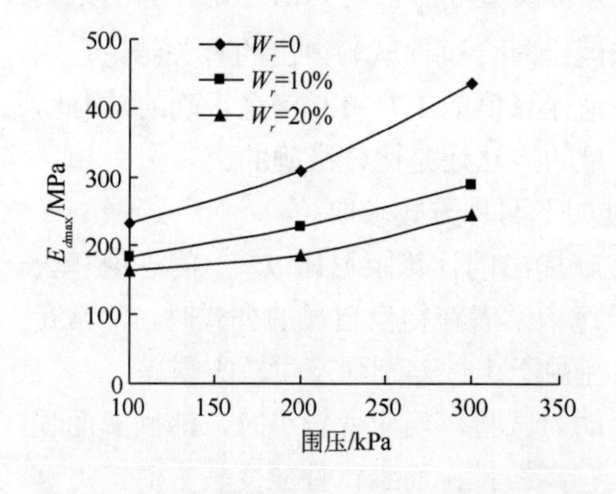

图 7.24　橡胶粉掺量 W_r 对 $E_{d\max}$ 的关系曲线

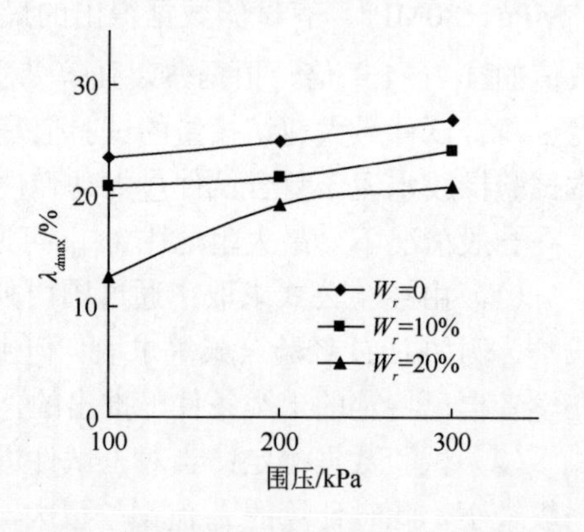

图 7.25　橡胶粉掺量 W_r 对 $\lambda_{d\max}$ 的关系曲线

7.7.3　置换率对最大动弹性模量和最大阻尼比的影响

置换率不同时，复合试件的 $E_{d\max}$ 和 $\lambda_{d\max}$ 如表 7.15、图 7.26 和图 7.27 所示，可以看出，在橡胶水泥土置换率不同的情况下，置换率大的复合试件的最大动弹性模量比置换率小的有了提高。围压较小时，置换率对最大动弹性模量的影响更加显著。当 σ_3=100kPa，橡胶水泥土复合试件置换率从 10.4%提高到 20.8%时，最大动弹性模量提高了 1.51 倍；当 σ_3=200kPa，橡胶水泥土复合试件置换率从 10.4%提高到 20.8%时，最大动弹性模量提高了 1.12 倍；而 σ_3=300kPa 时，橡胶水泥土复合试件置换率仍然从 10.4%提高到 20.8%，最大动模量提高了 87.6%。当置换率较小时，围压对最大动弹性模量的影响更加显著。当复合试件置换率 m=10.4%，橡胶粉掺量为 10%时，围压从 100kPa 提高到 300kPa 时，最大动弹性模量提高了 58.5%；而当复合试件置换率 m=20.8%，橡胶粉掺量为 10%，围压从 100kPa 提高到 300kPa 时，最大动弹性模量提高了 18.5%。

表 7.15 置换率不同时复合试件的 $E_{d\max}$ 和 $\lambda_{d\max}$

置换率/%	100kPa		200kPa		300kPa	
	$E_{d\max}$/MPa	$\lambda_{d\max}$/%	$E_{d\max}$/MPa	$\lambda_{d\max}$/%	$E_{d\max}$/MPa	$\lambda_{d\max}$/%
10.4	183	25.01	229	21.68	290	19.24
20.8	459	23.58	486	19.39	544	17.74

从表 7.15 中可以看出，在阻尼比方面，其他条件都相同的情况下，当橡胶水泥土复合试件置换率从 10.4%提高到 20.8%时，橡胶水泥土复合试件的 $\lambda_{d\max}$ 值有不同程度的降低。在围压分别在 100kPa、200kPa 和 300kPa 条件下，橡胶水泥土复合试件的 $\lambda_{d\max}$ 值分别降低了 5.7%、10.6%和 7.8%。

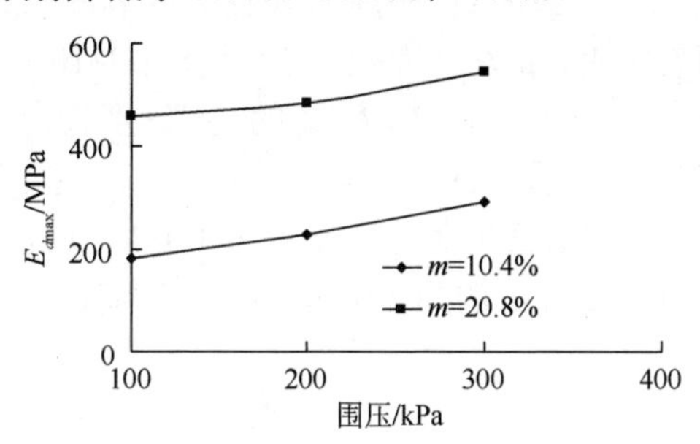

图 7.26 置换率 m 对 $E_{d\max}$ 的关系曲线

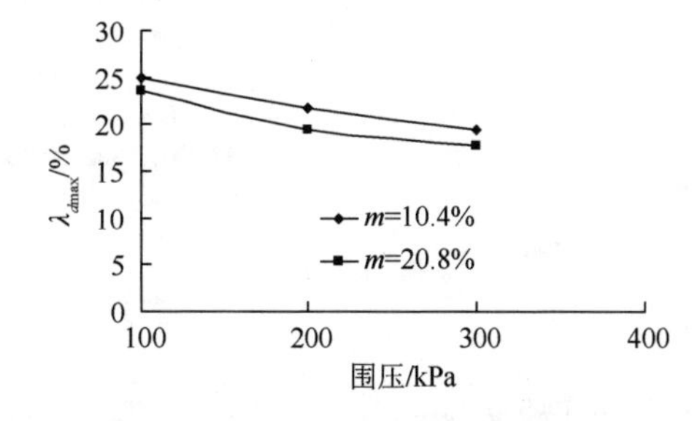

图 7.27 置换率 m 对 $\lambda_{d\max}$ 的关系曲线

7.8　最大动弹性模量和阻尼比应变归一化曲线

一般情况下，动弹性模量和阻尼比可以用周期荷载作用下的应力-应变关系曲线表示，或用动弹性模量-应变及阻尼比-应变关系曲线表示，但根据哈丁计算模式[13]，发现 E_d 和 $E_{d\max}$、λ_d 和 $\lambda_{d\max}$ 存在以下关系：

$$\frac{E_d}{E_{d\max}}=\frac{1}{1+A} \tag{7.23}$$

$$\frac{\lambda_d}{\lambda_{d\max}}=\frac{1}{1+B} \tag{7.24}$$

式中，A、B 和试验有关。为此，也把 $E_d/E_{d\max}$-ε 和 $\lambda_d/\lambda_{d\max}$-$\varepsilon$ 当作土动力特性骨干曲线的另一种表达形式和表示曲线。

7.8.1　橡胶粉掺量对动弹性模量和阻尼比应变归一化曲线的影响

上述试验分析表明，橡胶水泥土复合试件的 $E_{d\max}$ 和 $\lambda_{d\max}$ 都受到围压、应变、橡胶粉掺量等因素的影响。为系统地分析复合试件的动弹性模量，将不同橡胶粉掺量的试验数据在同坐标系下进行比较，并将 E_d 和 λ_d 除以各自的 $E_{d\max}$ 和 $\lambda_{d\max}$ 进行归一化处理。

$E_d/E_{d\max}$-ε 和 $\lambda_d/\lambda_{d\max}$-$\varepsilon$ 关系的归一化曲线如图 7.28 和图 7.29 所示。从图 7.28 中可以看出，$E_d/E_{d\max}$ 随着应变 ε 的增大而减小，ε 小于 1.0×10^{-3} 时，$E_d/E_{d\max}$ 的衰减速度比较快；ε 在（1.0～3.0）$\times10^{-3}$ 时，$E_d/E_{d\max}$ 的衰减速度较为缓慢；ε 大于 3.0×10^{-3} 时，$E_d/E_{d\max}$ 衰减趋于稳定。从图 7.29 中可以看出，$\lambda_d/\lambda_{d\max}$ 随着应变 ε 的增大而增大，ε 小于 1.0×10^{-3} 时，$\lambda_d/\lambda_{d\max}$ 的增长速度缓慢；ε 大于 1.0×10^{-3} 时，$\lambda_d/\lambda_{d\max}$ 的增长速度较快。此外，$E_d/E_{d\max}$-ε 和 $\lambda_d/\lambda_{d\max}$-$\varepsilon$ 的归一化后的试验点都较为集中地分布在一条相对狭窄的范围内。

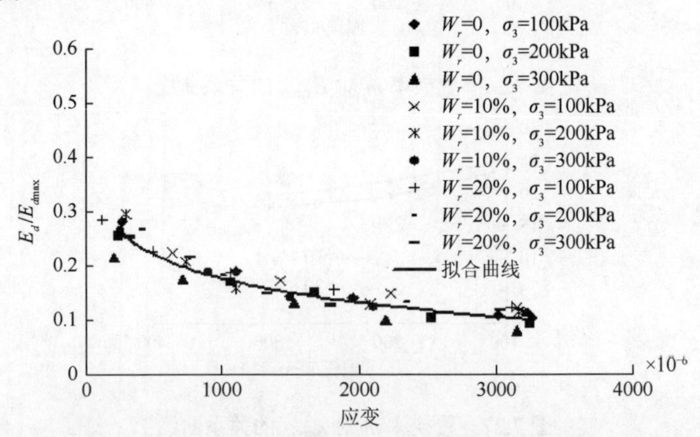

图 7.28　$E_d/E_{d\max}$-ε 关系的归一化曲线（m=10.4%）

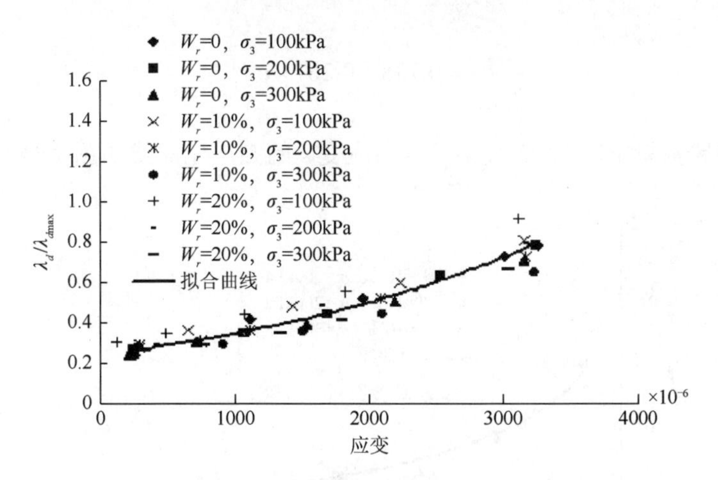

图 7.29 λ_d/λ_{dmax}-ε 关系的归一化曲线（m=10.4%）

E_d/E_{dmax}-ε 归一化曲线的拟合公式如下：

由图 7.24 可知 E_{dmax} 与橡胶粉掺量基本上属于线性关系，而由相关文献[8]得知，水泥土复合试件的 $\dfrac{E_d}{E_{dmax}}$ 与应变 ε 的归一化曲线基本上属于非线性的关系。因此，选取拟合的公式为

$$y = y_0 + Ae^{-\frac{x}{t}} \tag{7.25}$$

式中，y_0、t——常量；

A——与橡胶粉掺量有关的参数。

当橡胶粉掺量 W_r=0 时，$\dfrac{E_d}{E_{dmax}}$ 与应变 ε 的归一化曲线如图 7.30 所示。

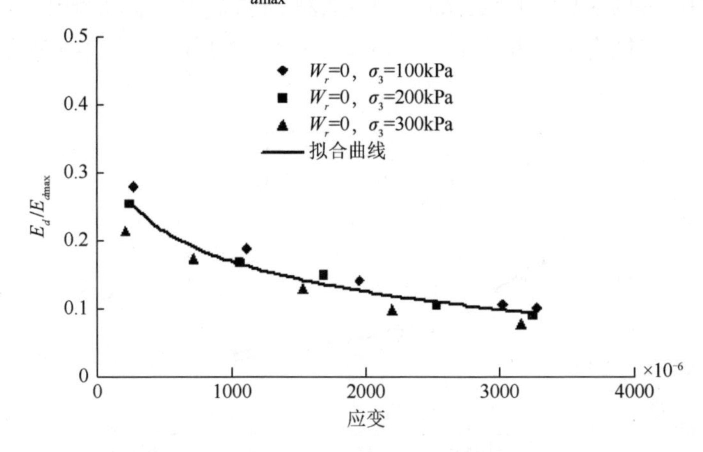

图 7.30 E_d/E_{dmax}-ε 关系的归一化曲线（W_r=0）

$$\frac{E_d}{E_{d\max}} = 0.138 + 0.267 \times e^{-\frac{\varepsilon}{10.03}} \tag{7.26}$$

当橡胶粉掺量 W_r=10%时，$\frac{E_d}{E_{d\max}}$ 与应变 ε 的归一化曲线如图 7.31 所示。

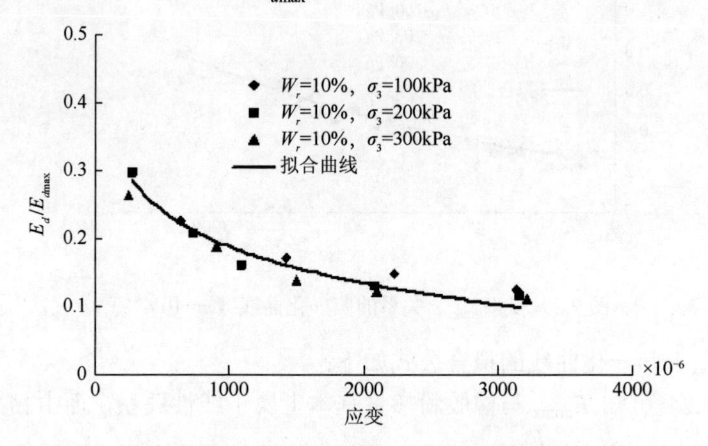

图 7.31　$E_d/E_{d\max}$-ε 关系的归一化曲线（W_r =10%）

$$\frac{E_d}{E_{d\max}} = 0.12 + 0.206 \times e^{-\frac{\varepsilon}{10.50}} \tag{7.27}$$

当橡胶粉掺量 W_r=20%时，$\frac{E_d}{E_{d\max}}$ 与应变 ε 的归一化曲线如图 7.32 所示。

$$\frac{E_d}{E_{d\max}} = 0.17 + 0.12 \times e^{-\frac{\varepsilon}{9.56}} \tag{7.28}$$

从图 7.30～图 7.32 及式（7.26）～式（7.28）可以看出，橡胶粉掺量分别为 0、10%、20%时，其拟合曲线符合式（7.25），因此，选择的拟合曲线是合理的。

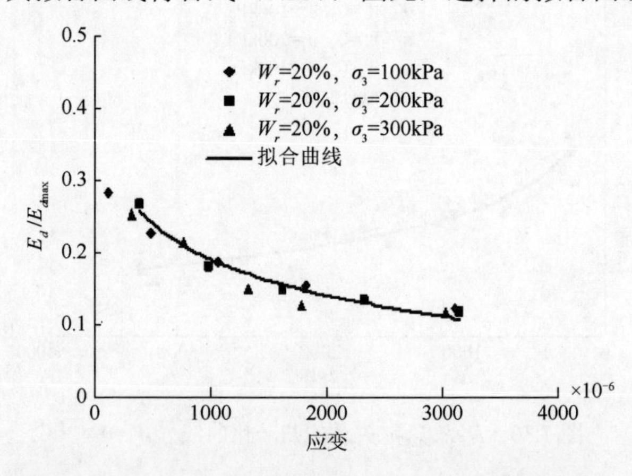

图 7.32　$E_d/E_{d\max}$-ε 关系的归一化曲线（W_r =20%）

t 的拟合值分别为 10.03、10.5、9.56，因此，近似取 t=10。

y_0 的取值为

$$y_0=\frac{a_1+a_2+a_3}{3}=\frac{0.138+0.12+0.17}{3}\approx 0.143 \tag{7.29}$$

A 和 W_r 线性关系曲线图如图 7.33 所示，橡胶粉掺量分别为 0、10%、20%时，A 的值分别为 0.267、0.206、0.12，而 $\frac{E_d}{E_{d\max}}$ 与橡胶粉掺量 W_r 为线性关系，所以 0.267、0.206、0.12 关于橡胶粉掺量 W_r 的线性公式为

$$A=0.27-0.007W_r \tag{7.30}$$

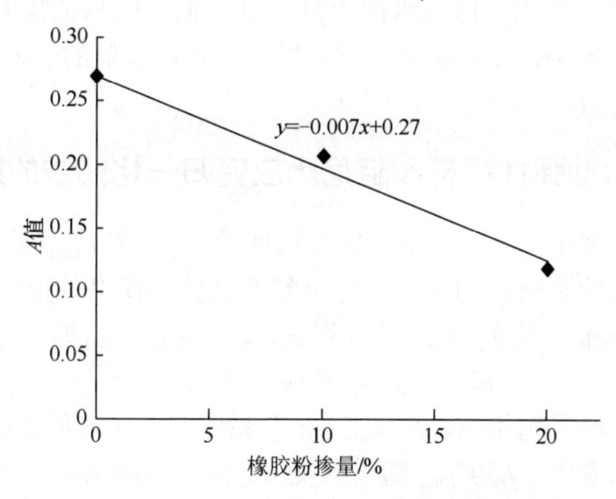

图 7.33 A 和 W_r 线性关系曲线

将式（7.29）和式（7.30）代入式（7.25）中，于是得出 $\frac{E_d}{E_{d\max}}$ 与应变 ε 关于橡胶粉掺量 W_r 的拟合曲线公式为

$$\frac{E_d}{E_{d\max}}=0.143+(0.27-0.007W_r)\times \mathrm{e}^{-\frac{\varepsilon}{10}} \tag{7.31}$$

表 7.16 给出了由拟合公式计算出的最大动弹性模量与试验得出的数据之间的对比。

表 7.16 复合试件最大动弹性模量拟合值和试验值对比

橡胶粉掺量/%	围压/kPa	拟合值/MPa	试验值/MPa	拟合值/试验值
0	100	212	234	0.904
	200	254	309	0.823
	300	301	436	0.693

续表

橡胶粉掺量/%	围压/kPa	拟合值/MPa	试验值/MPa	拟合值/试验值
10	100	182	183	0.995
	200	228	229	0.998
	300	257	290	0.888
20	100	136	164	0.830
	200	144	186	0.778
	300	179	224	0.802

从表 7.16 中可以看出，橡胶水泥土复合试件拟合值和试验值的比较，除了个别误差较大外（当 W_r=0，σ_3=300kPa 时，拟合值与试验值的误差到达 30.7%），其他数值还是很接近的。

7.8.2　置换率对动弹性模量和阻尼比应变归一化曲线的影响

上述试验分析表明，橡胶水泥土复合试件的 $E_{d\max}$ 和 $\lambda_{d\max}$ 都受到围压、应变、橡胶粉掺量等因素的影响。为系统地分析复合试件置换率的影响，将不同置换率的试验数据在同坐标系下进行比较，并将 E_d 和 λ_d 除以各自的 $E_{d\max}$ 和 $\lambda_{d\max}$ 进行归一化处理，得出 $E_d/E_{d\max}$-ε 和 $\lambda_d/\lambda_{d\max}$-$\varepsilon$ 的拟合曲线。

同橡胶粉掺量的影响相似，$E_d/E_{d\max}$-ε 关系的归一化曲线如图 7.34 和图 7.35 所示，从图中可以看出，$E_d/E_{d\max}$ 随着应变 ε 的增大而减小，ε 小于 1.0×10^{-3} 时，$E_d/E_{d\max}$ 的衰减速度比较快；ε 在（1.0～3.0）$\times10^{-3}$ 时，$E_d/E_{d\max}$ 的衰减速度较为缓慢；ε 大于 3.0×10^{-3} 时，$E_d/E_{d\max}$ 衰减趋于稳定。而 $\lambda_d/\lambda_{d\max}$ 随着应变 ε 的增大而增大，ε 小于 1.0×10^{-3} 时，$\lambda_d/\lambda_{d\max}$ 的增长速度缓慢；ε 大于 1.0×10^{-3} 时，$\lambda_d/\lambda_{d\max}$ 的增长速度较快。

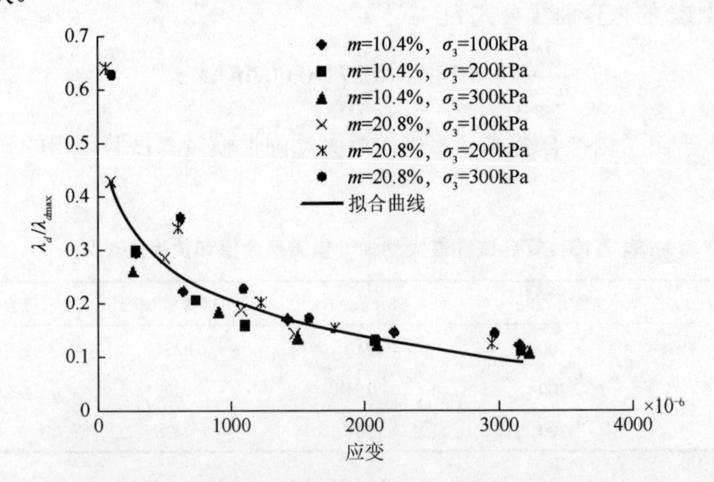

图 7.34　$E_d/E_{d\max}$-ε 关系的归一化曲线（W_r=10%）

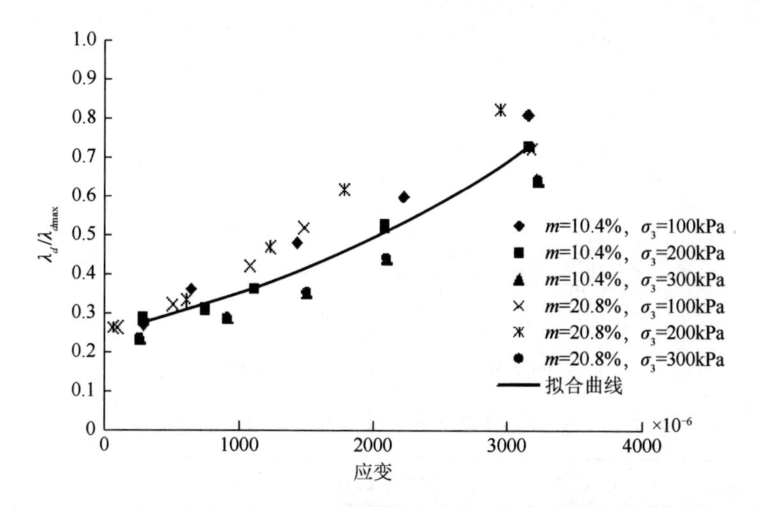

图 7.35 $\lambda_d/\lambda_{d\max}$-$\varepsilon$ 关系的归一化曲线（W_r=10%）

同橡胶粉掺量对 $E_d/E_{d\max}$-ε 拟合曲线的拟合公式过程相似，橡胶水泥土芯置换率对 $E_d/E_{d\max}$-ε 拟合曲线的拟合公式如下。

当 m=20.8%时，$\dfrac{E_d}{E_{d\max}}$ 与应变 ε 的归一化曲线为

$$\frac{E_d}{E_{d\max}} = 0.40 + 0.55 \times \mathrm{e}^{-\frac{\varepsilon}{9.71}} \tag{7.32}$$

从图 7.31 和图 7.34、式（7.27）和式（7.32）可以看出，置换率 m 分别为 10.4%和 20.8%时的拟合曲线和拟合公式，因此 y_0 的取值为

$$y_0 = \frac{a_1 + a_2}{2} = \frac{0.12 + 0.40}{2} = 0.26 \tag{7.33}$$

置换率 m 分别为 10.4%和 20.8%时，A 的值分别为 0.206 和 0.55，A 和 m 线性关系曲线图如图 7.36 所示。而 $\dfrac{E_d}{E_{d\max}}$ 与置换率 m 为线性关系。因此

$$A = 0.24m - 0.138 \tag{7.34}$$

将式（7.33）和式（7.34）代入式（7.25）中，于是得出 $\dfrac{E_d}{E_{d\max}}$ 与应变 ε 关于橡胶水泥土置换率 m 的拟合曲线公式为

$$\frac{E_d}{E_{d\max}} = 0.26 + (0.24m - 0.138) \times \mathrm{e}^{-\frac{\varepsilon}{10}} \tag{7.35}$$

表 7.17 给出了由拟合公式计算出的最大动弹性模量与试验得出的数据之间的对比。

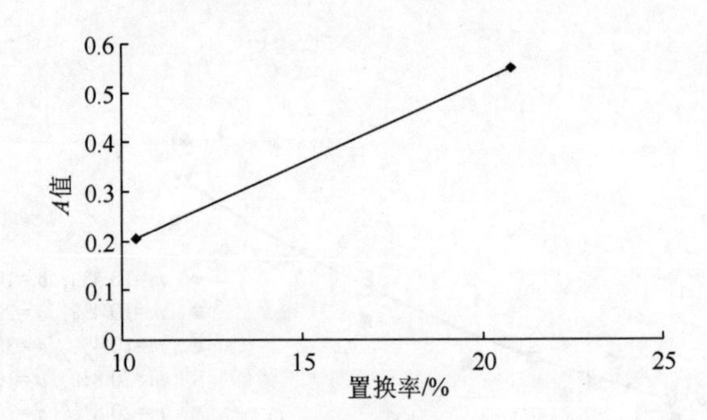

图 7.36　A 和 m 线性关系曲线图

表 7.17　复合试件最大动弹性模量拟合值和试验值对比

置换率/%	围压/kPa	拟合值/MPa	试验值/MPa	拟合值/试验值
10.4	100	148	183	0.809
	200	186	229	0.812
	300	210	290	0.724
20.8	100	542	459	1.181
	200	588	486	1.211
	300	694	544	1.275

7.9　本 章 小 结

本章对掺入橡胶粉之后的水泥土复合试件进行动三轴试验，分析其动强度、动弹性模量和阻尼比。通过试验可以得到下列结论：

（1）在橡胶水泥土动强度试验中，复合试件轴向动应变与振动次数的关系：即使试件配合比不同时，动应变与振动次数的关系曲线大致上是相同的，复合试件表现为脆性破坏；橡胶水泥土复合试件随着围压的增大，其动强度是增大的；在围压不变的情况下，复合试件动强度随着橡胶粉掺量的增大，其动强度降低；在围压不变的情况下，随着置换率的增大，橡胶水泥土复合试件动强度提高。

（2）橡胶水泥土的动弹性模量随着应变的增大而减小，但阻尼比则随着应变增大而增大；在相同的应变水平下，随着围压的增大，动弹性模量增加而阻尼比减小；当橡胶粉和水泥掺量都不变时，橡胶水泥土的动弹性模量的值随着置换率的增大而增大，而阻尼比则减小；当应变较小时，动弹性模量增大量更加明显；随着橡胶粉掺量的增加，其动弹性模量随之减小，阻尼比则随之增大。

（3）经过归一化后，各种情况下 $E_d/E_{d\max}$、$\lambda_d/\lambda_{d\max}$ 与应变 ε 关于橡胶粉掺量

W_r相关点的分布集中于一条狭长区域内，并拟合出$E_d/E_{d\max}$的归一化公式。

参 考 文 献

[1] Sitar N, Clough G W. Seismic response of steep slopes in cemented soils[J]. Journal of Geotechnical Engineering, 1981, 109(2):210-227.

[2] 魏星．腐蚀环境下水泥土的动力性能试验研究[D]．沈阳：沈阳工业大学，2014.

[3] 杨广庆．水泥改良土的动力特性试验研究[J]．岩石力学与工程学报，2003，22（7）：1156-1160.

[4] 贺建清，曾娟．循环荷载作用下低掺量水泥土试样变形性状试验研究[J]．工程地质学报，2007，15（5）：661-666.

[5] 何小亮，刘潇敏，王志硕．水泥改良黄土动力特性的动三轴试验研究[J]．地下水，2014（2）：193-196.

[6] 徐望国，张家生，贺建清，等．低灰量水泥土动力特性试验研究[J]．湖南科技大学学报（自然科学版），2007，22（2）：52-56.

[7] 曾国红，白晓红，张卫平，等．增强体复合土动弹性模量影响因素的研究[J]．水利学报，2009，40（5）：576-582.

[8] 蔡袁强，梁旭，李坤．水泥土-土复合试样的动力特性[J]．水利学报，2003，34（10）：19-25.

[9] 梁旭，蔡袁强．复合地基动弹性模量和阻尼比的试验研究[J]．土木工程学报，2004，37（1）：96-101.

[10] 谢定义，巫志辉，郭耀堂．极限平衡理论在饱和砂土动力失稳过程分析中的应用[J]．土木工程学报，1981，14（4）：7-28.

[11] 何昌荣．动三轴试验的压缩和挤压伸长特性[J]．四川联合大学学报（工程科学版），1998，2（4）：49-54.

[12] 刘保健，谢定义．随机荷载下土动力特性测试分析法[M]．北京：人民交通出版社，2001.

[13] 王杰贤．动力地基与基础[M]．北京：科学出版社，2001.

[14] 土工试验规程：SL 237—1999[S]．北京：中国水利水电出版社，1999.

[15] 地基动力特性测试规范：GB/T 50269—2015[S]．北京：中国计划出版社，2016.

[16] 李松林．动三轴试验的原理与方法[M]．北京：地质出版社，1990.

[17] 何昌荣．动模量和阻尼的动三轴试验研究[J]．岩土工程学报，1997，19（2）：39-48.

[18] Hardin B O, Drnevich V P. Shear modulus and damping in soils:measurement and parameter effects[J]. Journal of the Soil Mechanics and Foundations Division, 1972,98(6):603-624.

[19] 刘洋．土体的动模量和阻尼比的试验技术研究[D]．大连：大连理工大学，2006.

[20] Hardin B O, Richart F E. Elastic wave velocities in granular soils[J]. Journal of the Soil Mechanics and Foundations Division, 1963, 89 (1):33-66.

[21] Hardin B O, Black W L. Vibration modulus of normally consolidated clay[J]. Journal of the Soil Mechanics and Foundations Division, 1968,94(2):353-370.

[22] Seed H B, Idriss I M. Soil moduli and damping factors for dynamic response analyses[R]. Report No. EERC 70-10, Earthquake Engineering Research Center, University of California,Berkeley, 1970.

[23] Hardin B O. The nature of stress-strain behaviour for soils[C]. Proceedings of Specialty Conference on Earthquake Engineering and Soil Dynamics, 1978, 3-90.

[24] Lambe T W, Whitman R V. Soil Mechanics[M]. New York : John Wiley and Sons, 1969.

[25] Transportation and Road Research Board. State of the art: lime stabilization[R]. Transportation Research Circular, 1976:131.

[26] Hitcher P Y, El Hosri M S, Homsi M. Cyclic properties of soils within a large range of strain amplitude[J]. Developments in Geotechnical Engineering, 1987, 42:365-378.

8 橡胶水泥土塑性损伤分析

水泥土是将水泥作为胶凝固化材料，利用水泥和土体之间所产生的一系列物理、化学反应，使地基土硬结成具有整体性、水稳定性和一定强度的加固体，被广泛应用到建筑地基处理、基坑防水帷幕、公路堤坝等工程上[1]。文献[2]～文献 [7]对水泥土性能及工程应用进行了大量研究。由于工程上采用深层搅拌法形成水泥土，因此不可避免地产生了微孔洞和微裂缝等微缺陷。在外荷载的作用下，这些微缺陷的扩展使水泥土发生塑性应变，最后导致塑性断裂。这些微孔洞、微裂纹的萌生、成长和聚合就是水泥土的塑性损伤。将废弃橡胶轮胎橡胶粉掺入水泥土是一种新的尝试，橡胶粉的掺入必将会影响水泥土初始微缺陷的产生，以及在外荷载作用下微缺陷的形成和发展[8-13]。

本章通过试验分析橡胶水泥土加卸载全过程应力-应变曲线特征，从损伤力学角度探讨不同橡胶粉掺量的水泥土损伤特性和损伤演化规律，为进一步研究橡胶水泥土奠定了基础。

8.1 损 伤 原 理

连续损伤力学将离散的材料微缺陷连续化，用一个或几个连续的内部场变量来表示微缺陷对材料的影响，这种变量被称为损伤变量。Kachanov 定义连续性变量[14]为

$$\phi = \frac{\tilde{A}}{A} \tag{8.1}$$

式中，$\tilde{A}$——有效承载面积，即扣除了由于微缺陷而不能承载部分面积后得到的面积；

A——名义面积。

损伤变量 D 为

$$D = 1 - \phi \tag{8.2}$$

在无损状态时，$\tilde{A} = A$，D=0；当材料内部损伤发展到极限状态，材料完全断裂时，$\tilde{A} = 0$，D=1。由于微缺陷的存在，有效承载面积减小，单位面积上的净应力增大。

设 Cauchy 应力=P/A，则

$$P = \sigma A = \tilde{\sigma} \tilde{A} \tag{8.3}$$

式中，σ、$\tilde{\sigma}$——有效应力。

由式（8.1）～式（8.3）得

$$D = 1 - \frac{\sigma}{\tilde{\sigma}} \tag{8.4}$$

由于从细观上对每一种缺陷形式和损伤机制进行分析，Lemaitre 提出了应变等效假设用于间接地测定损伤[1,15]。假设认为，受损材料的变形行为可以只通过有效应力来体现，即损伤材料的本构关系可以采用无损时的形式，只要将其中的应力替换为有效应力即可。根据 Lemaitre 假设，由式（8.4）得

$$\tilde{\sigma} = \frac{\sigma}{1-D} = E\varepsilon_e \tag{8.5}$$

$$\sigma = E(1-D)\varepsilon_e = \tilde{E}\varepsilon_e \tag{8.6}$$

将式（8.5）、式（8.6）代入式（8.4）可得

$$D = 1 - \frac{\tilde{E}}{E} \tag{8.7}$$

式中，E——初始弹性模量；

ε_e——弹性应变；

$\tilde{E}$——受损后弹性模量，可以通过试验测得。

根据自由能函数和损伤耗散势，一般的损伤可用下式表示：

$$\dot{D} = -\frac{\partial \varphi_D}{\partial Y} \tag{8.8}$$

式中，Y——损伤能量释放率；

φ_D——塑性损伤耗散势，其表达式为

$$\varphi_D = \frac{Y^2}{2s_0}\frac{\dot{\varepsilon}_p + \dot{\kappa}}{(1-D)^{\alpha_0}} \tag{8.9}$$

其中，$\dot{\varepsilon}_p$——塑性应变变化率；

$\dot{\kappa}$——微塑性应变变化率；

s_0——参数；

α_0——参数。

对于塑性损伤，微塑性应变变化率 $\dot{\kappa} = 0$，将式（8.9）代入式（8.8）可得

$$\dot{D} = -\frac{Y}{s_0}\frac{\dot{\varepsilon}_p}{(1-D)^{\alpha_0}} \tag{8.10}$$

定义有效应力为

$$\tilde{\sigma} = \sigma_{\text{eq}}\sqrt{R_V} = \sigma_{\text{eq}}\sqrt{\frac{2}{3}(1+\nu) + 3(1-2\nu)\left(\frac{\sigma_H}{\sigma_{\text{eq}}}\right)^2} \tag{8.11}$$

式中，σ_{eq}——von Mises 等效应力；

σ_H——静水压力；

R_V——三轴应力因子；

ν——泊松比。

在单轴应力下，

$$Y = -\frac{\tilde{\sigma}^2}{2E(1-D)^2} \tag{8.12}$$

根据 von Mises 塑性屈服条件，有

$$\frac{\sigma_{\text{eq}}}{1-D} - \sigma_y = 0 \tag{8.13}$$

式中，σ_y——屈服应力。

根据式（8.5）、式（8.10）～式（8.13），可以得到橡胶水泥土塑性损伤模型：

$$\sigma = \begin{cases} \dfrac{\sigma_y^2 R_V}{2Es_0} \dfrac{\dot{\varepsilon}_p}{(1-D)^{\alpha_0}}, & \varepsilon \geqslant \varepsilon_u \\ 0, & \varepsilon < \varepsilon_u \end{cases} \tag{8.14}$$

式中，ε_u——峰值应变。

8.2 损伤试验

本试验采用ϕ39.1mm、高度为 80mm 的圆柱体试件，考虑橡胶粉掺量的影响，水泥掺量固定为 20%，共制作橡胶粉掺量 0、5%、10%、15%和 20%五种配合比的试件。试件模具为铜制三瓣模（图 8.1）。成型试件如图 8.2 所示，试件制作完成后放入养护箱中，按照标准养护条件养护至 90d 龄期。

图 8.1　三瓣模

图 8.2　成型试件

采用 CMT5105 电子万能试验机进行应力-应变关系试验和无侧限轴向加-卸载试验两部分。两个试验过程由计算机控制，试验数据自动采集。无侧限轴向加-卸载试验设定 2.5kN、3kN 和 3.5kN 为卸载点，采用应力控制方式进行无侧限轴

向加-卸载试验，在加荷历时或卸荷历时内，荷载与时间呈线性关系，控制加荷历时与卸荷历时相等，同步记录不同荷载历时下的轴向荷载和轴向位移。

图 8.3 是试件在加-卸载过程中的变化情况。图 8.3（a）是试验开始，荷载逐渐增加，试件表面没有任何现象发生。随着试验的继续，加-卸载过程持续进行，使得试件表面出现微小的裂纹［图 8.3（b)］，这些微裂纹主要出现在试件顶部，并有逐渐扩展和汇合的趋势。随着加-卸载过程的继续进行，微裂纹逐渐汇合，直到在试件顶部和中部形成一条长裂缝，但裂缝宽度不大［图 8.3（c)］。经过三个加-卸载过程后，荷载继续增大，裂缝的长度和宽度都达到最大，直至裂缝贯通，试件破坏［图 8.3（d)］。

（a）开始加压

（b）微裂缝出现

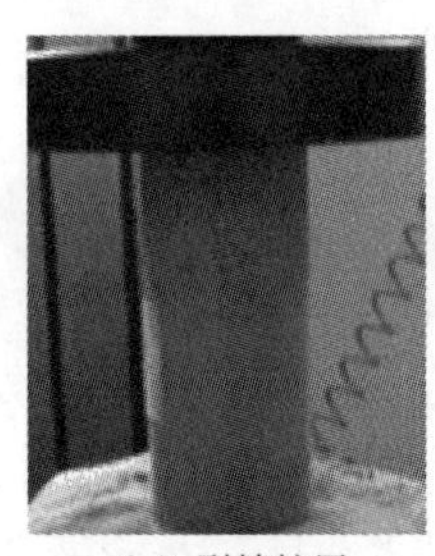
（c）裂缝扩展

（d）裂缝贯通

图 8.3　试件在加-卸载过程中的变化情况

8.3　损 伤 分 析

图 8.4 是橡胶水泥土无侧限轴向压缩应力-应变曲线，可以看出橡胶水泥土的变形损伤过程大致可以分为以下四个阶段。

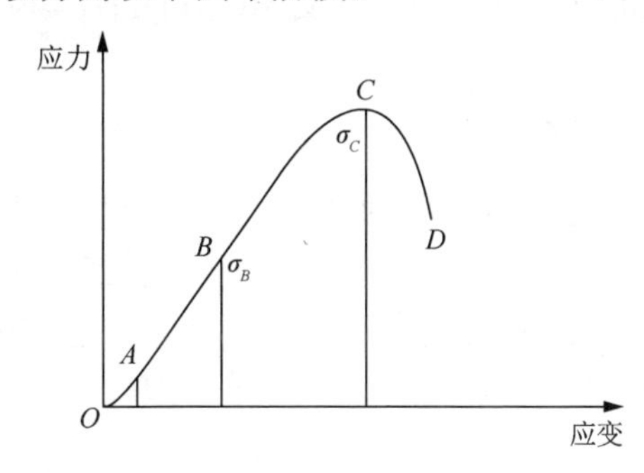

图 8.4　橡胶水泥土无侧限轴向压缩应力-应变曲线

1. 裂纹及孔洞闭合阶段（OA 段）

此阶段曲线表现为下凸性，橡胶水泥土被强化。在荷载作用下橡胶水泥土的微结构发生变化，垂直于压应力方向的微裂缝和微孔洞因受压而闭合，橡胶水泥土弹性压缩[16]。

2. 裂纹的起裂阶段（AB 段）

在较低的工作应力（低于极限强度的 40%～50%）下，材料内部的某些点会产生“拉应力”集中，致使相应的初始裂纹延伸或扩展，但遇到橡胶粉裂缝发展会受到阻碍。应力向橡胶粉转移，应力集中则随之缓解。材料在 B 点达到应力损伤阈值 σ_B 和应变损伤阈值 ε_B，如荷载不再增加，将不会产生新裂纹。可见，橡胶粉掺入到水泥土中后，在水泥土内部形成微小伸缩缝群，橡胶颗粒有效地阻止了微小裂纹的发展和贯通。这一阶段应力-应变关系是线性的。

3. 裂纹的稳定扩展阶段（BC 段）

当初始裂纹起裂后，继续加载超过橡胶水泥土的荷载损伤阈值，微裂纹继续独立扩展，同时有新裂纹产生，但裂纹发展同样受到橡胶粉的阻碍，应力-应变曲线非线性不显著。持续加载直至达到材料的极限抗压强度，此时材料达到完全损伤，损伤变量 D=1。此阶段应力-应变曲线发生弯曲，材料产生明显的塑性变形，这一阶段的应力-应变曲线是非线性的。

4. 裂纹的不稳定扩展阶段（CD 段）

当荷载超过极限强度后，裂纹将继续扩展，聚合的裂纹急剧增多。微裂纹发展到一定尺度，最终发生贯通现象，材料由于宏观裂纹的出现而破坏[17]。

8.4 橡胶水泥土损伤变量和损伤演化规律

8.4.1 损伤模量的测定方法

在单轴受力状态下，$\tilde{E}$ 为应力-应变曲线上任一点的割线模量，一般可用卸载模量 $\bar{E}$ 来代替。每次加-卸载循环，假定卸载路径为直线，则可得卸载模量。在塑性损伤中，塑性变形的存在使得 $\tilde{E} \neq \bar{E}$。根据橡胶水泥土损伤弹性模量，由如图 8.5 所示几何关系可以得出

$$\tilde{E} = \frac{\varepsilon_e}{\varepsilon_e + \varepsilon_p} \bar{E}^2 \tag{8.15}$$

式中，ε_e——弹性应变；

ε_p——塑性应变。

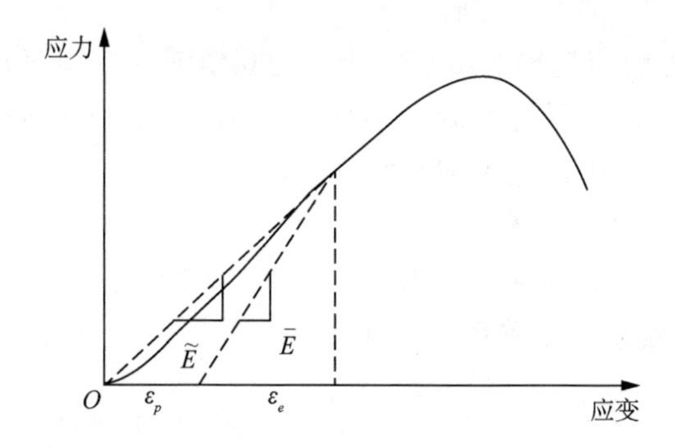

图 8.5 橡胶水泥土损伤弹性模量取值示意图

通过无侧限轴向加-卸载试验求得不同卸载点下的卸载模量 $\bar{E}$、弹性变形 ε_e、塑性变形 ε_p 和初始弹性模量 E，代入式（8.7），最终得到损伤变量 D。

8.4.2 损伤试验结果

测得试验结果后，将结果代入式（8.7）和式（8.15），计算得到损伤后弹性模量和损伤变量，数据如表 8.1 所示。

表 8.1 损伤试验结果

橡胶粉掺量/%	卸载点	卸载弹性模量 $\bar{E}$ /MPa	塑性应变 ε_p	弹性应变 ε_e	损伤后弹性模量 $\tilde{E}$ /MPa	损伤变量 D
0	1	365	4053	2425	136.8	0.28
	2	359	4604	2530	127.3	0.33
	3	338	5182	2637	114	0.4
5	1	492	4744	2457	168	0.3
	2	458	5423	2610	148.8	0.38
	3	425	6231	2881	134.4	0.44
10	1	540	5578	3561	210.6	0.22
	2	509	6475	3826	189	0.3
	3	501	7589	4188	178.2	0.34
15	1	421	5050	3775	180	0.28
	2	397	6111	3710	150	0.4
	3	389	7355	3653	142.5	0.43
20	1	466	4563	2757	138	0.31
	2	463	6344	2475	130	0.35
	3	410	7271	2660	110	0.45

由损伤理论可知，损伤变量和应力满足一次线性关系，损伤变量和应变满足二次抛物线关系[16,18,19]，因此将上述数据进行拟合，拟合系数 R^2 保持在 0.99 以上，

得到的趋势线与应力或应变轴的交点即为应力阈值或应变阈值。

图 8.6 是配合比为水泥掺量 20%、橡胶粉掺量 10%的橡胶水泥土轴向加-卸载应力-应变关系曲线。根据橡胶水泥土损伤试验测得的数据，通过计算和整理可得损伤变量-应力关系曲线（图 8.7）、损伤变量-塑性应变关系曲线（图 8.8）、损伤变量-总应变关系曲线（图 8.9）、损伤应力阈值-橡胶粉掺量关系曲线（图 8.10）及损伤应变阈值-橡胶粉掺量关系曲线（图 8.11）。

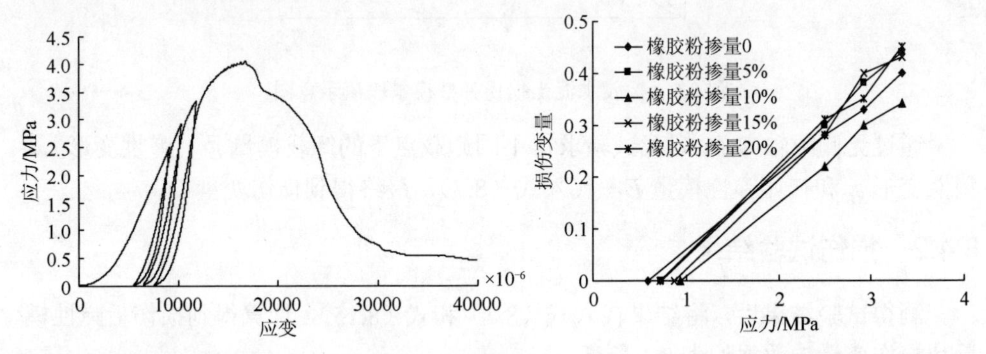

图 8.6　橡胶水泥土轴向加-卸载试验应力-应变曲线　　图 8.7　损伤变量-应力关系曲线

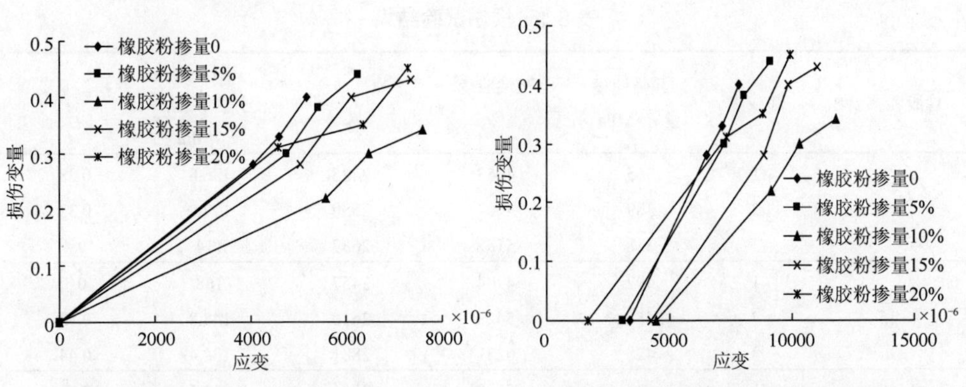

图 8.8　损伤变量-塑性应变关系曲线　　图 8.9　损伤变量-总应变关系曲线

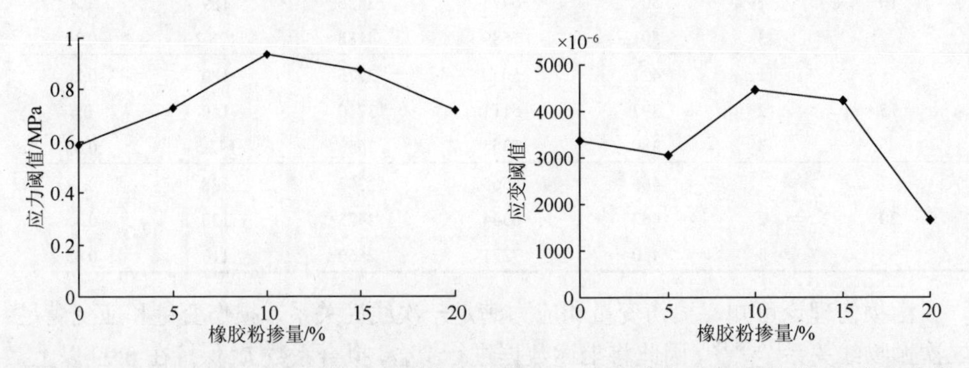

图 8.10　损伤应力阈值-橡胶粉掺量关系曲线　图 8.11　损伤应变阈值-橡胶粉掺量关系曲线

8.4.3 损伤演化规律

从图 8.7 中可以看出，随着荷载的增加，普通水泥土（$W_r = 0$）和橡胶水泥土的损伤变量都持续增大，且基本均呈线性关系，而普通水泥土损伤变量的增长速率略快于橡胶水泥土。在相同的应力条件下，橡胶粉掺量为 10%的水泥土损伤变量最小，即受损伤程度最低。

由图 8.8 可知，在变形增加的同时，损伤变量也在相应增大。普通水泥土这条直线斜率最大，这表明随着变形的增加，普通水泥土损伤变量增长最快，其受损程度增加最快。在相同的变形条件下，橡胶水泥土的损伤变量均小于普通水泥土。与普通水泥土相比，橡胶水泥土的变形能力更强。

同样，从图 8.9 中也可发现，橡胶水泥土的塑性变形能力也要强于普通水泥土。由于损伤是在塑性阶段开始表现出来的，所以塑性变形能力强意味着承受损伤的能力强。

图 8.10 是损伤应力阈值与橡胶粉掺量的关系曲线。损伤应力阈值是材料在荷载的作用下开始产生损伤时的应力值，一般把它看作是材料弹性阶段和塑性阶段的分界点，而对于水泥土来说，它是线弹性阶段和弹塑性阶段界限值。由图 8.10 可知，普通水泥土的损伤应力阈值最小，橡胶粉掺量为 10%的水泥土阈值最大。这表示掺入橡胶粉后水泥土抵抗损伤的能力增加了。

图 8.11 是损伤应变阈值与橡胶粉掺量的关系曲线。普通水泥土的损伤应变阈值高于橡胶粉掺量为 5%和 20%的橡胶水泥土。橡胶粉掺量为 5%时，在水泥土中的橡胶粉较少，尚不能有效填充水泥土内部的微孔洞和微裂缝，使其抵御和承受损伤的能力与普通水泥土相比相差不大，因此得到的损伤应变阈值与普通水泥土相差不大。而当橡胶粉掺量为 20%时，过量的橡胶颗粒又阻碍和抑制了其抵御和承受损伤能力的发挥，使得其损伤应变阈值低于普通水泥土。橡胶粉掺量为 10%的橡胶水泥土阈值最大，此时的橡胶水泥土表现出的弹性性质最强。

图 8.7～图 8.11 表明，掺量为 10%的橡胶水泥土在弹性和塑性方面都表现出了较好的性质，其应力和应变阈值也为所有配合比橡胶水泥土中最大值。这说明 10%的橡胶粉掺量是橡胶水泥土的最优掺量，这些橡胶粉较为充分地填充了水泥土试件制作过程中材料内部产生的微孔洞和微裂缝，改善了水泥土抵御损伤和承受损伤的能力。

8.4.4 损伤演化方程

根据 Lemaitre 应变等效原理：对于任何受损伤材料，在单轴或多轴应力状态下的变形状态都可通过原始的无损材料本构关系来描述[1,15]。因此式（8.6）中 $\varepsilon_e = \varepsilon$，即

$$\sigma = E\varepsilon(1-D) \tag{8.16}$$

所以损伤本构关系可表示如下：

$$\sigma = \begin{cases} E\varepsilon, & D=0 \\ E\varepsilon(1-D), & D>0 \end{cases} \tag{8.17}$$

试验发现，橡胶水泥土弹性模量随着橡胶粉掺量的增加而增加，掺量达到 10%后弹性模量逐渐降低，且两者呈抛物线关系。引入橡胶粉掺量 W_r，将 E 和 W_r 进行拟合可得关系如下：

$$E = -7413.8W_r^2 + 1569.8W_r + 171.82, 0 \leqslant W_r \leqslant 20\% \tag{8.18}$$

由图 8.5，通过数据拟合得橡胶水泥土损伤变量和应变的关系为

$$D = 7183.7\varepsilon^2 - 160.68\varepsilon + 0.78 \tag{8.19}$$

将式（8.18）、式（8.19）代入式（8.20），得到橡胶水泥土损伤演化方程为

$$\sigma = \begin{cases} (-7413.8W_r^2 + 1569.8W_r + 171.82)\varepsilon, & \varepsilon \leqslant \varepsilon_B \\ (-7413.8W_r^2 + 1569.8W_r + 171.82)(0.22\varepsilon + 160.68\varepsilon^2 - 7183.7\varepsilon^3), & \varepsilon > \varepsilon_B \end{cases} \tag{8.20}$$

试验值和拟合值如图 8.12 所示，由图可以发现，通过损伤演化方程得出的拟合值和试验值相似，拟合效果较好。

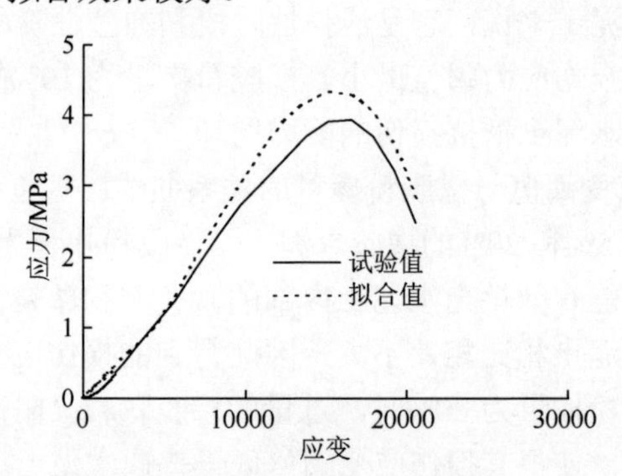

图 8.12　试验值和拟合值

8.5　本 章 小 结

（1）对橡胶水泥土无侧限轴向压缩试验曲线分析表明，橡胶水泥土的变形损伤过程大致可以分为四个阶段：裂纹及孔洞闭合阶段、裂纹的起裂阶段、裂纹的稳定扩展阶段和裂纹的不稳定扩展阶段。橡胶粉掺入水泥土中后，在水泥土内部形成微小伸缩缝群，橡胶颗粒有效地阻止了微小裂纹的发展和贯通。而且橡胶粉的掺入极大地增强了水泥土的塑性变形能力。

（2）通过损伤试验得到应力、应变、塑性应变与损伤变量的关系，以及应力阈值、应变阈值与橡胶粉掺量的关系。分析试验结果发现，在水泥土中掺入一定

量的橡胶粉可以增强材料的变形能力，提高材料的损伤应力-应变阈值，使材料抵御和承受损伤的能力有所提高。掺入10%橡胶粉的橡胶水泥土在弹性和塑性方面都表现出了较好的性质，其应力和应变阈值也为所有配合比橡胶水泥土中最大值。

参考文献

[1] 刘松玉，钱国超，章定文. 粉喷桩复合地基理论与工程应用[M]. 北京：中国建筑工业出版社，2006.
[2] 梁仁旺，张明，白晓红. 水泥土的力学性能试验研究[J]. 岩土力学，2001，22（2）：211-213.
[3] 徐丽欣，于长喜. 水泥搅拌桩加固软土地基施工方法[J]. 黑龙江科技信息，2002（7）：160.
[4] 牛丽坤，谢友均，龙广成. 不同服役环境下水泥土的性能对比试验研究[J]. 铁道标准设计，2017，61（9）：55-59，81.
[5] 郝巨涛. 水泥土材料力学特性的探讨[J]. 岩土工程学报，1991，13（3）：53-59.
[6] 郭全全. 水泥土材料力学性能的试验研究[D]. 太原：太原理工大学，2000.
[7] 陈四利，宁宝宽，鲍文博，等. 水泥土细观破裂过程的损伤本构模型[J]. 岩土力学，2007，28（1）：93-96.
[8] 赵丽妍. 掺废旧轮胎橡胶粉改性水泥混凝土试验研究[D]. 大连：大连理工大学，2009.
[9] 李靖. 掺废旧轮胎橡胶粉水泥混凝土性能试验研究[D]. 大连：大连理工大学，2010.
[10] 彭光达. 橡胶粉对水泥混凝土性能的影响研究[D]. 天津：河北工业大学，2012.
[11] 管学茂，史新亮，李清海，等. 橡胶粉改性路面水泥混凝土性能研究[J]. 新型建筑材料，2008，35（10）：11-14.
[12] 尤伟. 橡胶粉改性水泥混凝土路用性能的研究[D]. 桂林：桂林理工大学，2009.
[13] 覃峰，马福荣，杨胜坚，等. 橡胶粉改性水泥混凝土路面试验路段的应用研究[J]. 公路，2010（11）：95-101.
[14] Kachanov L M. Introduction to Continuum Damage Mechanics[M]. Netherlands: Martinus Nijhoff Publishers, 1986.
[15] Lemaitre J. A Course on Damage Mechanics[M]. New York: Springer, 1996.
[16] 童小东，龚晓南，蒋永生. 水泥土的弹塑性损伤试验研究[J]. 土木工程学报，2002，35（4）：82-85.
[17] 李兆霞. 损伤力学及其应用[M]. 北京：科学出版社，2002.
[18] 王文军，朱向荣，方鹏飞. 纳米硅粉水泥土损伤特性分析[J]. 科技通报，2008，24（2）：219-223.
[19] 陈志新. 纳米硅粉水泥土损伤模型分析[J]. 福建建筑，2008（5）：60-62.

9 橡胶水泥土桩复合地基试验

水泥土桩复合地基是近年来使用的一种加固软弱地基技术，具有施工速度快、成本低廉、无污染、质量容易控制等很多优点[1]，因此广泛应用于新建建筑物、改建建筑物、港口码头、高速公路的地基处理中。

以橡胶水泥土为增强体形成的复合地基称为橡胶水泥土桩复合地基，是新型复合地基。前几章的研究表明，橡胶粉主要通过物理力学作用改善水泥土内部结构，并不改变水泥土中各种材料本身的化学性能。橡胶水泥土具有抗离子侵蚀、抗冻的良好性能。同时，橡胶粉的掺入提高了水泥土抵御和承受损伤的能力[2-5]，因此，橡胶水泥土桩复合地基提高了水泥土桩在复杂环境下的工作性能。

橡胶水泥土桩复合地基采用传统的水泥土桩复合地基的施工工艺，形成橡胶水泥土桩、土、褥垫层共同工作的和谐工作体系。本章通过室内模型试验，研究橡胶水泥土桩复合地基的竖向和水平承载性能，以便为橡胶水泥土推广使用提供理论基础。

9.1 复合地基的基本理论

9.1.1 复合地基的两个基本概念

1. 面积置换率

图 9.1 是复合地基的基本模式。桩间土被加固体置换。

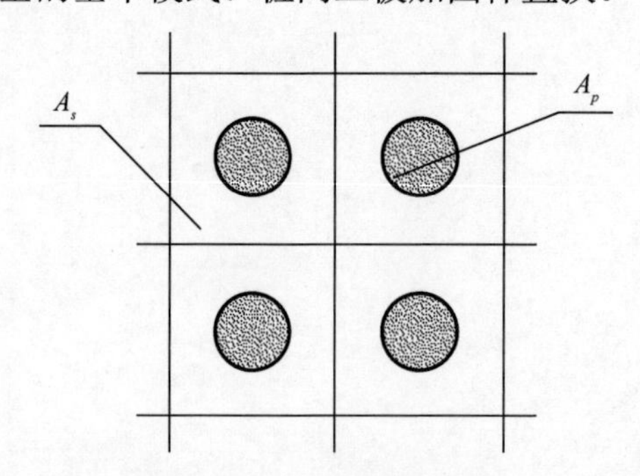

图 9.1 复合地基的基本模式

设 A_p 为加固体的断面积，A_s 为桩间土的面积，A 为每根桩水平影响区域的面积，则

$$\begin{cases} A=A_s+A_p \\ m=\dfrac{A_p}{A} \end{cases} \tag{9.1}$$

定义 m 为复合地基面积置换率。置换率体现了加固体的置换水平。

2. 桩土应力比

由于软土层被加固体置换，复合地基可以看成是各向异性材料。由于竖向增强体复合地基加固体和桩间土的压缩模量不同，在荷载作用下，加固体的压缩明显比桩间土小，随着地基变形的增加，应力逐渐转移到加固体上，在加固体上会产生应力集中（图 9.2）。

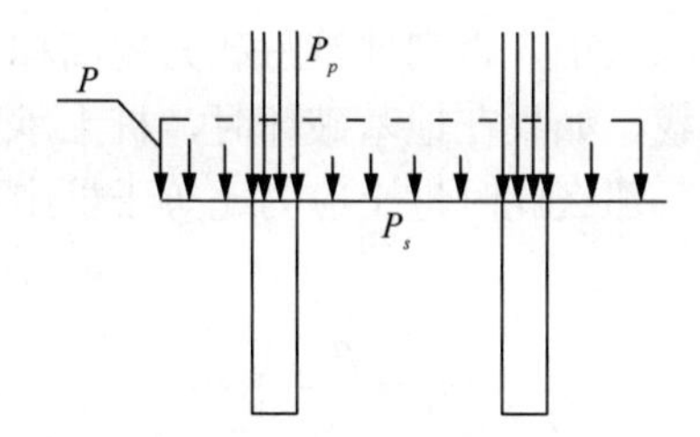

图 9.2　应力集中

设 P 为地表面平均荷载，P_s 和 P_p 分别为桩间土和加固体承受的荷载，则定义

$$\begin{cases} \delta_p=\dfrac{P_p}{P} \\ \delta_s=\dfrac{P_s}{P} \end{cases} \tag{9.2}$$

式中，δ_p 、δ_s ——桩、土荷载分担比。

由式（9.2）得

$$\begin{cases} P_p=\delta_p P \\ P_s=\delta_s P \end{cases} \tag{9.3}$$

桩顶应力和桩间土表面应力可以表示为

$$\begin{aligned} \sigma_p &= \frac{P_p}{A_p} = \frac{\delta_p P}{A_p} \\ \sigma_s &= \frac{P_s}{A_s} = \frac{\delta_s P}{A_s} \end{aligned} \tag{9.4}$$

式中，σ_p——桩顶应力；

σ_s——桩间土表面应力；

A_p——加固体的面积，由式（9.1）可得 $A_p = mA$ ；

A_s——桩间土的面积，由式（9.1）可得 $A_s=(1-m)A$。

定义

$$n=\frac{\sigma_p}{\sigma_s} \tag{9.5}$$

为桩土应力比（或应力分担比）。将式（9.4）代入式（9.5）可得

$$n=\frac{(1-m)\delta_p}{m\delta_s} \tag{9.6}$$

可见，桩土应力比和桩土荷载分担比可互相转化。

桩土应力比体现了在复合地基受荷载作用时，桩的应力集中程度。桩土应力比不能太大，否则由于加固体承担了大部分荷载，桩间土的承载能力不能得到充分发挥；桩土应力比也不能太小，否则地基承载力提高程度太小。复合地基根本特点就是桩土共同承担荷载，如果在地基破坏时，桩土承载力能够同步发挥，同时达到各自的极限承载力，那么此时桩土应力比等于桩土极限承载力之比，称为理想桩土应力比 n_d，即

$$n_d=\frac{p_{\mathrm{pf}}}{p_{\mathrm{sf}}} \tag{9.7}$$

9.1.2　位移协调条件

复合地基的加固机理实质就是桩、土共同作用机理。要保证桩、土能共同工作，必须保证桩和桩间土的位移协调。

1. 没有设置褥垫层的情况

桩体与桩间土协同工作的条件是基础与其下地基土保持接触。假设基础是绝对刚性的，则桩顶沉降与基础下桩间土面的沉降相等。由于在一般情况下，桩尖下土层压缩量 S_{p2} 和桩尖平面以下土层压缩量 S_{s1} 是相同的，故桩与桩间土共同工作的条件是

$$S_{p1}+S_{p3}=S_{s2} \tag{9.8}$$

式中，S_{p1}——桩身压缩量；

S_{p3}——桩尖刺入量；

S_{s2}——桩尖平面以上桩间土压缩量。

该式表明，只有当桩尖刺入量与桩身压缩量之和等于桩间土压缩量时，才能保证桩体和桩间土共同协调承载。

2. 设置褥垫层的情况

设置褥垫层时，桩顶将产生刺入，这时桩土共同工作的条件是

$$S_{p1}+S_{p3}=S_{s2}+S_{p4} \tag{9.9}$$

式中，S_{p4}——桩顶刺入量。

9.1.3 复合地基的破坏形式

竖向增强体复合地基的破坏形式可以分成两种情况：一种是桩间土首先破坏进而发生复合地基的全面破坏，另一种是桩体首先破坏进而发生复合地基的全面破坏。在实际工程中，桩间土和桩体同时达到破坏是很难遇到的，大多数是桩体先破坏，继而引发复合地基的全面破坏。桩体破坏模式可以有以下几种：刺入破坏、鼓胀破坏、整体剪切破坏、滑动剪切破坏（图 9.3）。

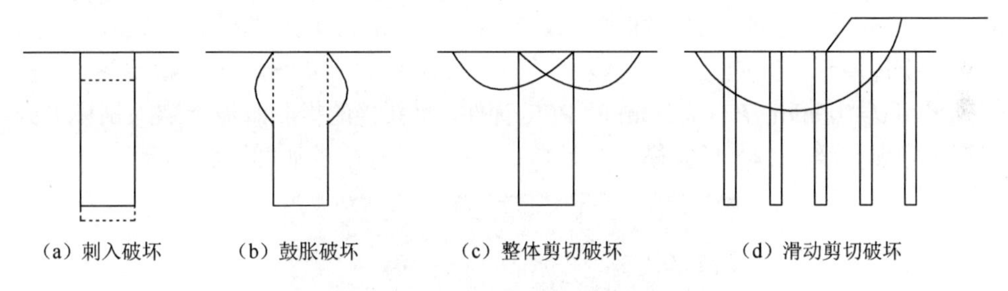

（a）刺入破坏　（b）鼓胀破坏　（c）整体剪切破坏　（d）滑动剪切破坏

图 9.3　复合地基破坏模式

桩体发生刺入破坏模式如图 9.3（a）所示。桩体刚度较大，地基上承载力较低的情况下较易发生桩体刺入破坏。桩体发生刺入破坏，承担荷载大幅度降低，进而引起复合地基桩间土破坏，造成复合地基全面破坏。刚性桩复合地基较易发生刺入破坏，特别是在柔性基础上刚性桩复合地基更容易发生刺入破坏。若在刚性基础上，则可能产生较大沉降，造成复合地基失效。

桩体鼓胀破坏模式如图 9.3（b）所示。在荷载作用下，桩体本身的应变在增加，桩体的内应力也逐渐增大，当内应力超过桩体的黏结强度，而桩周土体不能提供给桩体足够的围压时，桩体产生过大的侧向变形，产生桩体鼓胀破坏，造成复合地基全面破坏。无论在刚性基础上还是柔性基础上，散体材料桩较易发生鼓胀破坏。

桩体整体剪切破坏模式如图 9.3（c）所示。在荷载作用下，复合地基发生桩体剪切破坏，进而引起复合地基全面破坏。无论在刚性基础上还是柔性基础上，低强度的柔性桩较易发生桩体剪切破坏，而柔性基础上发生的可能性更大。

桩体滑动剪切破坏模式如图 9.3（d）所示。在荷载作用下，复合地基沿某一滑动面产生滑动破坏。在滑动面上，桩体和桩间土均发生剪切破坏。各种复合地基均可能发生滑动破坏，柔性基础上较刚性基础上的复合地基发生的可能性大。

由此可见，复合地基的破坏模式的发生与桩体强度有关。当桩体强度较小时易发生鼓胀破坏，当桩体强度中等时易发生鼓胀破坏，当桩体强度较大时易发生刺入破坏。此外，破坏模式的发生还与复合地基上部基础形式有关。

9.2　橡胶水泥土桩复合地基的竖向荷载试验

9.2.1 试验准备及过程

1. 试验材料及试验分组

试验采用废弃橡胶轮胎制成的粒径 550μm 橡胶粉；普通硅酸盐水泥；河砂，最大粒径 5mm，连续级配，细度模数 2.60；5～15mm 粒径的碎石。试验土样取自沈阳市浑南新区某施工工地，该土层分布深度为 0.7～4.3m，可塑粉质黏土。桩试模采用 d=100mm、h=1000mm 的 PPR 管件，将新拌的橡胶水泥土装入试模中分层振捣密实，浇筑 24h 后脱模，自然养护 28d。试验用桩如图 9.4 所示。

图 9.4　试验用桩

试验以水泥掺量 20%、橡胶粉掺量 0 的桩为基准水泥土桩（Pr0），橡胶粉以 5%、10%等质量代替水泥，其代号分别为 Pr5、Pr10。在做代号为 Pr5 的单桩试验时，采用三种褥垫层厚度：h=210mm，h=140mm 和 70mm。

2. 测试元件布置及加载过程

桩身应变片的布置如图 9.5 所示。应变片桩身周边 3 个，成 120° 间隔。应变片为 3 层，桩顶部和底部的应变片容易损坏，为避免此情况发生，将顶部应变片向下、底部应变片向上各移动 50mm。应变片垂直间距 450mm，每根桩共贴 9 个应变片。应变片布设步骤如下：

（1）选片：先用放大镜检查丝栅是否平行，是否有霉点、锈点，用数字式万用表测量各应变片电阻值，选择质量合格应变片供粘贴用。

（2）测点表面的清洁处理：首先把测点表面用砂轮、锉刀或砂纸打磨，使测点表面平整，并使表面有一定的粗糙度，这样有利于应变片和端子的粘贴；然后用棉花球蘸丙酮擦洗表面的油污，直到棉花球不黑为止；再用铅笔在测片位置处画出应变计的坐标线。

（3）贴片：在测点位置和应变计的底基面上，涂上薄薄一层胶水，一手捏住应变片引出线，把应变计轴线对准坐标线，上面盖一层聚乙烯塑料膜作为隔层，用手指在应变计的长度方向滚压，挤出片下气泡和多余的胶水，直到应变计与被测物紧密黏合为止。

（4）贴端子：端子的粘贴方法与应变片的粘贴方法基本相同。贴时只需注意手按压端子的时间应比贴应变片时稍长一些。

（5）干燥处理：在贴好应变片后就需要进行干燥处理，方法是自然干燥或人工干燥。

（6）接线：应变计和应变仪之间用导线连接。需根据环境与试验的要求选用导线。通常静应变测定用双蕊多股平行线；在有强电磁干扰及动应变测量时，需用屏蔽线。

（7）防潮处理：本次试验选用的为胶基应变片，胶基应变片有很好的防潮功能，可不考虑另外的防潮措施。

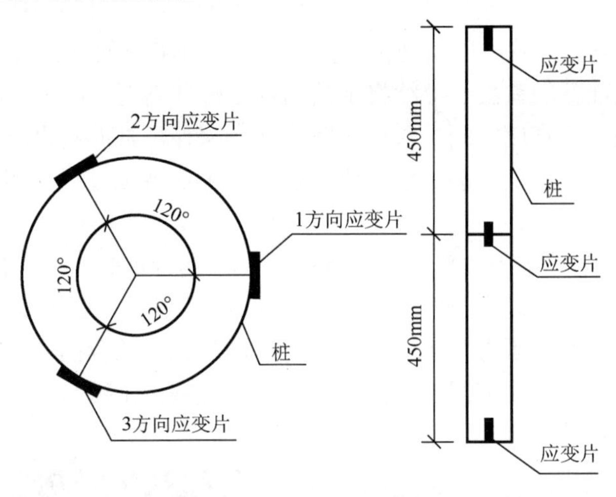

图 9.5 桩身应变片示意图

试验加载装置如图 9.6 所示。选用 200t 滑动千斤顶，用压力传感器测千斤顶施加的力。荷载采用分级加载，每施加完一级荷载，等荷载和沉降稳定后，读取数据，再施加下一级荷载，每一级是 5kN。终止加载以沉降不收敛或得到相关曲线可以做定性的分析为条件。试验数据使用 UCAM-70A 进行自动采集。

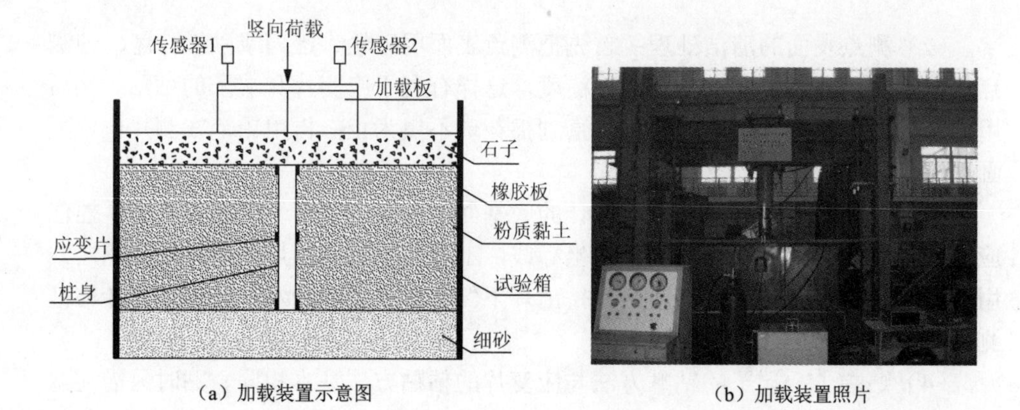

（a）加载装置示意图　　（b）加载装置照片

图 9.6　试验加载装置

3. 桩试件埋设

橡胶水泥土桩试件埋设［图 9.7（a)］的基本步骤如下：

（1）桩周土体装填：桩周土体装填时应控制每次装填厚度。实际操作时每层厚度大约控制在 20cm，然后人工将土体振捣密实，注意保持相同的土体振捣次数，振捣后土体应为水平面。

（2）模型桩的埋置：采用埋置式模拟现场桩的施工，且不考虑施工对周围土体产生的影响。先将桩底用砂填到预定桩端高度，再将模型桩放入，定位并固定，固定桩用一预先准备的铁架。继续将土装到预定桩顶高度。

（3）模型桩的垂直度控制：采用重锤悬挂法来保证桩的垂直度。在埋置过程中，不可避免地会对模型桩的定位有所影响，要求在装土过程中谨慎仔细以使其影响最小。

（4）模型桩的桩顶调平：模型桩制作过程中应尽量保证桩顶为一水平面，以保证加载竖向力时的试验精确度。如果不平，则在桩顶铺设细砂，以便保证加载板水平。

（5）在桩顶埋设土压力盒［图 9.7（b)］，同时在桩长范围内均匀埋设三层土压力盒，用以测量桩顶和桩间土的压力值。本试验测量土压力和桩顶压力所采用的仪器选用辽宁省丹东市电子仪器厂的 BX-1 型土压力传感器。

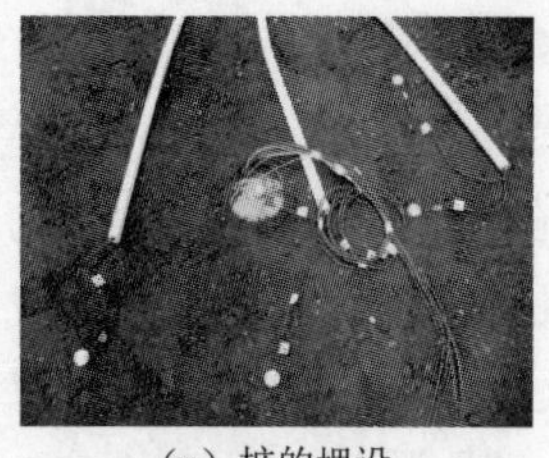

（a）桩的埋设

（b）土压力盒布置

图 9.7　试验用桩及土压力盒埋置

9.2.2 橡胶水泥土桩复合地基荷载传递规律

1. 桩土荷载分担比

选用水泥掺量20%、橡胶粉掺量10%的单桩复合地基试验来研究桩土荷载分担及桩土应力比随荷载变化的规律。图9.8是Pr10单桩复合地基在竖向荷载P作用下桩和桩间土荷载分担曲线。

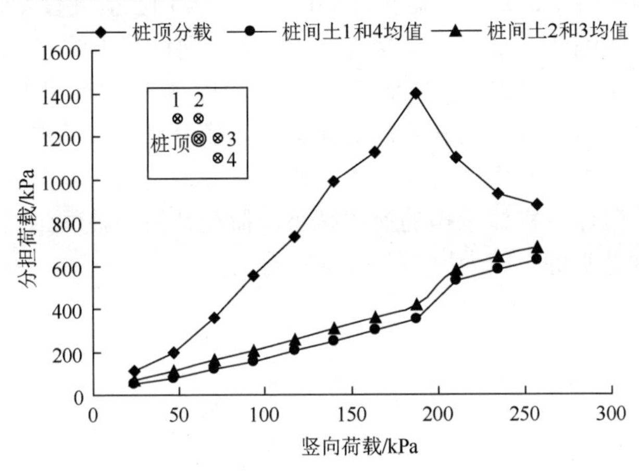

图9.8 桩土荷载分担曲线

对于位置相同的1、4号和2、3号压力盒，取两者平均值为桩间土压力值。施加竖向荷载P后，在$P<50$kPa时桩顶分担荷载曲线斜率较小，$P>50$kPa后斜率开始增大，这是因为加载初始阶段桩顶刺入褥垫层，褥垫层和桩间土有一个压实的过程。$0<P<170$kPa时桩和桩间土分担的荷载大致呈直线增长，上部总荷载被均匀地分配到桩和桩间土上，桩顶应力变化范围为0～1.2MPa，桩间土应力变化范围为0～0.75MPa，说明桩体分担了大部分的荷载。而且桩分担荷载的增加幅度大于桩间土分担荷载的增加幅度，表现为桩分担荷载曲线的斜率大于桩间土分担荷载曲线的斜率。170kPa$<P<$190kPa时，桩和桩间土荷载分担曲线出现了拐点。此时，桩身荷载达到极限值，桩身屈服，桩身分担的荷载下降明显，从1.2MPa下降到1.0MPa，降幅约为16%；而桩间土分担的荷载明显增加，从0.46MPa增加到0.64MPa，增幅约为40%。随后桩身分担荷载增量达到一个相对稳定的值。加载板下桩间土分担的荷载，在总荷载水平较低时，各点桩间土分担的荷载差距不大；而在荷载水平较高时，加载板两角桩间土分担的荷载最大，加载板边中心部位次之。这跟多桩低承台桩基础上各桩受力分布规律相似[6]。

2. 桩土应力比

图 9.9 是 Pr10 单桩复合地基桩土应力比曲线。加载过程中桩土应力比不是一个定值，总体呈上单凸峰曲线，大致变化范围为 1.6～5.7。竖向荷载 P<170kPa 时，曲线斜率基本为定值，桩土应力比近似按直线增加。这是因为桩土模量比较大，桩体承担了大部分的荷载。荷载达到 170kPa<P<190kPa 时，桩土应力比达到最大值，此后开始明显减小，从 5.7 减小到 5.0，降幅约为 12%。这是因为在总荷载达到 170kPa<P<190kPa 时，桩体产生塑性变形，荷载向桩间土转移。荷载 P>190kPa 后，桩土应力比开始急剧减小。当承受相同荷载时，桩体和桩间土变形存在差异，要使它们的变形协调一致，荷载就向桩体集中。随着总荷载的增加，桩体承担的荷载比例就越大，桩土应力比也就越大。接近复合地基破坏荷载时，桩体达到极限承载力，开始破坏，桩体承担的荷载减小，荷载开始向桩间土转移，桩土应力比开始减小。这说明桩土应力比与荷载水平有关。

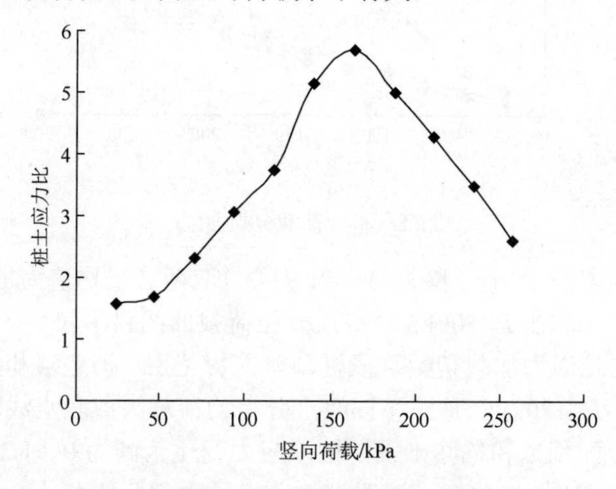

图 9.9　Pr10 桩土应力比曲线

3. 褥垫层厚度影响

图 9.10 是不同褥垫层厚度时复合地基荷载-沉降曲线。在荷载水平不高时，三种不同褥垫层厚度复合地基的沉降近似呈直线增加。210mm 厚褥垫层沉降曲线斜率开始增大的荷载为 150kPa，此时沉降值为 34.5mm；140mm 厚褥垫层沉降曲线开始增大的荷载为 130kPa，此时沉降值为 29.5mm；70mm 厚褥垫层沉降曲线开始增大的荷载为 100kPa，此时沉降值为 24.2mm。比较图 9.10 中不同褥垫层厚度时复合地基的沉降可知，相同荷载下随着褥垫层厚度的增加，复合地基沉降变小。这说明在一定范围内，褥垫层厚度的增加可以使橡胶水泥土桩与桩间土更好地协调工作，提高复合地基的承载力和变形能力。

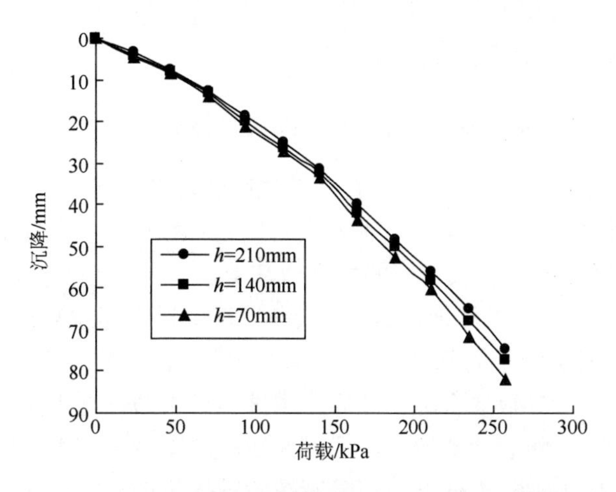

图 9.10 不同褥垫层厚度时复合地基荷载-沉降曲线

不同褥垫层厚度时桩土应力比如图 9.11 所示，褥垫层厚度的改变不改变桩土应力比的形状，三条曲线都呈上凸单峰型。h=210mm 时，桩土应力比 $n_{max}\approx$6.90；h=140mm 时，$n_{max}\approx$10；h=70mm 时，$n_{max}\approx$10.86。h=210mm 时，桩土应力比产生了明显的减小，说明褥垫层具有调整桩土应力比的作用。随着褥垫层厚度的增加，桩土应力比逐渐减小，桩土应力比在达到最大值前，桩土应力比曲线的斜率也逐渐变小。当褥垫层厚度较小时，褥垫层对调节桩和桩间土之间荷载分担比例的作用不明显，桩土应力比曲线斜率较大。随着褥垫层厚度的增加，荷载开始较多地向桩间土转移，桩身应力集中作用减弱，桩土应力比曲线斜率减小。这说明在一定厚度范围内，褥垫层具有调节桩土应力比、激发桩间土的承载潜力的作用。

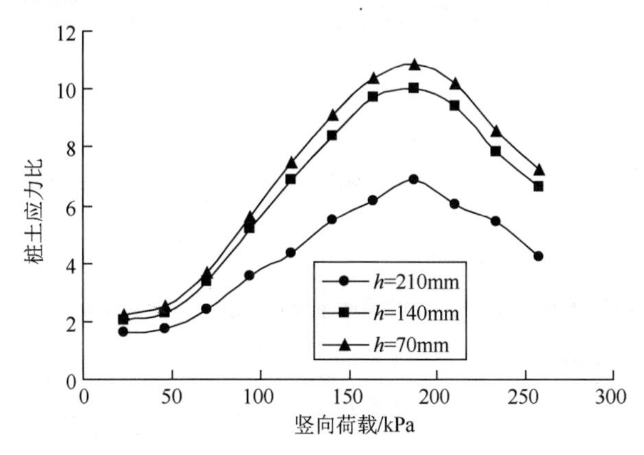

图 9.11 不同褥垫层厚度时桩土应力比

9.2.3 橡胶粉掺量对荷载性状的影响

1. 橡胶粉掺量对复合地基荷载-沉降曲线的影响

图 9.12 是橡胶粉掺量不同时复合地基的荷载-沉降曲线，呈缓降型。水泥土桩复合地基的研究表明，荷载试验荷载-沉降曲线表现为缓降型和陡降型两种形式[7]。缓降型主要出现在桩长较短的复合地基中，桩的存在减小了加固区的变形，其荷载-沉降曲线形状与天然地基类似，最终以沉降过大标志复合地基的破坏。陡降型主要出现在桩长较长的复合地基中，由于桩体材料的强度破坏而引起荷载-沉降曲线产生陡降，导致复合地基破坏。本试验桩长短，与水泥土桩复合地基的破坏特点基本相同。随着荷载增加，后期曲线的斜率越来越大。橡胶粉掺量的增加使复合地基的极限承载力变低，但随着橡胶粉掺量的增加，荷载沉降曲线的比例界限值增加，曲线出现拐点的荷载越来越大，说明橡胶粉掺量虽然使复合地基的沉降有所增加，但弹性变形段却越来越长。相同荷载条件下，Pr0、Pr5、Pr10 的沉降关系为 Pr0<Pr5<Pr10。这是随着橡胶粉掺量的增加，桩体弹性模量降低而致[8]。

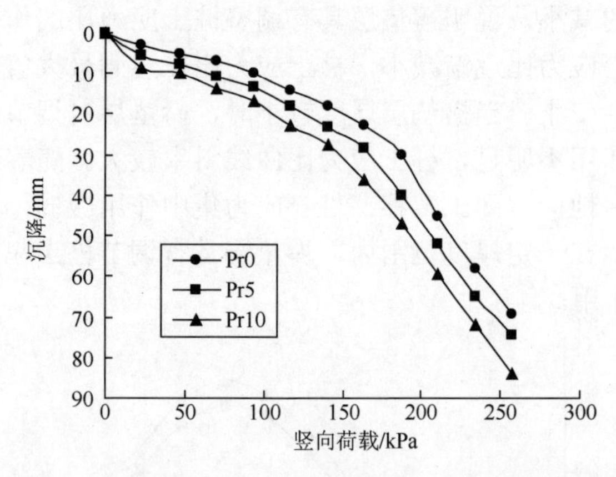

图 9.12 橡胶粉掺量不同时复合地基荷载-沉降曲线

2. 橡胶粉掺量对桩身应变的影响

图 9.13 是竖向荷载作用下，不同橡胶粉掺量对桩身应变的影响。从图中可以看出，随着橡胶粉掺量的增加，桩身的应变增大，这是因为橡胶粉的掺入降低了桩的弹性模量。但橡胶水泥土桩与普通水泥土桩相比，桩身应变随桩身高度变化线性显著。

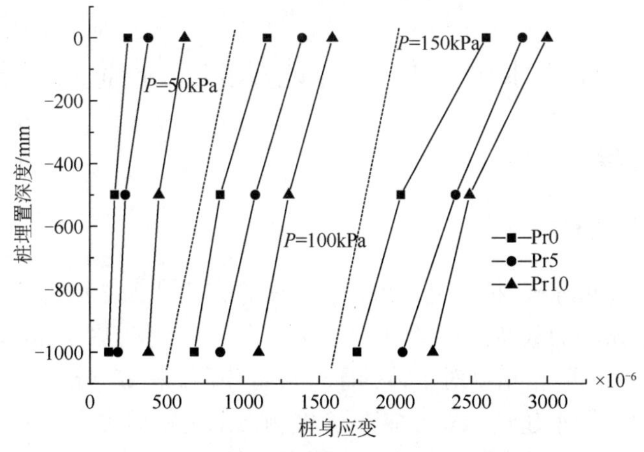

图 9.13　橡胶粉掺量对桩身应变的影响

3. 橡胶粉掺量对桩土应力比的影响

图 9.14 是橡胶粉掺量不同时桩土应力比曲线。

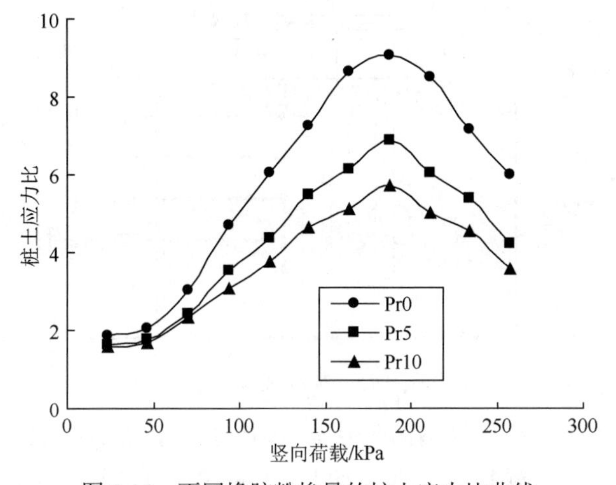

图 9.14　不同橡胶粉掺量的桩土应力比曲线

Pr0、Pr5、Pr10 三桩的最大桩土应力比值分别为 9.05、6.9、5.7。最大桩土应力比值比橡胶粉掺量为 0 时分别降低了 23.7%和 37%。随着橡胶粉掺量的增加，桩土应力比值有了明显的降低，可以较多地发挥桩间土的承载潜力。桩土应力比不能太大，否则由于增强体承担了大部分荷载，桩间土的承载能力不能得到充分发挥。桩土应力比也不能太小，否则地基承载力提高程度太小[9]。为了充分发挥桩和桩间土的承载能力，必须人为地调节桩土应力比，以充分发挥复合地基的承载特性。目前调整桩土应力比主要靠设置褥垫层，从橡胶水泥土桩的受力性能看，调整桩身橡胶粉掺量也可以起到激发桩间土承载潜能，调整桩土应力比的作用。褥垫层是浅层调整，而掺入橡胶粉可以调整不同深度处的桩土应力比。

9.3　橡胶水泥土桩复合地基的水平荷载试验

9.3.1　试验过程

1. 试验装置及材料

试验桩径为100mm，桩长为1000mm。试验箱尺寸为2m×2m×1.6m，箱壁钢板厚度为10mm，加载装置如图9.15所示。箱壁内侧粘贴5mm厚的泡沫橡胶板，可以降低刚性试验箱箱壁对土体的刚性套箍作用。桩底下部铺300mm厚度的细砂，褥垫层为粒径不超过1cm的碎石。桩侧土采用粉质黏土，试验中维持其含水率为4%～5%。橡胶粉来源于废弃橡胶轮胎，粒径550μm。水泥为P.042.5级硅酸盐水泥，水为普通自来水。在水平荷载施加方向，沿桩身高度每250mm对称布置应变片，单向布置土压力传感器。

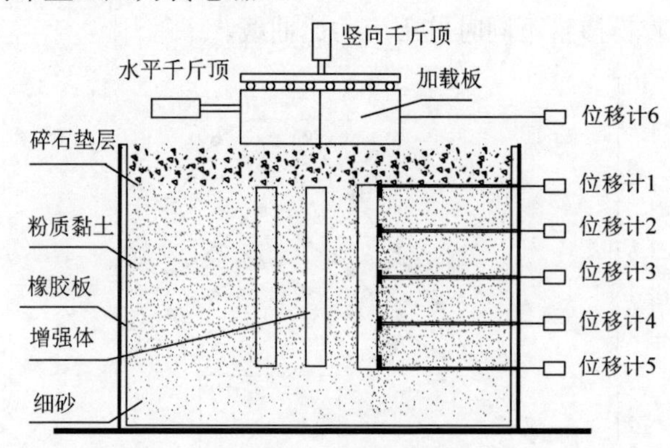

图9.15　加载装置图

整个试验过程由高精度静态伺服液压控制台控制，UCAM-70A.IMP数采系统采集数据。竖向荷载加载到预定值（150kPa）后再施加水平荷载，水平荷载每级增加2.5kN，加载历时15分钟，同步记录不同荷载历时下的位移传感器、应变片、压力传感器的数值。当某级荷载作用下，荷载板水平位移增大且不收敛时，也就是水平荷载不能再加载时，就认为水平荷载已达到极限值，即达到了极限水平荷载，则加载结束。

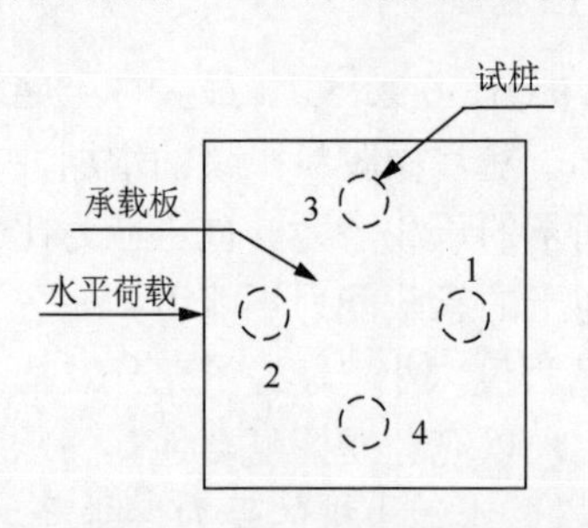

图9.16　复合地基及测试元件布置

复合地基及测试元件布置及加载方向如图9.16所示，$1^{\#}$桩身与外部位移计相连。

2. 试验分组

试验进行了单桩复合地基和群桩复合地基试验两类，计 8 组，试验分组如表 9.1 所示。

表 9.1　试验分组

组别		橡胶粉掺量/%			竖向荷载/kPa			褥垫层厚度/mm	
		0	5	10	100	125	150	70	140
1	单桩复合地基	√			√				√
2			√		√				√
3				√	√				√
4				√		√			√
5				√			√		√
6				√	√			√	
A	群桩复合地基	√					√		√
B				√			√		√

9.3.2 单桩复合地基水平荷载性能

1. 橡胶粉掺量对桩身水平位移的影响

不同水泥掺量和橡胶粉掺量的桩顶水平荷载与水平位移的关系如图 9.17 所示，可以从图中得到以下规律。

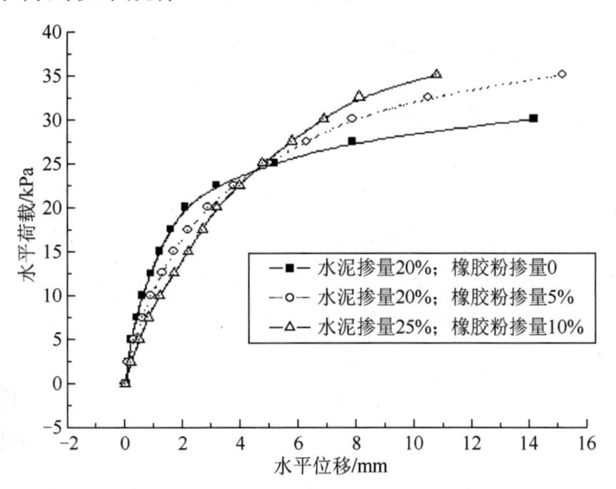

图 9.17　不同水泥掺量和橡胶粉掺量的桩顶水平位移

（1）从图 9.17 中可以看出，当水平荷载 Q< 17.5kPa 时，桩顶水平位移随着橡胶粉掺量的增加而增大，且这一规律随着水平荷载的增大而更加明显。这个阶段，

主要是桩体受力发生水平位移，与桩间土紧密接触的过程。在施加水平荷载的初期，由于桩身的刚度比桩间土的刚度大，橡胶水泥土桩首先分担到较大部分的水平荷载。由公式 $\sigma=E\varepsilon$ 可知，橡胶粉掺量越大，桩身弹性模量越低，所以橡胶粉掺量较大的试桩在相同水平荷载作用下其水平方向变形较大。当水平荷载 Q=17.5kPa 时，桩身橡胶粉掺量每增加 5%，桩顶的水平位移增大 40%。可以说，橡胶粉的掺入对桩顶水平位移的影响很大。

（2）桩顶水平位移随着橡胶粉掺量增加而增大的规律在水平荷载 Q>17.5kPa 之后开始逐渐削弱。当水平荷载等于 25kPa 时，不同橡胶粉掺量试桩的桩顶水平位移几乎相等，这正是桩间土发挥水平承载作用的结果。在这个阶段，桩间土进入弹性变形阶段。弹性模量较小的桩体，在相同水平荷载作用下的桩顶水平位移较大。桩身侧移使得桩间土的压缩量变大，桩间土对桩身反作用力也随之增大，从而抑制了桩身的位移。所以，橡胶粉掺量为 10%的试桩桩顶的位移随水平荷载增大而增大的幅度逐渐减小，逐渐与橡胶粉掺量为 0 和 5%的试桩桩顶水平位移趋于相同。

（3）水平荷载 Q>25kPa 后，桩顶水平位移开始呈现随着橡胶粉掺量的增加而减小的现象。在这个阶段，桩间土进入塑性变形阶段。橡胶粉掺量较小的试桩的水平位移较小，桩间土对桩身反作用力也较小，这种情况使桩身因承受超出自身承载能力的水平荷载而屈服。当水平荷载为 30kPa 时，橡胶粉掺量为 10%的试桩比橡胶粉掺量为 0 的试桩的桩顶水平位移减小了 49%。主要原因是，橡胶粉掺量为 0 的桩体已经逐渐失去承载能力，上部的水平荷载主要由桩间土承担。随着水平荷载的继续增加，桩和桩间土开始屈服，使复合地基整体水平位移相对较大。

2. 竖向荷载对桩顶水平位移的影响

不同竖向荷载作用下的桩顶水平位移曲线如图 9.18 所示，从以下三个阶段来分析竖向荷载与桩顶水平位移的关系。

（1）当水平荷载 Q<15kPa 时，桩顶水平位移随竖向荷载的增大而减小。当水平荷载 Q=15kPa 时，这种现象最为明显。竖向荷载每增加 25kPa，桩顶位移约减小 50%。这是因为，竖向荷载使桩顶在水平方向上受到一定程度的约束，从而限制了桩顶的水平位移。同时竖向荷载给桩身带来附加水平力，这种附加力随着桩顶水平位移的增大而更加明显。

（2）当 15kPa<Q<30kPa 时，桩顶水平位移随着竖向荷载的增大而减小的现象开始逐渐削弱。当水平荷载 Q=30kPa 时，三个不同竖向荷载下的试桩桩顶水平位移已经接近相等。这是因为，在约束桩顶水平位移的同时，竖向荷载也给桩身带来附加水平力，这种附加力随着桩顶水平位移的增大而更加明显。竖向荷载的存在使桩截面的拉应力减小、压应力增大，较大的水平荷载使得桩身产生较大的弯矩和挠度，竖向荷载也将由于桩身挠曲变形的出现而产生附加弯矩，而这一附加

弯矩又使桩身挠度进一步增加，最终导致桩的水平位移增大。

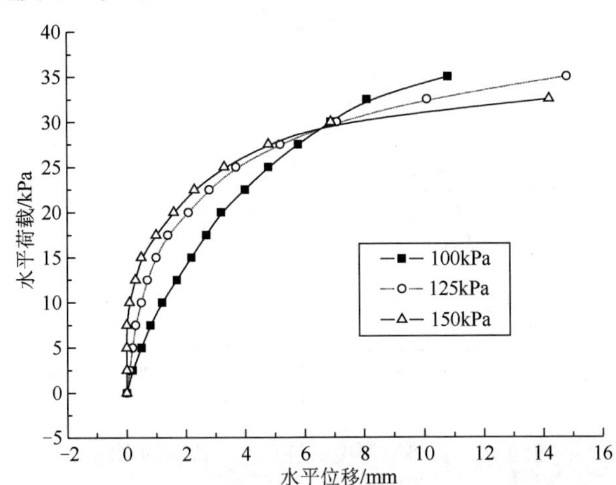

图 9.18　不同竖向荷载作用下的桩顶水平位移曲线

（3）当水平荷载 Q>30kPa 时，桩顶水平位移开始呈现位移随着竖向荷载的增大而增大的现象。当水平荷载 Q=32.5kPa 时，竖向荷载每增大 25kPa，桩顶位移增大 41%。

由此可见，当水平荷载较小时，适度的竖向荷载能够起到减小桩顶水平位移的作用；当水平荷载较大时，竖向荷载能够显著地加剧桩顶的水平位移。

3. 褥垫层厚度对桩顶水平位移的影响

褥垫层厚度 70mm 和 140mm 的桩顶荷载与水平位移曲线如图 9.19 所示。在相同水平荷载作用下，褥垫层越厚，桩顶水平位移越小。在一定范围内，增加褥垫层厚度能够优化桩土之间的应力比。当水平荷载 Q>25kPa 时，相对 140mm 褥垫层下的桩顶水平位移，70mm 褥垫层厚度下的桩顶水平位移迅速增大。这正是褥垫层厚度过小使得桩身承载水平力较大，桩间土承载能力不能充分发挥的结果。

褥垫层是影响橡胶水泥土桩复合地基特性的重要因素。对于橡胶水泥土桩复合地基，褥垫层厚度过小，既会造成桩体显著的应力集中，发生断裂破坏，又不利于桩间土承载能力的充分发挥。要达到设计要求的承载力，必然要增加桩的数量或长度，造成经济上的浪费。唯一带来的好处是建筑物的沉降量小。褥垫层厚度大，桩对基础产生的应力集中很小，可不考虑桩对基础的冲切作用，基础受水平荷载的作用，不会发生桩的折断，并能充分发挥桩间土的承载能力。若褥垫层厚度过大，会导致桩土应力比等于或接近 1。此时桩承担的荷载太少，实际上复合地基中桩的设置已失去了意义。因此，建议实际工程中橡胶水泥土桩复合地基褥垫层厚度应不小于 10cm。

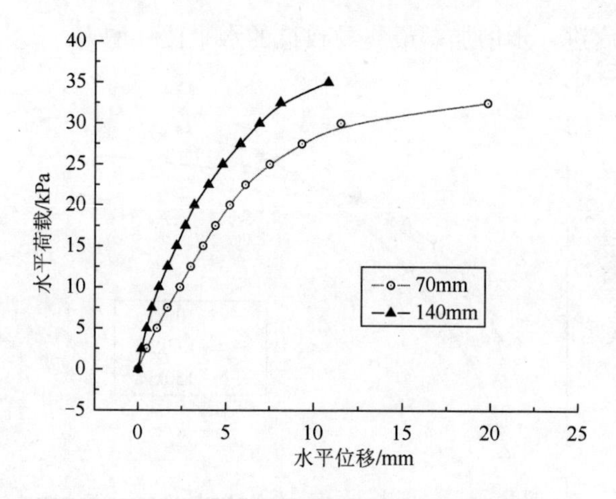

图 9.19　褥垫层厚度对桩顶水平位移的影响

4. 桩身橡胶粉掺量对桩身应变的影响

不同橡胶粉掺量的试桩桩身背侧顶端在水平荷载作用下的应变曲线如图 9.20 所示。从图中可以看出，桩顶应变随着桩身橡胶粉掺量的增加而增大。0、5%和 10%橡胶粉掺量的试桩桩顶应力-应变曲线分别在水平荷载等于 22.5kPa、20kPa 和 15kPa 时出现拐点，即随着桩身橡胶粉掺量的增加，桩身的应力-应变曲线出现拐点的时间提前。当桩身应力-应变曲线出现拐点前，桩身的应力-应变曲线近似于直线。桩体多掺入 5%的橡胶粉能明显增大桩顶的应变量，并且增大幅度随着水平荷载的增大而增大；当桩身应力-应变曲线出现拐点后，桩身的应力-应变曲线又趋于直线。这时，不同橡胶粉掺量的试桩桩顶应变值的增长幅度开始相同。

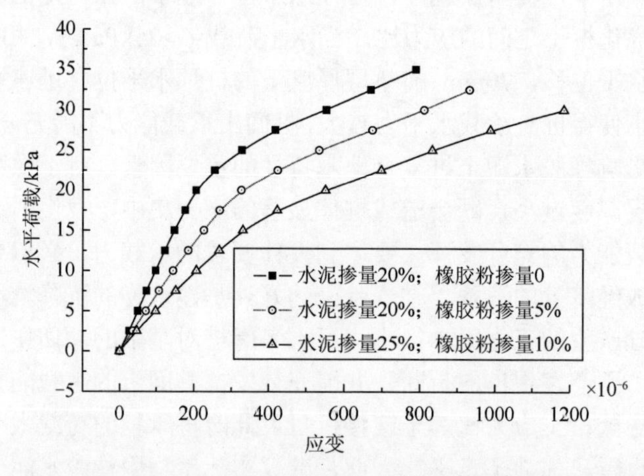

图 9.20　不同橡胶粉掺量对桩顶处应变的影响

9.3.3 群桩复合地基试验

1. 普通水泥土桩复合地基试验结果分析

从 1[#]桩和 2[#]桩桩身不同位置处的水平荷载-应变（Q-ε）曲线（图 9.21 和图 9.22）可以看出，随着荷载的增加 Q-ε 曲线先后经历了直线段、曲线段和直线段三个阶段，对应的是桩体从开始受到水平荷载至水平荷载达到极限荷载，即桩身经历了弹性变形阶段、弹塑性变形阶段和破坏阶段。桩身应变变化表明，随着水平荷载的增加，桩体从上至下逐渐受荷屈服。试验中，1[#]桩较 2[#]桩桩体进入弹塑性变形要早。

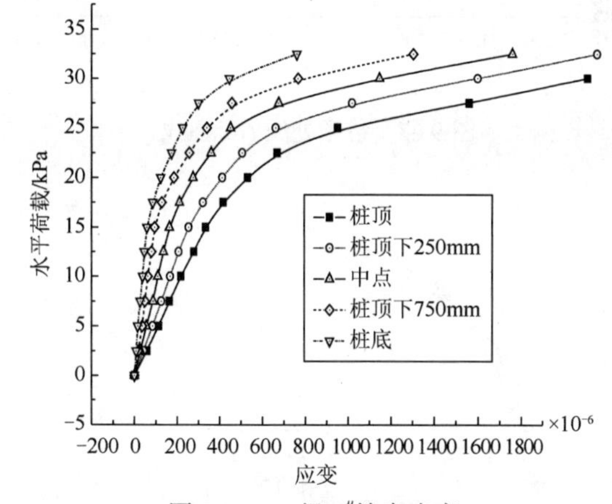

图 9.21 A 组 1[#]桩身应变

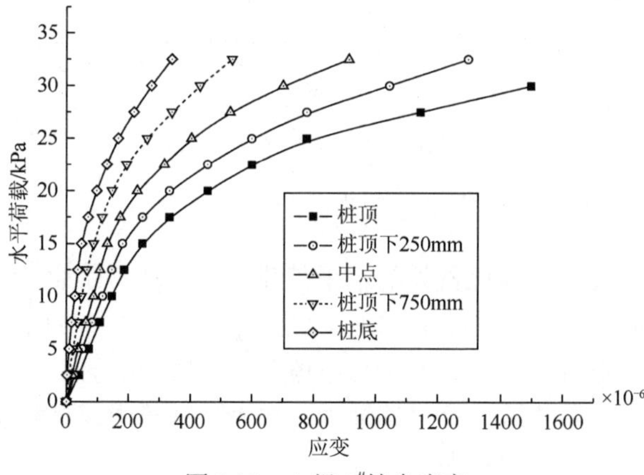

图 9.22 A 组 2[#]桩身应变

从图 9.23 和图 9.24 中可以看出，在弹性阶段，当水平荷载 Q 相等时，复合地基不同位置的三根桩应变基本相同。而当弹塑性变形阶段，不同位置桩体的最大应变不同，远离荷载施加点的 1[#]桩应变值最大。说明水泥土群桩复合地基在水平荷载作用下的桩身最大拉应变，后排桩最大，前排桩最小，中排桩居中且接近于前排。

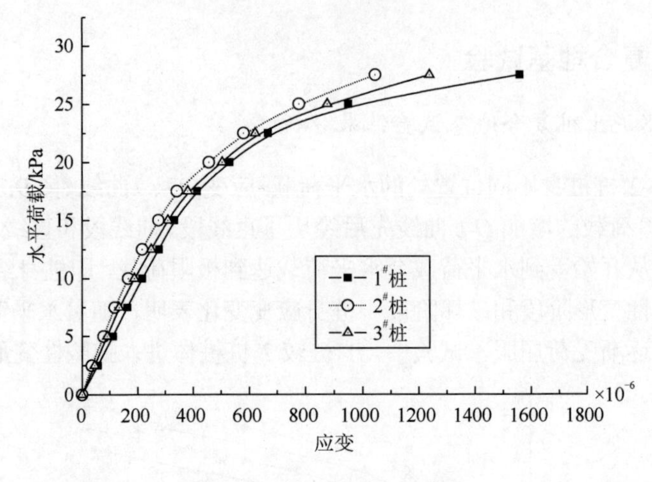

图 9.23　桩顶处的 Q-ε 曲线

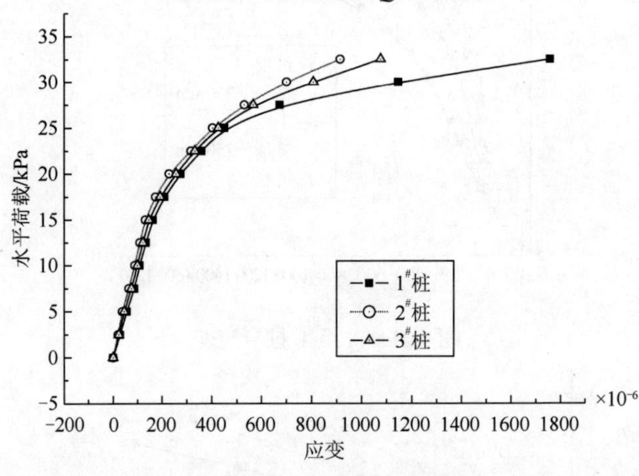

图 9.24　中点处的 Q-ε 曲线

2. 橡胶水泥土桩复合地基试验结果分析

从 1#桩和 2#桩桩身不同位置处的水平荷载-应变(Q-ε)曲线(图 9.25 和图 9.26)可以看出，随着荷载的增加，橡胶水泥土桩的 Q-ε 曲线与普通水泥土桩相同，同样是经历了弹性变形阶段、弹塑性变形阶段和破坏阶段。桩身应变变化表明，随着水平荷载的增加，桩体从上至下逐渐受荷屈服。试验中，1#桩较 2#桩桩体进入弹塑性变形要晚，这与普通水泥桩不同。

从图 9.27 和图 9.28 中可以看出，与普通水泥土桩不同，当水平荷载 Q 相等时，复合地基不同位置的二根桩应变不同。不同位置桩体的最大应变不同，远离荷载施加点的 1#桩应变值最小。橡胶水泥土群桩复合地基在水平荷载作用下的桩身最大拉应变，前排桩最大，后排桩最小，中排桩居中。

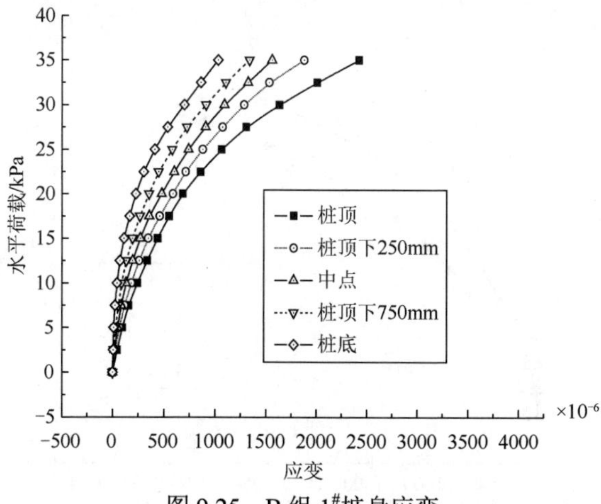

图 9.25 B 组 1#桩身应变

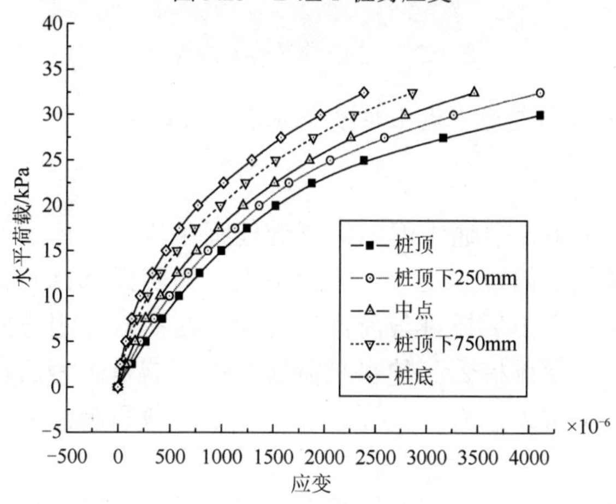

图 9.26 B 组 2#桩身应变

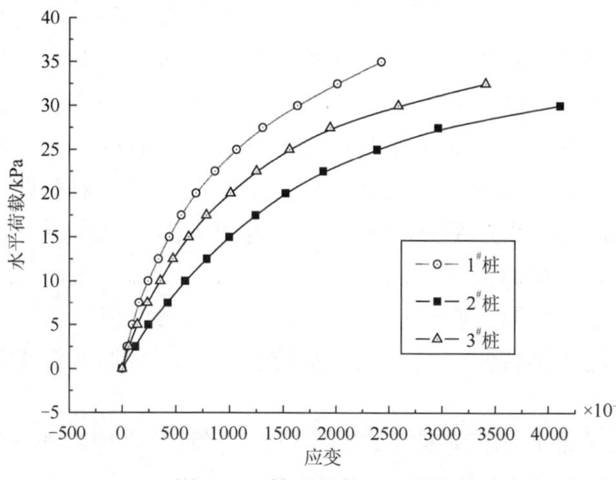

图 9.27 桩顶处的 Q-ε 曲线

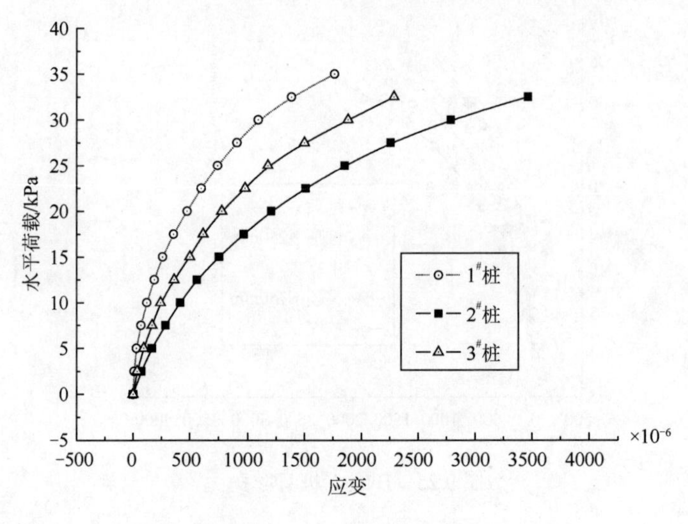

图 9.28　中点处的 Q-ε 曲线

3. 橡胶水泥土桩与普通水泥土桩复合地基的对比分析

1）桩身应变对比

在水平荷载作用下，普通水泥土桩复合地基后排桩桩体中产生的拉应变最大，前排桩与中排桩中的拉应变大小差距不大，但明显都比后排桩小。各桩体中的拉应变值大小都介于后排桩与前排桩之间。在荷载作用方向上，后排桩分配到的水平荷载大，前排桩受到的水平荷载最小。这是因为后排桩后方的土体处于半无限状态，土抗力能充分发挥。由于水平荷载引起的力矩作用，后排桩（1#）较前排桩（2#）受到更大的轴压，在弯剪压复杂受力的情况下，适当大的竖向荷载有利于桩身的安全，因此，复合地基中桩身的破坏可能首先出现在轴压较小的前排桩上。同时由于后排桩受到更大的轴压，最大拉应变产生的位置下移，导致断桩比前排桩更深一些。试验表明，普通水泥土群桩复合地基的断桩位置一般发生在 $0.175L$～$0.2L$（L 为桩长）处，断桩的位置并不是很深。而橡胶水泥土桩复合地基则呈现前排先发挥、后排后发挥的特点。这是因为橡胶水泥土桩有较强的水平变形能力。在水平荷载作用下，桩体依靠自身的变形来推动桩间土体承载，进而引起后排桩承载。因为在上部荷载作用下，橡胶水泥土桩复合地基和普通水泥土桩复合地基相比，桩间土因挤压而密实，因此水平承载能力增强。而普通水泥土则仅依靠桩对桩间土的夹持作用传递荷载。由于这一特点，橡胶水泥土群桩复合地基的断桩位置一般较普通水泥土深，在 $0.25L$ 左右。

图 9.29 和图 9.30 是相同条件下，普通水泥土群桩复合地基和橡胶水泥土群桩复合地基的 3#桩桩身应变对比。

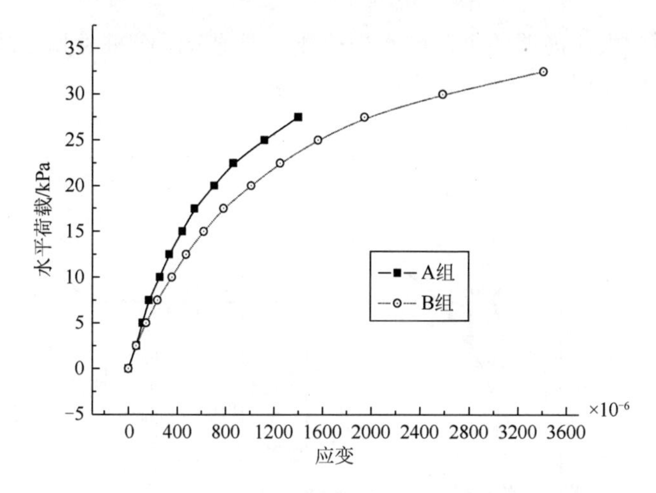

图 9.29 桩顶处的 Q-ε 曲线对比

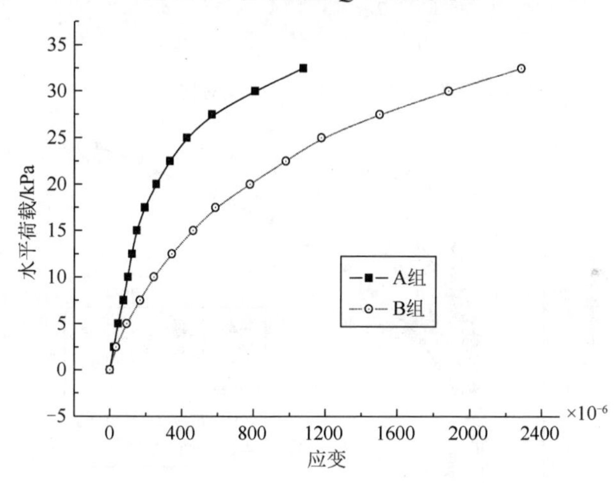

图 9.30 中点处的 Q-ε 曲线对比

随着水平荷载的增大，两组的桩身应变差值逐渐增加，桩身中点处大于桩顶。相同水平荷载下，橡胶水泥土桩大于普通水泥土桩身位移。其差别恰好反映了两者的承载区别。

2）桩身位移对比

A 组和 B 组 $1^{\#}$水平荷载–桩身位移曲线如图 9.31 和图 9.32 所示。在相同水平荷载作用下，桩身的水平位移从桩顶至桩底逐渐减小，且 A 组与 B 组桩身相邻两点水平位移差值随着水平荷载的增大而更加明显。

对于 A 组的普通水泥土群桩复合地基，无论水平荷载大小，桩身中点处的位移很小，水平荷载主要由桩身上部和土体承担，因此，上部的水平荷载不能合理地在桩身分配，导致断桩一般较浅。这一点从桩身应变也可以看出。而 B 组群桩桩身位移相对较大，能够使上部的水平荷载合理地分配给桩身和桩间土，使桩与桩间土相互共同作用，共同分担上部水平荷载。

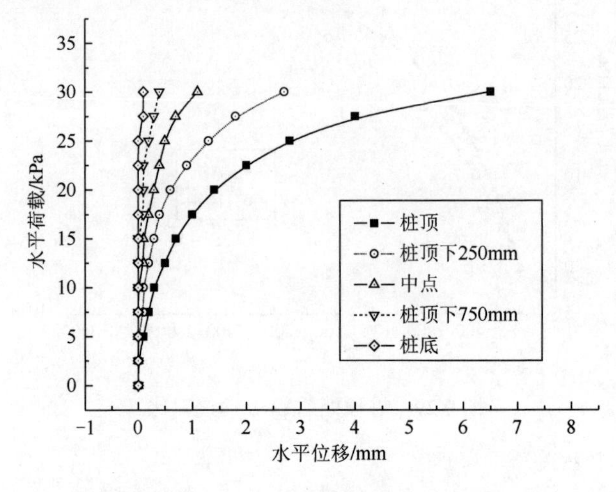

图 9.31　A 组位移曲线对比

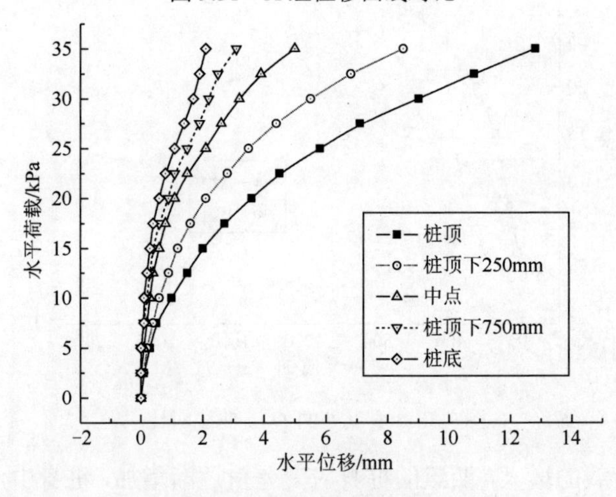

图 9.32　B 组位移曲线对比

4. 置换率对桩身水平位移及桩身应力的影响

单桩与群桩桩顶水平位移曲线对比如图 9.33 所示。

当水平荷载 Q<22.5kPa 时，单桩桩顶位移明显大于群桩桩顶位移，这是因为群桩试验中四个桩共同分担水平荷载的结果。这一阶段水平荷载主要由复合地基中的桩体承担。当水平荷载 22.5kPa<Q<32.5kPa 时，单桩桩顶位移开始大于群桩桩顶位移，这个阶段，群桩中的试桩依旧起到主要承担水平荷载的作用。由于群桩效应，水平力影响深度相对较深，复合地基整体相对单桩复合地基有较大的水

平位移。在这个过程中，桩间土的水平承载能力得到发挥。所以，当 Q>32.5kPa 时，群桩复合地基整体水平位移开始相对单桩复合地基逐渐减小。群桩与单桩相比，主要是群桩中的各个桩之间的相互影响，所以桩距是影响群桩复合地基工作性状的一个重要因素[10]，随着置换率的增大，复合地基中各个桩之间的相互影响增大，地基承载力提高，变形减小，桩体的应变值也随之减小。

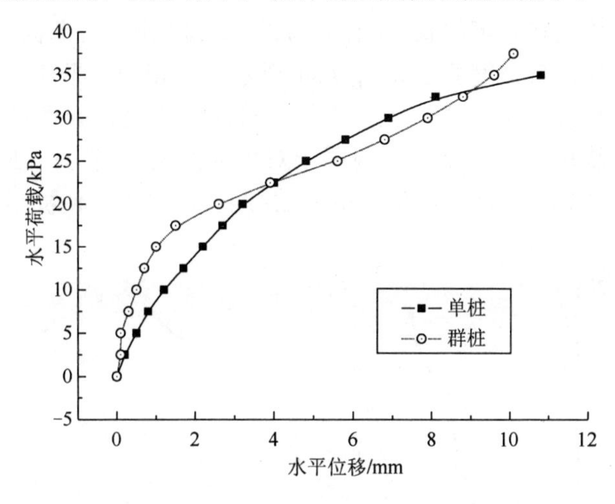

图 9.33　单桩与群桩桩顶水平位移曲线对比

因此，结合复合地基规范，当设计具有较大水平荷载的橡胶水泥土桩复合地基时，桩距宜取 3～4 倍桩径，不宜超过 5 倍桩径。

5. 橡胶粉掺量对桩身挠度的影响

设各相邻测试断面间弯曲应变应按直线分布，即差分段内离 i 节点距离为 z 处的应变为

$$\Delta\varepsilon = \Delta\varepsilon_i + (\Delta\varepsilon_{i+1} - \Delta\varepsilon_i)z / l_i \tag{9.10}$$

由材料力学公式 $\mathrm{EI}\dfrac{\mathrm{d}^2 y}{\mathrm{d}z^2} = -M$ 、桩身应变与桩身弯矩的关系式 $M = \dfrac{\mathrm{EI}\Delta\varepsilon}{b_0}$ 可得

$$\frac{\mathrm{d}^2 y}{\mathrm{d}z^2} = -\frac{1}{b_0}[\Delta\varepsilon_i + (\Delta\varepsilon_{i+1} - \Delta\varepsilon_i)z / l_i] \tag{9.11}$$

对式（9.11）积分一次、两次后得到各截面转角和位移为

$$\theta_{i+1} = \theta_i - (\Delta\varepsilon_{i+1} + \Delta\varepsilon_i)\frac{l_i}{2b_0} \tag{9.12}$$

$$y_{i+1} = y_i + \theta_i l_i - (\Delta\varepsilon_{i+1} + 2\varepsilon_i)\frac{l_i^2}{6b_0} \tag{9.13}$$

式中， EI ——桩的抗弯刚度；

b_0——测试端面两点之间距离；

$\Delta\varepsilon_i$ 、$\Delta\varepsilon_{i+1}$ ——i、i+1 断面弯曲应变；

θ_i 、θ_{i+1} ——i、i+1 断面转角；

y_i、y_{i+1} ——i、i+1 断面横向位移；

l_i——i 单元的长度。

已知桩顶位移或转角可由式（9.12）和式（9.13）求得各断面的挠度和转角。不同橡胶粉掺量的桩身挠度曲线如图 9.34 所示。在相同水平荷载作用下，橡胶粉掺量大的桩体挠度较大。水泥土桩中掺入橡胶粉之后，弹性模量降低，桩体变形能力得到大幅度提高，增大桩周围土对桩体的反作用力，使得桩体将一部分水平荷载分给桩间土，从而能优化桩-土共同作用机理，使桩与桩间土协调承担水平荷载。

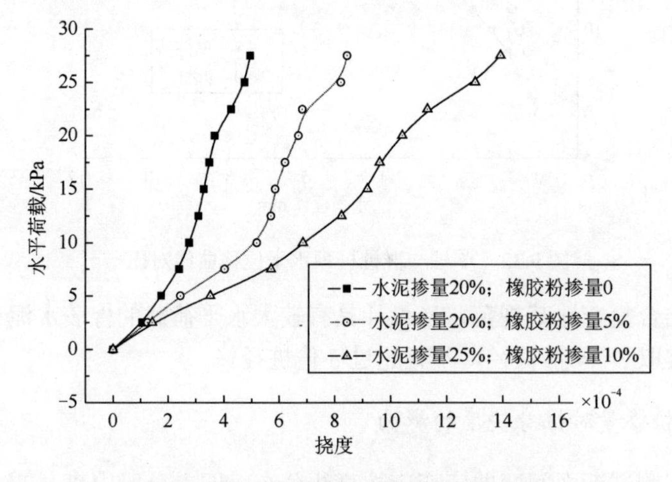

图 9.34　不同橡胶粉掺量的桩身挠度曲线

6. 不同橡胶粉掺量的桩后土压力的变化规律

图 9.35 是不同橡胶粉掺量桩身顶部的桩后 1 点处的土压力变化曲线。从图中可以看出，顶部桩后土压力随着橡胶粉掺量的增大而减小。图 9.36 是不同橡胶粉掺量桩身顶部的桩后 3 点处的土压力变化曲线。恰恰相反，这点处的桩后土压力随着橡胶粉掺量的增大而增大。

桩后 1 点处土压力随着橡胶粉掺量的增加而减小，这是由于橡胶粉的掺入减小桩体弹性，使得橡胶粉掺量大的桩身水平变形能力提高；桩后 3 点处土压力随着橡胶粉掺量的增加而增大，这是橡胶粉掺量较高的桩体能够将水平荷载较多地向下部传递的结果。橡胶水泥土桩复合地基水平承载性能改善的根本原因在于，橡胶粉的掺入优化了桩土荷载分担比，使与桩间土的变形更加协调，促进了水平荷载向下层地基传递。

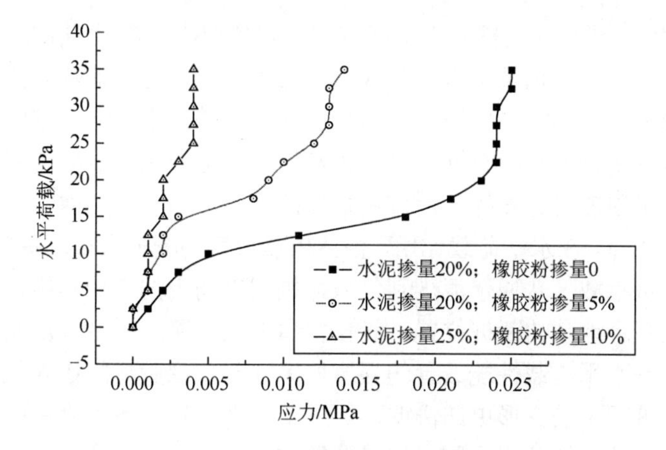

图 9.35 桩后 1 点处土应力变化曲线

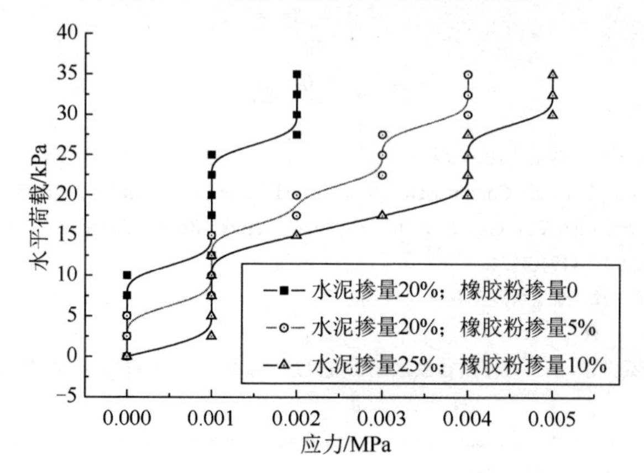

图 9.36 桩后 3 点处土应力变化曲线

9.4 本章小结

本章通过室内试验研究了橡胶水泥土桩复合地基在水平和竖向荷载作用下的受力性能。

在竖向荷载作用下，对于橡胶水泥土单桩复合地基，桩土应力比在加载过程中不是一个定值，总体呈上单凸峰曲线。褥垫层厚度对橡胶水泥土单桩复合地基的桩土应力比同样有调节作用。随着橡胶粉掺量的增加，桩土应力比值减小，可以较多地发挥桩间土的承载潜力。掺入橡胶粉可调整不同深度处的桩土应力比。橡胶粉掺量的增加使复合地基的沉降增加，但却增加了比例界限值。随着橡胶粉掺量的增加桩身的应变增大，桩身应变随桩身高度变化线性显著。

在水平荷载作用下，随着橡胶粉掺量的增加，桩身应变和挠度增大。桩体水平变形能力增强，能够提高桩间土水平方向荷载分担比，桩-土共同作用机理得到优化，使桩与桩间土协调承担水平荷载。普通水泥土桩复合地基后排桩桩体中产生的拉应变最大，前排桩与中排桩中的拉应变大小差距不大，但都比后排桩小。普通水泥土群桩复合地基的断桩位置一般发生在 $0.17L$～$0.2L$ 处。而橡胶水泥土桩复合地基则呈现前排先发挥、后排后发挥的特点。这是因为橡胶水泥土桩有较强的水平变形能力。在水平荷载作用，桩体依靠自身的变形来推动桩间土体承载，进而引起后排桩承载。普通水泥土则仅依靠桩对桩间土的夹持作用传递荷载。橡胶水泥土群桩复合地基的断桩位置一般较普通水泥土深，在 $0.25L$ 左右。橡胶水泥土桩复合地基水平承载性能改善的根本原因在于，橡胶粉的掺入优化了桩土荷载分担比使与桩间土的变形更加协调，促进了水平荷载向下层地基传递。

可见，合理控制桩体中橡胶粉掺量能够实现桩间土和桩体同时破坏的理想破坏模式。

参 考 文 献

[1] 马时冬．水泥搅拌桩复合地基桩土应力比测试研究[J]．土木工程学报，2002，35（2）：48-51．

[2] Wang F C, Yan X, Liu T, et al. Compressive strength and Young's modulus development rules of rubberized concrete[C]. 3rd International Conference on the Concrete Future: Recent Advances Concrete Technology and Concrete in Structure, 2008:4194-4124.

[3] 王凤池，燕晓，刘涛，等．橡胶水泥土强度特性与机理研究[J]．四川大学学报（工程科学版），2010，42（2）：46-51．

[4] 王凤池，刘涛，李庆兵，等．有害离子对橡胶水泥土抗侵蚀性能的影响研究[J]．新型建筑材料，2009，36（10）：50-53．

[5] Wang F C, Li P F, Ye X P. Effects of salt corrosion and freeze-thaw cycle on rubberized cement-soil[J]. Advanced Materials Research, 2010, 152-153:967-972.

[6] 王浩，周健，邓志辉．桩-土-承台共同作用的模型试验研究[J]．岩土工程学报，2006，28（10）：1253-1258．

[7] 郭忠贤，王占雷，杨志红．夯实水泥土桩复合地基承载力性状试验研究[J]．岩石力学与工程学报，2006，25（7）：1494-1501．

[8] 王凤池，燕晓，黄志强，等．橡胶水泥土模量与泊松比的变化规律[J]．沈阳工业大学学报，2010，32（4）：449-453．

[9] 龚晓南．复合地基理论及工程应用[M]．北京：中国建筑工业出版社，2002．

[10] 严祖文．基于 ANSYS 二次开发的桩土相互作用的三维非线性有限元分析[D]．天津：天津大学，2007．